职业教育院校课程改革规划新教材

制冷和空调设备运行与维修专业教学、培训与考级用书

空气调节技术与中央空调的安装、维修

主编　李援瑛

参编　李银峰　朱宛宛　李建立　李　晓

主审　张竹青

机 械 工 业 出 版 社

本书是依据国家职业技能鉴定标准《中央空调系统操作员》的技能要求，为从学校到职场或正在从事中央空调操作的读者编写的。

　　本书依据《中央空调系统操作员》技能鉴定标准的技能掌握要求，分为：中央空调的基础知识、中央空调系统的组成和中央空调系统的安装与运行管理三个单元，在内容上覆盖了中央空调安装、运行管理及维护保养中常见的技术问题。其重点放在了中央空调运行管理与维修技能上，反映了当前中央空调运行与维护的技术内涵，是中央空调运行管理培训和自修中央空调运行管理的专业技术用书。

　　本书适合作为职业院校相关专业的教材使用，也可作为具有中学以上文化程度的从事中央空调运行管理的在职职工学习用书，还可供其他从事空调与制冷专业的人员参考。

图书在版编目（CIP）数据

空气调节技术与中央空调的安装、维修/李援瑛主编. —北京：机械工业出版社，2012.10（2018.2重印）

职业教育院校课程改革规划新教材. 制冷和空调设备运行与维修专业教学、培训与考级用书

ISBN 978-7-111-42286-0

Ⅰ.①空… Ⅱ.①李… Ⅲ.①空气调节-高等职业教育-教材②集中空气调节系统-设备安装-高等职业教育-教材③集中空气调节系统-维修-高等职业教育-教材 Ⅳ.①TB657.2

中国版本图书馆 CIP 数据核字（2013）第 084987 号

机械工业出版社（北京市百万庄大街 22 号　邮政编码 100037）
策划编辑：汪光灿　责任编辑：汪光灿　张丹丹　程足芬
版式设计：潘　蕊　责任校对：肖　琳
封面设计：路恩中　责任印制：李　洋
北京瑞德印刷有限公司印刷　（三河市胜利装订厂装订）
2018 年 2 月第 1 版第 4 次印刷
184mm×260mm · 13.75 印张 · 339 千字
标准书号：ISBN 978-7-111-42286-0
定价：34.00 元

前　言

近年来，随着我国现代化建设的迅猛发展，在各种大中型工业和民用建筑物中普遍使用集中对空气进行调节的中央空调设备。中央空调的使用极大地改善了科研和生产环境，为高科技产品的研发、生产提供了可靠的外部条件；同时也大大地改善和提高了人们的生活质量和健康水平。中央空调已成为当代社会现代化进程中必备的技术保障设备。

中央空调设备的大规模使用同时也为人们提供了许多工作机遇，使中央空调运行管理和维护保养成为热门行业。

中央空调的运行维护技术是一门集制冷技术、空气调节技术、设备运行管理知识为一体的专业性很强的技术门类，要求从业者必须具备制冷和空调原理、制冷设备和空气调节设备基础知识以及制冷设备和空调设备的管理、操作及维修技能。

编者本着为从业者提供坚实基础理论知识和犹如师傅带徒弟的实践操作方法、维修技能的目的进行编写的。在编写方法上，本书本着由浅入深、深入浅出的编写原则，按照内容的适用性不同，每个课题由"必备知识"与"拓展知识"构成。全书以中央空调系统中的制冷设备及其运行管理和维修为基本组成核心，系统地讲述了中央空调的基础知识，中央空调系统的基本构成及各种部件的结构、作用、工作原理及主要部件的安装方法，详尽地讲述了中央空调系统启动、运行和日常管理及常见故障的维修等操作方法。在内容上覆盖了中央空调安装、运行管理及维护保养中常见的技术问题，反映了当前中央空调运行与维护的技术内涵，可作为中央空调运行管理方面培训和自修的专业技术教材。

本书由李援瑛主编，张竹青主审。参编人员有李银峰、朱宛宛、李建立、李晓。

由于编者水平有限，书中难免有不妥和错误之处，恳请广大读者批评指正。

编　者

目 录

第一单元 中央空调的基础知识

课题一 概 述

【知识目标】

了解空气环境对人体的影响和空气环境与生产的关系及室内空气参数的要求。

【能力目标】

掌握舒适性空调室内参数及空调技术和空调精度的概念。

【必备知识】

一、空气环境对人体的影响

空气调节技术能制造一种人工的气候环境，所以使用中央空调的目的就是要选择合适的温度、风速，创造一个舒适性的室内环境。影响舒适度的主要因素有六个，即人体的活动量、人体的着衣量、室内温度、室内湿度、气流的速度和方向、辐射热的大小。在舒适的环境中，人体就能维持正常的散热量和散湿量。室温过高，人体热量散发不出去，就觉得热；湿度过大，即使温度适中，身上的汗也不易蒸发，就会有闷热的感觉；风速太大，散热快，也会有不适的感觉；人的着衣量也会影响到人体对舒适性的感受，夏季衣着较少，人们习惯于高温，25℃左右也会觉得太凉，而春天，人体习惯于冬天寒冷，衣着较多，气温略有提高，20℃出头，就觉得热了。此外，人对温度的感觉与人在前一刻的体验有关，冬天从－5℃的室外进入10℃的房间，会感到温暖，而从浴室出来进入10℃的房间会感到寒冷。

我国国家标准规定了舒适性空调室内设定参数值：

夏季：温度24~28℃，相对湿度40%~65%；

　　　空气流动风速一般在0.3m/s以下。

冬季：温度18~22℃，相对湿度40%~60%；

　　　风速在0.2m/s以下。

上述规定是指导性的，不同的场合、不同功用的房间对温湿度有不同的要求，应具体分析选定，如：

卧室：夏季25~29℃，相对湿度50%~65%；

　　　冬季20~25℃，相对湿度50%~55%。

客厅：夏季26~28℃，相对湿度50%~65%；

　　　冬季22~25℃，相对湿度40%~55%。

病人、小孩、老年人卧室：夏季26~27℃，相对湿度45%~65%；

冬季22～23℃，相对湿度40%～60%。

二、空气环境与生产的关系

现代空气调节技术起源于美国，19世纪初世界纺织工业的迅速发展，使空气调节成了制约其发展的瓶颈，美国工程师克勒默为美国南部的纺织厂设计和安装了空调系统，并申请了60项专利，并于1906年为空调（Air Conditioning）正式定名。被美国人称为"空调之父"的开利尔于1901年创建了第一个暖通空调实验室，1911年12月研究出了空气干球温度、湿球温度和露点温度的关系及空气显热、潜热和焓值的计算公式，绘出了空气的焓-湿图，成为了空调理论的奠基人。开利尔于1922年发明了离心式制冷机，1937年又发明了"空气-水"式诱导系统。到20世纪60年代，开利尔又将"空气-水"式诱导系统发展为风机盘管系统，使空气调节系统迅速普及生产、科研及人们生活的各个领域。

空气调节系统是通过采用加热、冷却、加湿、减湿、空气过滤、控制流量、消除噪声等方法，对一定空间内空气的温度、湿度、气流速度、洁净程度（简称空调四度）进行调节，以满足人们生产和生活中对空气参数的特殊要求。

由于人们日常生活和生产在不同的场合、不同的房间对上述空气的参数要求有所不同，因此，为使空气环境满足人们日常生活的需要和满足生产工艺的需要而进行的空气调节，在空气调节工程上分别称为舒适性空气调节和工艺性空气调节。

舒适性空气调节的目的是使空调房间满足人们生活的舒适要求，如冬季房间升温取暖，而夏季需降温，春秋季满足房间空气的新鲜度，从而改善室内环境，改善生活环境。设在各种公共建筑中的会议厅、图书馆、展览馆、影剧院、办公楼、商场、游乐场所及各类交通运输工具等处的空调系统所进行的空气调节都属于"舒适性空气调节"。

工艺性空气调节的目的是使生产车间维持一定的空气环境，以提高劳动生产率，确保产品质量，改善劳动者的工作条件。工艺性空气调节是以生产过程的要求来控制房间的空气参数的。如设在各种电子工业、仪表工业、精密机械工业、合成纤维工业以及有关的工业生产过程和有关科学实验的研究过程所需的控制室、计量室、计算机房中的空调系统所进行的空气调节都属于"工艺性空气调节"。

空调系统根据其服务对象的不同，有着不同的设计标准：对于舒适性空调系统，只确定室内温度和相对湿度的设计标准，一般不提出空气调节精度的要求；对于工艺性空调系统，除了要提出室内温度和相对湿度的设计标准外，还要提出系统的空调精度要求。

由于空气调节房间各自的要求不同，因此对空气环境的参数及其控制精度的要求也就不同。空调工程的等级，往往用空调的基数和空调的精度来衡量。

空调房间室内温度、湿度基数是指在空调区域内需要保持的空气基准温度和基准相对湿度。

空调房间室内温度、湿度精度是指空调区域，即空调房间的有效区域内空气的温度、相对湿度在要求的时间内允许的波动幅度。

例如某空调房间，温度要求 $t = (20 \pm 1)$℃，相对湿度为 $\phi = (60 \pm 5)\%$。此时房间的空调基数为 $t = 20$℃，$\phi = 60\%$，空调精度为 $\Delta t = \pm 1$℃，$\Delta \phi = \pm 5\%$，若空调房间的温度在19～21℃，相对湿度在55%～65%，则其空调系统的运行是正常的。

空调房间的基数与精度，一般随生产工艺与舒适性要求的不同而异。另一方面，空调的基数与精度，又直接与空调系统、装置的初投资及其平时的运行费用有关。

在工艺性空气调节系统的运行管理中，都要严格规定工艺性空气调节中空气环境的基准温度和湿度，并限定温度、湿度变化的偏差范围，如(20 ± 1)℃，(50 ± 5)%。在电子工业中，除了有一定的温、湿度要求外，更为重要的是保证室内空气的清洁度。超大规模集成电路生产的某些工艺过程要求每升空气中大于或等于$0.1 \mu m$直径的粒子总数不得超过35粒。在纺织、印刷、制药、胶片工业部门，对空气的相对湿度控制的要求较高。

三、中央空调系统管理的任务与目标

中央空调系统又称为空气调节系统，简称"空调系统"，是指能够对空气进行净化、冷却、干燥、加热和加湿等，并促使其流动的设备系统。空气调节是以空气作为介质，通过其在空调房间内的流通，使空调房间内的温度、湿度、清洁度和空气的流动速度等参数指标控制在预定的范围内。空调系统主要包括制冷装置、加热设备、加湿设备、通风系统和自动控制装置等。

空调系统的任务是在建筑物中创造一个适宜的空气环境，将空气的温度、相对湿度、气流速度、洁净程度和气体压力等参数调节到人们需要的范围内，以保证人们的舒适和健康，提高工作效率，确保各种生产工艺的要求，满足人们对舒适生活环境的要求。

【习题】

1. 影响空调舒适度的六个主要因素是什么？
2. 国标规定的舒适性空调室内参数有哪些？
3. 什么是"空调四度"？
4. 什么是舒适性空调？
5. 什么是工艺性空调？
6. 空调基数和空调精度的含义是什么？

课题二　空气调节的基本知识

【知识目标】

了解空气的组成和基本参数及焓-湿图的组成。

【能力目标】

掌握焓-湿图的使用方法，会利用焓-湿图确定空气的状态参数。

【必备知识】

一、空气的性质

（一）湿空气的组成

自然界中的空气，是由数量基本稳定的干空气和数量经常变化的水蒸气组成的混合物，

这种混合物称为湿空气，也就是常说的空气。

1. 干空气

干空气是湿空气的主要组成部分，它是由氮气、氧气、二氧化碳及其他稀有气体（如氩、氖等）按一定比例组成的混合物（见表1-1）。

表1-1 干空气的组成部分

气体名称	质量分数（%）	体积分数（%）	气体名称	质量分数（%）	体积分数（%）
氮气（N_2）	75.55	78.13	二氧化碳（CO_2）	0.05	0.03
氧气（O_2）	23.1	20.90	其他稀有气体（Ar、He、Ne、Kr等）	1.30	0.94

2. 水蒸气

绝对的干空气在自然界中是不存在的，因为地球表面大部分是海洋、河流和湖泊，每时每刻都有大量的水分蒸发为水蒸气进入到大气中，所以自然界中的空气都是湿空气，习惯上称为空气。

湿空气中水蒸气的含量不多，通常只占空气质量的千分之几到千分之二十几，但变化却较大。水蒸气的含量随季节、天气、水汽的来源等情况经常发生变化，给人类的生产和生活带来很大的影响。

3. 饱和空气

干空气具有吸收和容纳水蒸气的能力，并且在一定温度下只能容纳一定量的水蒸气。在一定温度下水蒸气的含量达到最大值时的空气，称为饱和空气，此时空气的状态就是干空气与饱和水蒸气的混合物，其所对应的温度称为空气的饱和温度。

由于水蒸气含量达到饱和的条件与空气的温度有关，空气的温度越高，饱和空气中的水蒸气含量就越大，因此，如果降低饱和空气的温度，空气中水蒸气的含量也会随之降低，并且多余的水蒸气会冷凝成液体而析出，自然界中的结露现象就是这个道理。根据这一原理，人们可以利用空气调节装置对空气进行冷却去湿处理。

在大自然中，空气中的水蒸气一般来说是不饱和的。

（二）湿空气的状态参数

湿空气的状态参数是说明空气状态变化的物理量，主要有温度、压力、湿度和焓等。

1. 温度

温度是描述空气冷热程度的物理量，它有三种标定方法：摄氏温标、华氏温标和热力学温标。

摄氏温度用符号 t 表示，单位是℃，摄氏温标是瑞典天文学家摄尔修斯（A. Celsius）于1742年建立的。他原来把水的冰点定为100度，沸点定为0度，这很不符合人们的习惯。他的同事斯特雷默（M. Stromer）建议倒过来，把水的冰点定为0度，沸点定为100度，这便是现在使用的摄氏温标。目前，摄氏温度在生活和科技中使用得最普遍。

华氏温度用符号 t_F 表示，单位是℉，华氏温标是从德国迁居荷兰的华伦海特（G. D. Fahrenheit）于1714年建立的。他起初把盐水混合物的冰点定为0度，把人体的正常温度定为96度，后来又添了两个固定点，把无盐的冰水混合物的温度定为32度，把标准大气压下水的沸点定为212度。现今使用的华氏温标只保留后两者为标准点，在这样规定的华氏温标里，人体正常温度较准确的数值是 98.6 ℉。目前，只有英美在工程界和日常生活中还保留华氏温度，除此之外较少人使用了。华氏温度在我国为非法定计量单位。

热力学温度用符号 T 表示，单位是开尔文，符号 K。1954 年国际计量大会规定：水的三相点的热力学温度为 273.16K，这样一来，热力学温度就完全确定了，这样定出的热力学温度单位——开尔文就是水的三相点的热力学温度的 1/273.16。

三种温度间的换算关系如下：

$$T = t + 273 \qquad\qquad t = T - 273$$
$$t_F = 9/5\ t + 32 \qquad\qquad t = 5/9\ (t_F - 32)$$

因为水蒸气是均匀地混合在干空气中的，所以，平常用温度计所测得的空气温度既是干空气的温度，又是水蒸气的温度。

2. 压力

流体作用于单位面积上的垂直作用力叫做压强。在工程上人们往往习惯于把压强称为压力。在空调工程中的压力均是指压强，用符号 p 表示。压力的国际单位是 Pa（或 MPa）。

一般在空调工程中常用的压力单位还有两种：工程制单位（非法定计量单位）和液柱高单位（非法定计量单位），即 mmHg（毫米汞柱）或 mmH_2O（毫米水柱）。

大气层对地面所产生的压力称为大气压力。以纬度 45°海平面上，空气温度为 0℃时测得的平均压力称为一个标准大气压或物理大气压，用 atm 表示。$1atm = 1.013 \times 10^5 Pa = 760mmHg$。

一般在空气调节的参数计算上不用标准大气压，而用工程大气压，工程大气压用 at 表示。

$$1at = 9.807 \times 10^4 Pa = 10^4 mmH_2O = 10mH_2O$$

在实际空气调节的参数计算工作中，工程大气压常被认为是当地大气压值。

正如空气由干空气和水蒸气两部分组成一样，空气的压力 p 也是由干空气分压力和水蒸气分压力两部分组成的，即

$$p = p_g + p_c$$

式中　p_g——干空气的分压力；

　　　　p_c——水蒸气的分压力。

空气中水蒸气是由水蒸发而来的。在一定温度下，如果水蒸发得越多，空气中的水蒸气就越多，水蒸气的分压力也越大，所以水蒸气分压力是反映空气所含水蒸气量的一个指标，也是空调技术中经常用到的一个参数。

在空调系统中，空气的压力是用仪表测量的，但仪表显示的压力不是空气的绝对压力值，而是"表压力"，即空气的绝对压力与当地大气压力的差值。

应当指出，只有空气的绝对压力才是其基本状态参数，一般情况下，凡未指明的工作压力均应理解为绝对压力。

3. 湿度

空气湿度是指空气中所含水蒸气量的多少，有以下几种表示方法：

（1）绝对湿度　绝对湿度是指每立方米空气中含有水蒸气的质量，用符号 γ_z 表示，单位为 kg/m^3。

如果在某一温度下，空气中水蒸气的含量达到了最大值，此时的绝对湿度称为饱和空气

的绝对湿度，用 γ_B 表示。空气的绝对湿度只能表示在某一温度下每立方米空气中水蒸气的实际含量，不能准确地说明空气的干湿程度，因为当温度不同时，空气的体积会发生变化。

（2）相对湿度　为了能准确说明空气的干湿程度，在空调中采用了相对湿度这个参数。它是空气的绝对湿度 γ_z 与同温度下饱和空气的绝对湿度 γ_B 的比值，用符号 ϕ 表示。相对湿度一般用百分比表示，写作

$$\phi = \gamma_z / \gamma_B \times 100\%$$

相对湿度 ϕ 表明了空气中水蒸气的含量接近于饱和状态的程度。显然，ϕ 值越小，表明空气越干燥，吸收水分的能力越强；ϕ 值越大，表明空气越潮湿，吸收水分的能力越弱。

相对湿度 ϕ 的取值范围在 $0 \sim 100\%$ 之间，如果 $\phi = 0$，表示空气中不含水蒸气，属于干空气；如果 $\phi = 100\%$，表示空气中的水蒸气含量达到最大值，成为饱和空气。因此，只要知道 ϕ 值的大小，即可得知空气的干湿程度，从而判断是否要对空气进行加湿或去湿处理。

（3）含湿量（又称比湿度）　它是指 1kg 干空气所容纳的水蒸气的质量，用符号 d 表示，单位是 g/kg(干空气)[或 kg/kg(干空气)]。

在空气调节中，含湿量 d 是用来反映对空气进行加湿或去湿处理过程中水蒸气量的增减情况的。之所以用 1kg 干空气作为衡量标准，是因为对空气进行加湿或减湿处理时，干空气的质量是保持不变的，仅水蒸气含量发生变化，所以空调工程的调节参数计算中，常用含湿量的变化来表达对空气进行加湿和除湿的处理程度。

4. 比焓

空气的焓值是指空气含有的总热量，在空气调节的参数计算中通常以干空气的单位质量为基准，即 1kg 干空气所含有的热量与 1kg 干空气中所含有水蒸气的热量之和，称为空气的比焓。空气的比焓（工程中常简称为焓，本书比焓简称为焓）用符号 h 表示，单位是 kJ/kg。

在空调工程中，焓很有用处，可以根据一定质量的空气在处理过程中焓的变化，来判断空气是得到热量还是失去热量。空气的焓增加，表示空气得到热量；空气的焓减少，表示空气失去热量。利用这一原理，可以根据焓的变化值来计算空气在处理前后得到或失去热量的多少。

在空气处理过程中，需要考虑的是空气焓值的变化量，而不是空气在某一状态下的焓值。所以，一般规定干空气的焓值以 0 为基准点（计算的起点），即 0℃时 1kg 干空气的焓值为 0。

5. 密度和比体积

空气的密度是指每立方米空气中干空气的质量与水蒸气的质量之和，用符号 ρ 表示，单位是 kg/m³。

由于湿空气是干空气和水蒸气的混合气体，两者均匀混合并占有相同的容积，因此，湿空气的密度等于干空气的密度与水蒸气的密度之和。

空气的比体积是指单位质量的空气所占有的体积，用符号 v 表示，单位是 m³/kg。因密度与比体积互为倒数，所以 ρ 与 v 只能看做一个状态参数。

（三）空气调节的相关概念

1. 露点温度

在饱和温度下，饱和空气有一个容纳水蒸气的极限值，这个值会随着温度的降低而减少。利用这一原理，可以通过降温的方法，使不饱和空气达到饱和，再由饱和空气凝结出水

珠，即结露。在结露之前，空气的含湿量保持不变。

在一定大气压下，湿空气在含湿量 d 不变的情况下，冷却到相对湿度 $\phi = 100\%$ 时所对应的温度，称为空气的露点温度，并用符号 t_L 表示。

如果空气温度降到露点温度以下，空气中水蒸气的含量超过该温度下所允许的最大限度值，此时，空气中的一部分水蒸气就会凝结成露珠而被析出，出现结露。空调器运行中蒸发器表面出现凝结水，秋天的早晨，草木、禾苗的枝叶上出现露水，都是由于这个原理造成的。

2. 机器露点温度

空气的露点温度与空调系统的"机器露点温度"是有区别的，后者是经过人为地对空气加湿或减湿冷却后所达到的接近于饱和的空气状态。

表面式冷却器外表面的平均温度称为"机器露点温度"。经过喷水室处理的空气状态比较接近于 $\phi = 100\%$ 的状态，习惯上将此时的温度称为"机器露点温度"，并用符号 t_j 表示。

3. 干湿球温度

空气的干湿程度，可以用相对湿度 ϕ 表示，并且可以通过干湿球温度计测量出来。

干湿球温度计是由两只相同的温度计组成的，它的基本构造如图 1-1 所示。使用时应放在室内通风处，其中一只在空气中直接进行测量，所测得的温度称为干球温度，用符号 t_g 表示；另一只温度计的感温球部分用湿纱布包裹起来，并将纱布的下端放入水槽中，水槽里盛满蒸馏水，这时所测得的温度称为湿球温度，用符号 t_{sh} 表示。

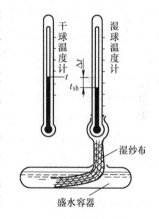

图 1-1　干湿球温度计

在干湿球温度计的测量过程中，除空气为饱和状态的特殊情况外，两只温度计的读数总会有差别。因为当空气未达到饱和时，湿球外面纱布上的水分总要在空气中蒸发，蒸发所需要的汽化热取自于湿纱布上的水本身，因而使纱布上的水温降低，从而使湿球温度低于干球温度。

在空气调节过程中，可根据干湿球温度计的差值，来确定空气相对湿度 ϕ 值的大小。干湿球温度计的差值越大，ϕ 越小；反之，差值越小，ϕ 越大。这是因为空气吸收水蒸气的能力取决于空气的相对湿度 ϕ 的大小。ϕ 值越小，空气吸收水蒸气的能力越大，湿纱布上的水分蒸发得越多，湿球温度降得越低，即干、湿球的温度差值越大。

在实际测量过程中，可以通过干湿球温度差值和湿球温度值从湿度表上查得 ϕ 值。例如，干湿球温度计上干球的温度为 36℃，湿球的温度为 30℃，干湿球温度的差值为 6℃。当旋转中间的圆柱体在湿度表缝中的顶端露出数值 6℃时，停止转动。此时再看湿球温度值 30℃所对应的湿度表上的数字，其值为 64，这个数字就表示此时此地空气的相对湿度值为 $\phi = 64\%$。

需要注意的是，测量时风速大小会对所测湿球温度的准确性有很大影响。当流过湿球的风速较小时，空气与湿球表面热湿交换不完善，湿球读数就会偏高。实验证明，当流经湿球表面的风速为 4m/s 以上时，所测得的湿球温度几乎不变，数据最准确。

4. 湿空气的焓-湿图

空气的许多状态参数都是有机地联系在一起的，为了更好地表达其相互之间的关系，以便于在空气调节装置运行过程中对空气处理过程进行分析，计算出能量消耗，设计运行方案，人们把一定大气压下空气各状态参数间的关系用一种图线表示出来，这就是焓-湿图（即 $h-d$ 图）。这样一来，所有的参数计算工作都可转化为查图工作。

焓-湿图是以焓值（h）为纵坐标，以含湿量（d）为斜坐标绘制的。在某一大气压力条件下，它由空气状态参数焓（h）、含湿量（d）、温度（t）、相对湿度（ϕ）及水蒸气分压力（p_c）等参数线组成，如图1-2所示。

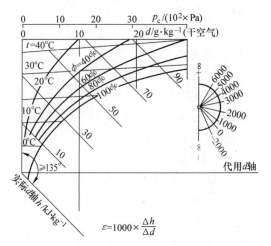

图1-2　湿空气的焓-湿图

（四）湿空气焓-湿图的组成

1. 焓-湿图的坐标

为了使焓-湿图的图面开阔，线条清晰，焓-湿图建立在斜角坐标上，纵坐标表示焓（h）值，斜坐标表示含湿量（d），两坐标间夹角为135°。而在实际应用中，为避免图面过大，取一条水平轴代替含湿量轴。这样，d 轴变成了一条水平轴。

2. 焓-湿图上的等参数线

（1）等焓线（h）　等焓线是一组与纵坐标成135°夹角的相互平行的斜线，每条线代表一个焓值，并且每条线上各点的焓值都相等。在纵坐标"0"点以上焓为正值，"0"点以下焓为负值。

（2）等含湿量线（d）　等含湿量线是一组与纵坐标轴平行且垂直于替代含湿量（d）轴的水平轴的平行线，每条线代表一个含湿量，且每条线上各点的含湿量值都相等。

（3）等温线（t）　等温线是一组近似相互平行的直线，每条线代表一温度值，且每条线上各点的温度值都相等。但仔细看，可以发现这些等温线彼此间并不平行，温度越高的等温线斜率越大，即越向右上方倾斜。由于在空气调节范围（$-10 \sim 40℃$）内，温度对斜率的影响不明显，所以等温线又近似平行。

（4）等相对湿度线（ϕ）　等相对湿度线是一组向上延伸的发散形曲线，每条线代表一个相对湿度，且每条线上各点的相对湿度值都相等。其中，$\phi = 0$ 的曲线说明此时空气的含湿量 $d = 0$，即为图像的纵坐标；$\phi = 100\%$ 的曲线说明空气的含湿量达到最大值，表示空气此时为饱和状态。

$\phi = 100\%$ 的饱和状态曲线把焓-湿图分成两个部分：饱和线左上方为空气的未饱和状态部分，即水蒸气的过热状态区；饱和线右下方为空气的过饱和状态部分，过饱和状态的空气是不稳定的，往往出现凝露现象，形成水雾，故这部分区域也称为雾状区域。

（5）水蒸气分压力线（p_c）　在横坐标含湿量线上方标出水蒸气分压力值，和横坐标水蒸气分压力值。横坐标水蒸气分压力值相对应的且与纵轴平行的线即为水蒸气分压力线。但这部分平行线在焓-湿图上并未标出，其目的是使焓-湿图的画面清晰。

（6）热湿比线（ε）　在空气调节过程中，被处理的空气常由一个状态变为另一个状态。在整个空气调节过程中，空气的热、湿变化是同时、均匀地进行着变化的，如图 1-3 所示。那么，在焓-湿图上由状态 A 到状态 B 的直线连接，就应

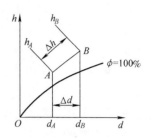

代表空气状态的变化过程。为了说明空气状态变化的方向和特征，常用状态变化前后焓差（$\Delta h = h_2 - h_1$）和含湿量差（$\Delta d = d_2 - d_1$）的比值来表示，这个比值称为热湿比，用符号 ε 表示。即

$$\varepsilon = \Delta h / \Delta d$$

总空气量 G 所得到（或失去）的热量 Q 和湿量 W 的比值，与相应于 1kg 空气的这个比值（$\Delta h / \Delta d$）应当完全一致，所以 $\varepsilon = \Delta h / \Delta d$ 又可以写成

图 1-3 空气的状态变化过程在焓-湿图上的表示

$$\varepsilon = \Delta h / \Delta d = \frac{G \Delta h}{G \Delta d} = Q / W$$

在上式中 Δd 和 W 是以 kg 来计算的。若使用 g 为单位来计算，则上式可变为

$$\varepsilon = \Delta h / (\Delta d / 1000) = Q / (W / 1000)$$

由上式可见，ε 就是直线 AB 的斜率，它反映了过程线的倾斜角度，因此，热湿比又可称为角系数。

在焓-湿图上的任何一点都代表了空气的一个状态，而每一条线都代表了空气的状态变化过程。

需要注意的是：空气的状态与大气压力有关，每一张焓-湿图都是根据某一大气压力绘制的，查图时应选取合适的焓-湿图。

（五）焓-湿图的应用

正如数学上每一个实数都可以在数轴上找到其对应点，平面上的每一个点都可以在坐标系中找到其对应位置一样，焓-湿图上的每一个点都代表一种空气状态，而每一种空气状态参数，都可以在焓-湿图上找到其对应位置。焓-湿图上每一条有向线段都代表一种空气状态的变化过程。因此，焓-湿图不仅可以用来确定空气的状态参数、露点温度、湿球温度，还可以表明空气的状态在热湿交换作用下的变换过程以及分析空调设备的运行工况。

1. 确定空气状态参数

焓-湿图上的每个点都代表了空气的一个状态，只要已知 h、d（或 p_c）、t、ϕ 中的任意两个参数，即可利用焓-湿图确定其他参数。

（1）确定空气的露点温度 t_L 由露点温度的定义可知：在含湿量不变的情况下给空气降温，当空气的相对湿度 $\phi = 100\%$ 时所对应的温度即为露点温度 t_L。

例 1-1 如图 1-4 所示，在 $1.013 \times 10^5 \text{Pa}$ （760mmHg）的大气压下，空气的温度 $t = 32℃$，$\phi = 40\%$，求空气的 t_L。

解 首先根据 $t = 32℃$，$\phi = 40\%$ 的交点，确定出空气的状态点 A，过 A 点沿等含湿量线向下与 $\phi = 100\%$ 相交于 L 点，L 点所对应的温度即为 A 点空气的露点温度，查图得 $t_L = 17℃$。

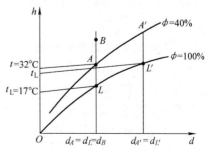

图 1-4 空气露点温度 t_L 的确定

从图 1-4 可以看出：对含湿量 d 相等的任何空气状态（如图 1-4 中 A、B），都会拥有相同的露点温度，即等湿有同露。含湿量越大的空气（如图 1-4 中 A'），露点温度就越高。

（2）确定空气的湿球温度 t_{sh} 湿球温度的形成过程是：由于纱布上的水分不断蒸发，湿球表面形成一层很薄的饱和空气层，这层饱和空气的温度近似等于湿球温度。这时，空气传给水的热量又全部由水蒸气返回空气中，所以湿球温度的形成可近似认为是一个等焓过程。

因此，在空气调节的参数计算中，湿球温度的查询方法是：从空气的状态点沿等焓线下行与 $\phi = 100\%$ 的交点所对应的温度即为湿球温度 t_{sh}。

例 1-2 如图 1-5 所示，在 1.013×10^5 Pa（760mmHg）的大气压下，空气的温度 $t = 33.5℃$，$\phi = 40\%$，求空气的 t_{sh}。

解 首先根据 $t = 33.5℃$，$\phi = 40\%$ 的交点，确定出空气的状态点 A，过 A 点沿等焓线下行与 $\phi = 100\%$ 相交于 B 点，B 点所对应的温度即为 A 点空气的湿球温度，查图得 $t_{sh} = 22.8℃$。

从图 1-5 可以看到，如果干、湿球温度计处于饱和空气的环境中（即空气的 $\phi = 100\%$），由于此时湿纱布上的水分不再蒸发，则空气的干、湿球温度相等。

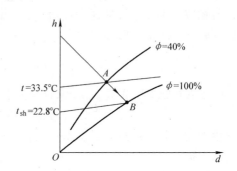

图 1-5 空气湿球温度 t_{sh} 的确定

例 1-3 在 101325Pa（760mmHg）的大气压下，空气的温度 $t = 20℃$，$\phi = 60\%$，求空气在此状态时的其他状态参数。

解 在焓-湿图上，首先根据 $t = 20℃$，$\phi = 60\%$ 的已知状态参数，找出两者的交点，确定出空气的状态点 A。

过 A 点沿等含湿量线 d_A 向下与饱和空气状态参数线 $\phi = 100\%$ 相交于 C 点，其相交点 C 的温度即为 A 点状态空气的露点温度，即 $t_L = 12℃$。过 A 点沿等焓线向下与饱和空气状态参数线 $\phi = 100\%$ 相交于 B 点，其相交点 B 的温度即为 A 点状态空气的湿球温度，即 $t_{sh} = 15.2℃$，如图 1-6 所示。

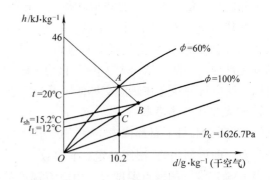

图 1-6 空气露点温度和湿球温度的确定

2. 反映空气的状态变化过程

空气经加热、加湿、冷却、去湿处理时，其状态要发生变化。其变化过程及变化方向的查询仍然要借助焓-湿图，用过程线来表示空气状态在热湿交换作用下的变化过程。

如图 1-3 所示，假设有空气状态原来为 A，质量为 G（kg），每小时加入空气的总热量为 Q（kJ），加入的水蒸气量为 W（kg），于是该空气因加热加湿变化到 B 点状态。连接 AB，直线 AB 即表示空气从 A 到 B 的变化过程。

在状态变化过程中，对于质量为 G 的空气而言，焓值变化为

$$\Delta h = h_B - h_A = Q/G$$

含湿量〔g/kg(干空气)〕的变化为

$$\Delta d = d_B - d_A = 1000W/G$$

空气状态变化前后焓差 Δh 与含湿量差 Δd 的比值称为空气状态变化过程的热湿比，常用符号 $\varepsilon(\mathrm{kJ/kg})$ 表示，即

$$\varepsilon = -\Delta h/(\Delta d/1000) = Q/W$$

式中　Q——加入的热量（kJ）；

　　　　W——加入的水蒸气量（kg）。

热湿比 ε 实际上就是直线 AB 的斜率，它反映了空气状态变化过程的方向，故又称"角系数"。

如果知道某一过程的初状态，又知道其变化的热湿比，那么再知道其终点状态的一个参数，即可确定空气状态变化过程的方向和变化后的终点状态。

由于斜率与起始位置无关，因此起始状态不同的空气，只要斜率相同，其变化过程必定互相平行。根据这一特性，可以在焓-湿图上以任意点为中心作出一系列不同值的 ε 标尺线，如图 1-7a 所示。实际应用时，只需把等值的 ε 标尺线平移到空气状态点，就可绘出该空气的状态变化过程。

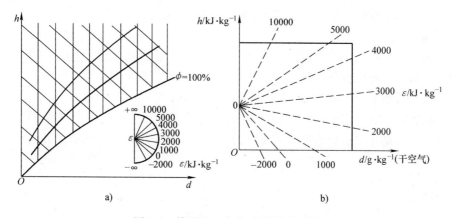

图 1-7　热湿比 ε 在焓-湿图上的表示

也可在焓-湿图上经过坐标原点画出不同 ε 值的标尺线，在焓-湿图的框外留下这些方向线的末端，以便作为推平行线的依据，这就使绘制热湿比线大大简化，如图 1-7b 所示。

3. 空气的处理在焓-湿图上的表示

空气的处理主要分为加热、冷却、加湿、去湿四种处理，如图 1-8 所示。

（1）等湿加热（也叫干式加热）处理　在空调过程中，常用电加热器或表面式热水换热器（或蒸气换热器）来处理空气，使空气的温度升高，但含湿量保持不变。处理过程如图 1-8 中 $A\rightarrow B$ 所示。

冬季用热水或水蒸气暖气片加热器的空气状态变

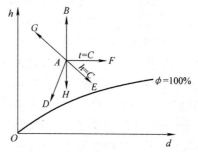

图 1-8　空气的处理在焓-湿图上的表示

化过程就属此类过程。

（2）冷却处理

1）等湿冷却（也叫干式冷却）处理。用表面冷却器或蒸发器处理时，如果表面冷却器或蒸发器的温度低于空气的温度，但又未达到空气的露点温度，就可以使空气冷却降温但不结露，空气的含湿量保持不变。这种处理称为等湿冷却处理。处理过程如图1-8中$A \to H$所示。

2）除湿冷却处理。用表面冷却器或蒸发器处理时，如果表面冷却器或蒸发器的温度低于空气的露点温度，则空气的温度下降，并且由于多余水蒸气的析出，使含湿量也在不断减少。这种处理称为除湿冷却处理。表面冷却器盘管外表面平均温度称为"机器露点"。处理过程如图1-8中$A \to D$所示。

（3）加湿处理 在冬季和过渡季节，室外含湿量一般比室内空气含湿量要大，为了保证相对湿度要求，往往要向室内空气中加湿。

1）等焓加湿处理。冬季，集中式空调系统用喷水室对空气进行喷淋加湿，加湿过程中使用的是循环水。在喷淋过程中，空气的温度t降低，相对湿度ϕ增加，由于空气传给水的热量仍由水分蒸发返回到空气中，所以空气的焓值h不变。处理过程如图1-8中$A \to E$所示。

2）等温加湿处理。等温加湿可通过向空气喷水蒸气而实现。加湿用的蒸气可以兼用锅炉产生的低压蒸气，也可由电加湿器（电热式或电极式）产生。空气增加水蒸气后，含湿量d增加，但温度t近似不变。处理过程如图1-8中$A \to F$所示。

（4）除湿处理

1）等焓除湿处理。用固体吸湿剂（硅胶或氯化钙）处理空气时，空气中的水蒸气被吸附，含湿量d降低，而水蒸气凝结所放出的汽化热使得空气温度t升高，所以，空气的焓值基本不变。处理过程如图1-8中$A \to G$所示。

2）冷却除湿处理。当用低于空气露点温度的水喷淋空气时，可使空气除湿和冷却；用低于空气露点温度的水或制冷剂通过表面冷却器时，可使流过表面冷却器管外的空气除湿和冷却。处理过程如图1-8中$A \to D$所示。

【拓展知识】

二、利用焓-湿图确定两种不同状态空气的混合状态

在空调系统中，有时通常利用空调房间的一部分空气作为回风，与室外新风或集中处理后的空气进行混合，达到节能的目的。利用空气的焓-湿图可以方便地确定两种不同状态下的空气混合以后的状态参数，如图1-9所示。

设室内回风的质量为m_1，状态参数为h_1和d_1，室外新风的质量为m_2，状态参数为h_2和d_2，混合后的空气质量为m，状态参数为h_M和d_M，如图1-9所示。根据物质的能量守恒定律：混合后的空气总质量m应等于混合前两种空气的质量之和；混合后的空气总热量应等于混合前两种空气的热量之和；混合后的空气总含湿量应等于混合前两种空气的含湿量之和，即

$$m = m_1 + m_2$$

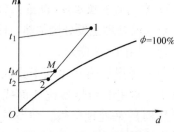

图1-9 两种不同状态空气的混合过程

$$m_1 h_1 + m_2 h_2 = (m_1 + m_2) h_M = m h_M$$

$$m_1 d_1 + m_2 d_2 = (m_1 + m_2) d_M = m d_M$$

整理上式可得

$$\frac{h_1 - h_2}{d_1 - d_2} = \frac{h_1 - h_M}{d_1 - d_M} = \frac{h_M - h_2}{d_M - d_2} \tag{1-1}$$

$$\frac{h_1 - h_M}{h_M - h_2} = \frac{d_1 - d_M}{d_M - d_2} = \frac{m_2}{m_1} = \frac{1M}{M2} \tag{1-2}$$

由式（1-1）可知：混合点 M 必定在点 1 和点 2 的连线上。

由式（1-2）可知：混合点 M 将线段 12 分为两段，两段的长度 $1M$ 与 $M2$ 仅仅同参与混合的两种空气的质量 m_1 和 m_2 成反比。

例1-4　如图 1-10 所示，某空气处理装置，一次回风量为 1800kg/h，状态为 $t = 22℃$，$\phi = 60\%$，新风量为 200kg/h，状态为 $t = 35℃$，$\phi = 40\%$，求蒸发器前（即混合后）的状态参数。

解　首先，在 $h\text{-}d$ 图上找出回风状态点 1 和新风状态点 2 并连线。

求出参加混合的风量比：$m_1 : m_2 = 1800 : 200 = 9 : 1$。

将线段 12 分成 10 等份，因为新风量 m_2 小于回风量 m_1，所以混合点 M 应靠近回风点 1。

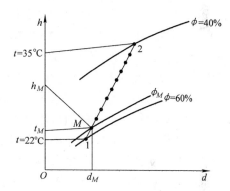

图 1-10　空气混合参数的计算

根据 $m_1 : m_2 = 9 : 1$，按反比关系确定出混合点 M，从 $h\text{-}d$ 图上可查出在蒸发器前状态点 M 的各状态参数为：$h_M = 50.4 \text{kJ/kg}$，$d_M = 10.5 \text{g/kg}$（干空气），$\phi_M = 58.5\%$，$t_M = 23.2℃$。

【习题】

1. 干空气是由哪些主要成分组成的？其中氮气、氧气和二氧化碳各占多少比例？
2. 湿度有几种表示方法？相对湿度的含义是什么？
3. 含湿量的意义是什么？
4. 为什么干湿球温度会存在差值？差值大小说明什么？
5. 湿空气的焓–湿图由哪些参数线组成？各参数线的特征和单位是什么？
6. 图 1-8 中焓–湿图上这些线段表示什么意思？
7. 干冷和湿冷的处理过程有什么不同？
8. 等焓除湿与冷却除湿有什么不同？

课题三　空调房间热湿负荷的估算

【知识目标】

了解空调房间热湿负荷的来源和形成因素。

【能力目标】

掌握夏季冷负荷的估算方法。

【必备知识】

一、空调房间热湿负荷的来源

1. 空调房间的热湿负荷

空调的目的是要保持房间内的温度和湿度在一定参数范围内。对于建筑物本身来说，客观上总存在着一些干扰因素，造成空调房间内的温度和湿度发生变化。空调系统的作用就是要平衡这些因素，使房间内的温度和湿度维持在要求的参数范围内。

空调技术中，在某一时刻为保持房间内一定的温湿条件，需要向房间内提供的冷量及热量，称为空调系统的冷负荷及热负荷；而为维持房间内的相对湿度参数所需要除去或加入的含湿量，称为空调系统的湿负荷。

空调技术中，某一时刻进入房间内的总热流量（热流量用 ϕ 表示，单位是 W）和含湿量，称为该时刻空调房间的得热量（单位是 W）和得湿量（单位是 g/h）。

空调房间热湿负荷的大小对空调系统的规模和运行情况有着决定性的影响。因此，为了设计一个空调系统，首先要做的工作是计算其热湿负荷。在空调系统的运行管理中，确定空调系统的送风量或送风状态参数，依据的是空调房间的热湿负荷数值。空调系统通过向空调房间内送入一定量的空气，带走房间内的热湿负荷，从而实现控制房间内空气温度和湿度的目的。

空调系统的冷热负荷还可以分为房间负荷和附加负荷两种。发生在空调房间内的负荷，称为房间负荷；发生在空调房间以外的负荷，如新风负荷、风管传热负荷等，统称为附加负荷。空调系统就是根据上述两种负荷来选择其设备的。

2. 空调房间热湿负荷形成的因素

空调房间内的热湿负荷是由诸多因素构成的，其中的热负荷主要由下述因素构成：

1）通过房间的建筑围护结构传入室内的热流量。
2）透过房间的外窗进入室内的太阳辐射的热流量。
3）房间内照明设备的散热量。
4）房间内人体的散热量。
5）房间内电气设备或其他热源的散热量。
6）室外空气渗入房间时的热流量。
7）伴随各种散湿过程产生的潜热量。

空调房间的湿负荷由下述因素构成：

1）房间内人体的散湿量。
2）房间内各种设备、器具的散湿量。
3）各种潮湿物表面或液体表面的散湿量。
4）各种物料或饮料的散湿量。

在空调房间热负荷的诸多因素中，除通过房间建筑围护结构和太阳辐射的热量为室外热源负荷外,其他均为空调房间内的热负荷。

3. 人体散热量和散湿量的计算

人体散热量和散湿量的大小与人的性别、年龄、衣着、劳动强度以及环境条件等诸多因素有关(见表1-2)。

表1-2 不同温度条件下人体散热量、散湿量

活动程度	典型场所	成年男子散热量/W	性别和年龄构成率(%) 男	女	儿童	平均每人散热量/W	室内空气温度/℃ 21 显热/(kJ/kg)	潜热/(kJ/kg)	散湿量/(g/h)	25.5 显热/(kJ/kg)	潜热/(kJ/kg)	散湿量/(g/h)	27 显热/(kJ/kg)	潜热/(kJ/kg)	散湿量/(g/h)
静坐	剧场	114	45	45	10	98	72	26	38	58	40	58	55	43	64
静坐、轻微走动	高等学校	126	50	50		110	76	34	51	59	51	76	53	57	85
普通事务工作	办公室	138	50	50		125	78	47	68	59	66	96	55	70	103
站立或时立时走	商店	160	40	60		138	79	59	87	60	78	115	55	83	124
轻作业	工厂(轻劳动)	169	40	60		145	84	61	90	64	81	120	58	87	129
一般作业	工厂(重劳动)	233	70	30		210	100	110	162	67	143	211	60	150	222
步行	工厂(重劳动)	291	100	0		277	127	150	220	91	186	275	83	194	287
重作业	工厂(强劳动)	436	100	0		401	167	234	234	133	268	395	128	273	405

表1-2 内对劳动强度的划分方法是:

(1)静坐 人体静坐,基本上无活动,如人在影剧院、会议室和图书馆阅览室等场所的活动。

(2)静坐、轻微走动 人体静坐,基本上以不走动为主的活动方式,如人在教室中学习或在实验室中做实验等活动。

(3)普通事务工作 以坐着或少量走动为主的工作,如人在办公室中办公、图书馆阅览室中阅览或在实验室中做实验等活动。

(4)轻劳动 以站着或少量走动为主的工作,如人在商场中售货、在教室中讲课等活动。

(5)重劳动 人体活动量较大的以站立或走动为主的工作,如人在车间中运原料、开机床等活动。

(6)强劳动 人体活动量大的体力工作,如人在排练厅中进行排练,在生产线上搬运产品等活动。

从性别和年龄计算平均散热时,可按成年女子为成年男子的85%,儿童为成年男子的75%的比例计算。

由于性质不同的建筑物中有数量不同的成年男子、女子和儿童，为了计算的便利，往往以成年男子为基础，乘以考虑了各类人员组成比例的系数（称为群集系数）。成年男子人体散热量计算公式为

$$\Phi = n\Phi_1$$

式中　Φ——单位时间内所散发的热量（W）；

　　　n——空调房间内的人数；

　　　Φ_1——每个人散发的全热量（W）。

人体散湿量 W 的计算公式为

$$W = nW_1$$

式中　W_1——每个人的散湿量（g/h）。

4. 空调房间内照明设备散热量的计算

空调房间内照明设备散热量属于稳定散热热源，一般不随时间变化。

根据照明灯具的不同类型，其散热量（单位：W）的计算公式分别为

白炽灯　　　　　　　　　　　$\Phi = 1000P$

荧光灯　　　　　　　　　$\Phi = 1000\eta_1\eta_2\eta_3 P$

式中　P——照明灯具功率（kW）；

　　　η_1——蓄热系数，一般取 0.7~0.9；

　　　η_2——整流器消耗功率系数，一般取 1.0~1.2；

　　　η_3——安装系数，明装时取 1.0，顶部安装有散热孔自然散热时取 0.5~0.6，无散热孔时取 0.6~0.8，若灯具有回风时取 0.35。

5. 空调房间内电器设备散热量的计算

（1）电动设备散热量的计算　电动设备是指电动机及其所带动的工艺设备。电动设备向空调房间内空气的散热量主要包括两部分：一是电动机本身由于温升而散发的热量；二是电动机所带动的设备运行时因温升所散发的热量，其散热量可按下述公式计算：

电动机及其所带动的工艺设备都放在室内时

$$\Phi = 1000\eta_1\eta_2\eta_3 P/\eta$$

电动机在室外但所带动的工艺设备在室内时

$$\Phi = 1000\eta_1\eta_2\eta_3 P$$

电动机放在室内但其带动的工艺设备在室外时

$$\Phi = 1000\eta_1\eta_2\eta_3 \frac{1-\eta}{\eta}P$$

式中　P——电动机及其带动设备的安装功率（kW）；

　　　η——电动机效率，一般取 0.75~0.85，对于 15kW 以上的电动机可近似取 0.9；

　　　η_1——电动机容量利用系数（安装系数），是指电动机最大实耗功率与额定功率之比，一般可取 0.7~0.9，它表示电动机额定功率的利用程度；

　　　η_2——同时使用系数，即房间内电动机同时使用的额定功率与总额定功率之比，它表示额定功率的利用程度，一般可取 0.5~0.8；

　　　η_3——负荷系数，每小时的平均实耗功率与设计最大实耗功率之比，它表示平均负荷达到最大负荷的程度，一般可取 0.5 左右。

（2）电热设备散热量与电子设备散热量的计算

电热设备的散热量计算式为

$$\Phi = 1000\eta_1\eta_2\eta_3\eta_4 P$$

式中　η_4——扣除局部排风带走热流量后的热流量与设备散热量之比，具体数值由排风、排热的情况而定，一般可取0.5。

电子设备的散热量计算式为

$$\Phi = 1000\eta_1\eta_2\eta_3\frac{1-\eta}{\eta}P$$

式中　η_3——电动机负荷系数，对电子计算机取0.1，一般仪表取0.5~0.9。

二、空调房间夏季供冷负荷和冬季供热负荷的估算方法

（一）夏季供冷负荷的估算方法

1. 简单计算法

空调房间的冷负荷由外围结构传热、太阳辐射热、空气渗透热、室内人员散热、室内照明设备散热、室内其他电器设备引起的负荷，再加上新风量带来的空调系统负荷等构成。估算时，以围护结构和室内人员的负荷为基础，把整个建筑物看成一个大空间，按各面朝向计算其负荷。室内人员散热量按人均116.3W计算，最后将各项数量的和乘以新风负荷系数1.5，即为估算结果。

$$\Phi = (\Phi_w + 116.3n) \times 1.5$$

式中　Φ——空调系统的总负荷（W）；

　　　Φ_w——围护结构引起的总冷负荷；

　　　n——室内人员数。

2. 指标系数计算法

以国内现有的一些工程冷负荷指标（一般按建筑面积的冷负荷指标）为基础，这里以旅馆为基础（70~95W/m²），对其他建筑则乘以修正系数β。

办公楼：$\beta = 1.2$。

图书馆：$\beta = 0.5$。

商　店：$\beta = 0.8$（仅营业厅有空气调节）；

　　　　$\beta = 1.5$（全部建筑空间有空气调节）。

体育馆：$\beta = 3.0$（比赛场馆面积）；

　　　　$\beta = 1.5$（总建筑面积）。

大会堂：$\beta = 2 \sim 2.5$。

影剧院：$\beta = 1.2$（电影厅有空气调节）；

　　　　$\beta = 1.5 \sim 1.6$（大剧院）。

医　院：$\beta = 0.8 \sim 1.0$。

注意：上述数据在使用时，建筑物的总面积小于500m²时，取上限值；大于1000m²时，取下限值。上述指标确定的冷负荷为制冷机的容量，不必再加系数。

3. 单位面积估算法

单位面积估算法是一种将空调负荷单位面积上的指标，乘以建筑物内的空调面积，得出

制冷系统总负荷的估算值的负荷计算法。具体项目见表1-3。

表1-3 国内部分建筑空调冷负荷设计指标

序号	建筑类型及房间类型		冷负荷指标/（W/m²）
1	酒店	客房（标准层）	80～110
2		酒吧、咖啡厅	80～100
3		西餐厅	160～200
4		中餐厅、宴会厅	180～350
5		中庭、接待处	90～120
6		商店、小卖部	100～160
7		小会议室（允许少量吸烟）	200～300
8		大会议室（不允许吸烟）	180～280
9		理发、美容间	120～180
10		健身房	100～200
11		弹子房	90～120
12		室内游泳池	200～350
13		舞厅（交谊舞）	200～250
14		舞厅（迪斯科）	250～350
15		办公室	90～120
16	医院	高级病房	80～110
17		一般手术室	100～150
18		洁净手术室	300～500
19		X光、CT、B超诊室	120～150
20	商场	营业厅	150～250
21	影剧院	观众席	180～350
22		休息厅（允许吸烟）	300～400
23		化妆室	90～120
24	体育馆	比赛馆	120～250
25		观众休息厅（允许吸烟）	300～400
26		贵宾室	100～120
27	展览厅	陈列室	130～200
28		会场、报告厅	150～200
29	图书阅览室		75～100
30	科研、办公室		90～140
31	公寓、住宅		80～90
32	餐馆		200～350

（二）冬季供暖负荷估算方法

1. 单位面积热指标估算法

已知空调房间的建筑面积，其供暖负荷可采用表1-4所提供的指标，乘以总建筑面积进行粗略估算。

2. 窗墙比公式估算法

已知空调房间的外墙面积、窗墙比及建筑面积，供暖供热指标可按下式进行估算：

表1-4 国内部分建筑供暖负荷设计指标

序号	建筑物类型及房间类型	供暖负荷指标/（W/m²）
1	住宅	46~70
2	办公楼、学校	58~80
3	医院、幼儿园	64~80
4	旅馆	58~70
5	图书馆	46~76
6	商店	64~87
7	单层住宅	80~105
8	食堂、餐厅	116~140
9	影剧院	93~116
10	大礼堂、体育馆	116~163

注：1. 建筑面积大、外围护结构性能好、窗户面积小时，可采用较小的指标数。
　　2. 建筑面积小、外围护结构性能差、窗户面积大时，可采用较大的指标数。

$$q = \frac{1.163(6a + 1.5)A_1}{A}(t_n - t_w)$$

式中　q——建筑物供暖热负荷指标（W/m²）；

　1.163——墙体传热系数 [W/(m²·℃)]；

　　a——外窗面积与外墙面积之比；

　A_1——外墙总面积（包括窗，m²）；

　　A——总建筑面积（m²）；

　t_n——室内供暖设计温度（℃）；

　t_w——室外供暖设计温度（℃）。

上述指标已包括管道损失在内，可用它直接作为选锅炉的热负荷数值，不必再加系数。

【拓展知识】

三、空调房间渗透空气时热流量的计算方法

空调房间在一般情况下，不考虑空气渗透所带来的负荷，只有在房间内确定不能维持正压的情况出现时，才考虑进行计算。

1. 渗入室内空气量（即质量流量 q_m）的估算

1）通过开启外门渗入室内的空气量 q_{m1}（工程中常用 G 表示，单位：kg/h），可按下式估算：

$$q_{m1} = n_1 q_V \rho_w$$

式中　n_1——每小时人员进出流量；

　q_V——外门开启一次渗入空气的体积流量（工程中常用 V 表示），见表1-5（m³/h）；

　ρ_w——夏季空调房间室外干球温度下的空气密度（kg/m³）。

2）通过房间门、窗渗入的空气量 q_{m2}（单位：kg/h）可按下式估算：

$$q_{m2} = \eta_2 V_2 \rho_w$$

式中　η_2——每小时的换气次数（见表1-6）；

　V_2——房间容积（m³）。

表 1-5　外门开启一次的空气渗入量（体积流量）　　　（单位：m^3/h）

每小时通过的人数	普通门		带门斗的门		转门	
	单扇	一扇以上	单扇	一扇以上	单扇	一扇以上
100	3.00	4.75	2.50	3.50	0.80	1.00
100~700	3.00	4.75	2.50	3.50	0.70	0.90
700~1400	3.00	4.75	2.25	3.50	0.50	0.60
1400~2100	2.75	4.00	2.25	3.25	0.30	0.30

表 1-6　每小时的换气次数

房间容积/m^3	每小时的换气次数 η_2/（次/h）	备　注
500 以下	0.7	
500~1000	0.6	
1000~1500	0.55	本表适用于一面或两面有门、窗暴露面的房
1500~2000	0.50	间。当房间有三面或四面门、窗暴露面时，表中
2000~2500	0.42	数值应乘以系数 1.15
2500~3000	0.40	
3000 以上	0.35	

2. 渗透空气的显冷负荷计算

渗透空气的显冷负荷（单位：W）可按下式计算，即

$$\Phi = 0.28 q_m c_p (t_w - t_n)$$

式中　q_m——单位时间内渗入室内空气的总量（kg/h）；

　　　c_p——空气质量定压热容[$kJ/(kg \cdot ℃)$]，可取 $c_p = 1.01 kJ/(kg \cdot ℃)$；

　　　t_w——室外空气温度（℃）；

　　　t_n——室内空气温度（℃）。

3. 渗透空气带入空调房间散湿量的计算

渗透空气带入空调房间的散湿量（单位：kg/h）可按下式计算，即

$$W = 0.001 q_m (d_w - d_n)$$

式中　d_w——室外空气的含湿量（g/kg）；

　　　d_n——室内空气的含湿量（g/kg）。

4. 空调房间内设备散湿量的计算

1）敞开水表面的蒸发散湿量的计算式为

$$W = Ag$$

式中　A——蒸发面积（m^2）；

　　　g——水表面的单位蒸发量[$kg/(m^2 \cdot h)$]，见表 1-7。

2）敞开水表面蒸发形成的显热冷负荷的计算式为

$$\Phi = 0.28 rW$$

式中　r——汽化热（kJ/kg），见表 1-7。

民用建筑空气调节系统的负荷，应尽量按相关知识讲述的程序进行计算。在实际工作中，有时因各种因素的限制不具备计算条件时，可根据空调负荷估算指标法来进行粗略估算。

表1-7　敞开水表面的单位蒸发量　　　　　　　　　　　［单位：kg/（m²·h）］

室温/℃	室内相对湿度（%）	水温/℃								
		20	30	40	50	60	70	80	90	100
20	40	0.286	0.676	1.61	3.27	6.02	10.48	17.8	29.2	49.1
	45	0.262	0.654	1.57	3.24	5.97	10.42	17.8	29.1	49.0
	50	0.238	0.627	1.55	3.20	5.94	10.40	17.7	29.0	49.0
	55	0.214	0.603	1.52	3.17	5.90	10.35	17.7	29.0	48.9
	60	0.19	0.58	1.49	3.14	5.86	10.30	17.7	29.0	48.8
	65	0.167	0.556	1.46	3.10	5.82	10.27	17.6	28.9	48.7
24	40	0.232	0.622	1.54	3.20	5.93	10.40	17.7	29.2	49.0
	45	0.203	0.581	1.50	3.15	5.89	10.32	17.7	29.0	48.9
	50	0.172	0.561	1.46	3.11	5.86	10.30	17.6	28.9	48.8
	55	0.142	0.532	1.43	3.07	5.78	10.22	17.6	28.8	48.7
	60	0.112	0.501	1.39	3.02	5.73	10.22	17.5	28.8	48.6
	65	0.083	0.472	1.36	3.02	5.68	10.12	17.4	28.8	48.5
28	40	0.168	0.557	1.46	3.11	5.84	10.30	17.6	28.90	48.9
	45	0.130	0.518	1.41	3.05	5.77	10.21	17.6	28.80	48.8
	50	0.091	0.480	1.37	2.99	5.71	10.12	17.5	28.75	48.7
	55	0.053	0.442	1.32	2.94	5.65	10.00	17.4	28.70	48.6
	60	0.033	0.404	1.27	2.89	5.60	10.00	17.3	28.60	48.5
	65	0.015	0.364	1.23	2.83	5.54	9.95	17.3	28.50	48.4
汽化热/（kJ/kg）		2458	2435	2414	2394	2380	2363	2336	2303	2265

【习题】

1. 什么是空调房间的热湿负荷？
2. 空调房间冷（热）负荷形成的因素有哪些？
3. 用简单计算法估算空调房间的冷负荷需要知道哪些数据？
4. 简单计算法中为什么供冷负荷指标要远远大于供暖负荷指标？
5. 请用简单计算法估算出你家房间的空调冷负荷。

第二单元 中央空调系统的组成

课题一 中央空调系统的分类及特点

【知识目标】

学习并掌握中央空调的分类方法及其特点。

【能力目标】

掌握一次回风空调系统空气处理装置的特点。

【必备知识】

一、中央空调系统的分类方法

空调系统的分类方法有多种。若按空气处理设备的设置情况分类，可以分为集中式空调系统、半集中式空调系统和分散式空调系统；若按负担室内热湿负荷所用的工作介质分类，可以分为全空气式系统、全水式系统、空气-水式系统和制冷剂式系统等。此外，还有很多分类方法。

（一）按空气处理设备的设置情况分类

1. 集中式空调系统

集中式空调系统又称中央式空调系统。所谓中央式空调系统，是指在同一建筑物内对空气进行净化、冷却（或加热）、加湿（或去湿）等处理并进行输送和分配的空调系统。其特点是空气处理设备和送、回风机等集中设在空调机房内，通过送、回风管道与被调节的空调场所相连，对空气进行集中处理和分配。

集中式空调系统有集中的冷源和热源，称为冷冻站或热交换站。集中式空调系统处理空气量大，运行可靠，便于管理和维修，但机房占地面积较大。

2. 半集中式空调系统

半集中式空调系统又称为混合式空调系统，它建立在集中式空调系统的基础上，先将空调房间需要的一部分空气进行集中处理后，由风管送入各房间，与各空调房间内的空气处理装置（诱导器或风机盘管）处理过的二次风混合后再送入空调区域（空调房间）中，从而使各空调区域（空调房间）根据各自不同的具体情况，获得较为理想的空气处理效果。此种系统适用于空气调节房间较多，且各房间要求单独调节的建筑物。

集中式空调系统和半集中式空调系统通常也可称为空调系统或中央空调系统。

3. 分散式空调系统

分散式空调系统又称局部式或独立式空调系统。它的特点是将空气处理设备分散放置在各空调房间内。常见的窗式空调器、分体式空调器等都属于此类。

（二）按负担室内热湿负荷所用的工作介质分类

1. 全空气式系统

全空气式系统是指空调房间内的余热、余湿全部由经过处理的空气来负担的空调系统。全空气式系统在夏季运行时，房间内如有余热和余湿，可用低于室内空气温度和含湿量的空气送入房间内，通过吸收室内的余热、余湿，来调节室内空气的温度、相对湿度、气流速度、洁净程度和气体压力等参数，使其满足空调房间对参数的要求。由于空气的比热容小，用于吸收室内余热、余湿的空气需求量大，所以全空气式系统要求的风道截面积较大，占用建筑物空间较多。

2. 全水式系统

空调房间内的余热和余湿全部由冷水或热水来负担的空调系统称为全水式系统。全水式系统在夏季运行时，用低于空调房间内空气露点温度的冷水送入室内空气处理装置——风机盘管机组（或诱导器），由风机盘管机组（或诱导器）与室内的空气进行热湿交换；冬季运行时，用热水送入风机盘管机组（或诱导器），由风机盘管机组（或诱导器）与室内的空气进行热交换，使室内空气升温，以满足设计状态的要求。由于水的比热容及密度比空气大，所以全水式系统的管道占用空间的体积比全空气式系统要小，能够节省建筑物空间，其缺憾是不能够解决房间通风换气的问题。

3. 空气-水式系统

空调房间内的余热、余湿由空气和水共同负担的空调系统，称为空气-水系统。系统的典型装置是风机盘管加新风系统。其结构如图2-1所示。

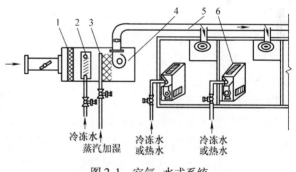

图2-1　空气-水式系统
1—过滤网　2—冷却器　3—加湿器
4—风机　5—风管　6—风机盘管

空气-水式系统是用风机盘管或诱导器对空调房间内的空气进行热湿处理的，而空调房间所需要的新鲜空气则由集中式空调系统处理后，由送风管道送入各空调房间内。

空气-水式系统既解决了全水式系统无法通风换气的困难，又克服了全空气式系统要求风道截面积大、占用建筑空间多的缺点。

4. 制冷剂式系统

制冷剂式系统是指空调房间的热湿负荷直接由制冷剂负担的空调系统。局部式空调系统和集中式空调系统中的直接蒸发式表冷器就属于此类。制冷机组蒸发器中的制冷剂直接与被处理空气进行热交换，以达到调节室内空气温度、湿度的目的。

（三）按集中式空调系统处理的空气来源分类

1. 循环式空调系统

循环式空调系统又称为封闭式系统，它是指空调系统在运行过程中全部采用循环风的调节方式。此系统不设新风口和排风口，只适用于人员很少进入或不进入，只需要保障设备安全运行而进行空气调节的特殊场所。

2. 直流式空调系统

直流式空调系统又称为全新风空调系统，是指系统在运行过程中全部采用新风作为风源，经处理达到送风状态参数后再送入空调房间内，吸收室内空气的热湿负荷后又全部排掉，不用室内空气作为回风使用的空调系统。直流式空调系统多用于需要严格保证空气质量的场所以及产生有毒或有害气体，不宜使用回风的场所。

3. 一次回风空调系统

一次回风空调系统是指将来自室外的新风和室内的循环空气，按一定比例在空气热湿处理装置之前进行混合，经过处理后再送入空调房间内的空调系统。一次回风空调系统应用较为广泛，被大多数中央式空调系统所采用。

4. 二次回风空调系统

二次回风空调系统是在一次回风空调系统的基础上将室内回风分成两部分，分别引入空气处理装置中，其中一部分经一次回风装置处理后，与另一部分没经过处理的空气（称为二次回风）混合，然后送入空调房间内。二次回风空调系统与一次回风空调系统相比更为经济、节能。

（四）空调系统的其他分类方法

1. 按系统风量调节方式分类

（1）定风量系统　送入各房间的风量不随空调区域的热湿负荷变化而保持送风量不变的系统称为定风量系统。其特点是依靠送风温度的变化来调节房间内空气的温度和湿度。

（2）变风量系统　送入各房间的风量随空调区域的热湿负荷变化而变化的系统称为变风量系统。其特点是通过改变风量的大小来适应室内负荷的变化，以达到调节室内所需空气参数的目的。

2. 按风管设置方式分类

（1）单风管系统　单风管系统是指空调系统只设有一只送风管，冬天送热风，夏天送冷风，交替使用。其优点是设备结构简单，初投资较省，易于管理，但可调节性差。

（2）双风管系统　双风管系统是指空调系统设有两只送风管，一只送高温风，一只送低温风，两者在进入房间之前，根据室内负荷的不同由两只送风管的末端装置将两风管中的风按需要的比例混合，以使室内状态稳定在某一精度范围之内。

3. 按风管中空气流速分类

（1）低速系统　低速系统是指一般民用建筑主风管风速低于 $10m/s$，工业建筑主风管风速低于 $15m/s$ 的系统。其特点是为保证送风量，风道截面积较大，占用建筑面积较多。

（2）高速系统　高速系统是指一般民用建筑主风管风速高于 $12m/s$，工业建筑主风管风速高于 $15m/s$ 的系统。其特点是风道截面积小，占用建筑面积较小，但与低速系统相比，高速系统的能耗、噪声都较低速系统大。

我国集中式空调系统应用较多的是低速、单风管、定风量的空调系统。

二、集中式空调系统

集中式空调系统的基本形式主要有直流式空调系统、一次回风式空调系统和二次回风式空调系统。

（一）直流式空调系统

1. 直流式空调系统的结构

直流式空调系统的结构如图 2-2 所示。

2. 直流式空调系统的夏季空气处理过程

室外新风空气被抽进空调系统的空气处理
装置，经空气过滤器过滤之后，进入喷水室冷
却除湿达到机器露点状态，然后经过再热器加
热至所需的送风状态点后送入室内，在空调房
间吸热吸湿达到对室内空气处理的目的后全部
排出到室外。

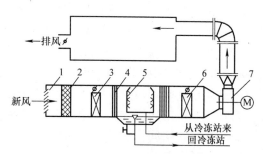

图 2-2　直流式空调系统的结构
1—百叶窗　2—空气过滤器　3—预热器
4—前挡水板　5—喷水排管及喷嘴
6—再热器　7—送风机

3. 直流式空调系统的冬季空气处理过程

冬季室外空气一般是温度低，含湿量小，
要将其处理到送风状态，必须对空气进行加热和加湿处理。处理方法是，室外空气状态的新
风，经空气过滤器过滤后由预热器等湿加热到送风状态点，然后进入喷水室进行绝热加湿处
理后，经再热器加热至所需的送风状态点，送入室内，在空调房间放热达到对室内空气处理
的目的后全部排出到室外。

直流式空调系统的房间内空气能够 100% 地更换，但由此造成的系统能量损失较大，运
行不够经济，一般只应用于特殊需要的场合。

（二）一次回风式空调系统

一次回风式空调系统有喷水室式和表冷器式两种形式。

典型的喷水室式一次回风式空调系统空气处理装置的结构如图 2-3 所示。

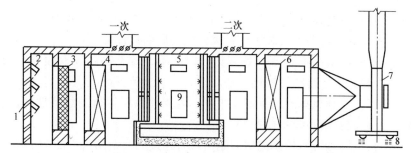

图 2-3　喷水室式一次回风式空调系统空气处理装置的结构
1—新风百叶窗　2—保温窗　3—空气过滤器　4—预热器
5—喷水室　6—再热器　7—送风机　8—减振器　9—密封门

典型的表冷器式一次回风式空调系统空气处理装置的结构如图 2-4 所示。

1. 一次回风式空调系统空气处理装置的构成

一次回风式空调系统空气处理装置由三大部分构成。

（1）空气处理设备　空气处理设备主要包括空气过滤器、预热器、喷水室和再热器等，
是对空气进行过滤和各种热湿处理的主要设备。它的作用是使室内空气达到预定的温度、湿
度和洁净度。

（2）空气输送设备　空气输送设备主要包括送风机（回风机）、风道系统，以及装在风

道上的风道调节阀、防火阀、消声器、风机减振器等配件。空气输送设备的作用是将经过处理的空气按照预定要求输送到各个空调房间，并从房间内抽回或排出一定量的室内空气。

（3）空气分配装置　空气分配装置包括设在空调房间内的各种送风口（例如百叶窗式风口、散流器式风口）和回风口。空气分配装置的作用是合理地组织室内气流，以保证工作区（通常指离地 2m 以下的空间）内有均匀的温度、湿度、气流速度和洁净度。

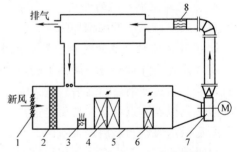

图 2-4　一次回风式空调系统的结构
1—新风口　2—过滤网　3—电极加湿器
4—表面冷却器　5——次加热器
6—二次加热器　7—送风机　8—电加热器

一次回风式空调系统除了上述三个主要部分外，还有为空气处理服务的冷、热源和冷、热媒管道系统，以及自动控制和自动检测系统等。

2. 一次回风式空调系统的特点

一次回风式空调系统是应用最广泛的空气处理系统，其特点如下：

1）空气处理设备和制冷设备集中布置在机房内，便于集中管理和集中调节。

2）过渡季节可充分利用室外新风，降低冷、热源运行费用。

3）可以将室内空气的温度、相对湿度、气流速度、空气洁净度和压力等参数控制在较精确的范围内。

4）空调系统可以采取有效的防振和消声措施，将空调房间内的空气噪声降低到要求的范围内。

5）集中式空调系统使用寿命较长，一般在正常维护使用条件下，其使用年限在 25 年以上。

6）由于冷、热源机组体积大，使机房占地面积大，各类管道布置复杂，要求机房的层高要高，要占用大量建筑空间，安装工作量大，施工周期较长。

7）当空调房间热湿负荷变化不一致或运行时间不一致，需要采取较复杂的控制系统，进行分区控制，否则系统运行的经济性不好。

8）风管系统各支路和风口的风量不易平衡，若要使系统运行的经济性好，需要使用较复杂的控制设备，造成空调系统初投资大。

9）由于集中式空调系统所控制的房间是由风管连接的，给防火、防烟工作造成困难。

3. 一次回风式空调系统夏季空气处理过程

室外新风经百叶窗进入一次回风式空调系统，首先经过过滤净化，然后与室内的循环空气（一次回风）进行混合达到参数状态点。混合后的空气流经喷水室或表面冷却器进行降温、去湿处理，达到机器露点温度后，再经过加热器等湿升温至送风状态点，送风机将处理后的空气送入空调房间，吸收房间空气中的余热和余湿后，空气分为两部分，一部分为满足房间内空气的卫生参数要求而被直接排放，另一部分作为一次回风回到空调系统进行再循环。

空调系统在夏季运行过程中利用回风，可节省系统的制冷量，节省制冷量的多少与一次回风量的多少成正比。但过多地采用回风量，难以保证空调房间内的空气卫生条件，所以回风量必须有上限。一般设计时系统的新风量控制在 10% ~15% 比较合适。

4. 一次回风式空调系统冬季空气处理过程

冬季一次回风式空调系统的空气状态混合点，基本与夏季状态混合点相同，只不过因为室外新风随不同地区的气温差异，有时将新风先加热一下，然后再与室内回风混合（如在我国北方地区），或先混合后加热；有的是直接与系统一次回风混合，而取消一次加热过程（如在我国南方地区）。

（三）二次回风式空调系统

在空气调节过程中，为了提高空调装置运行的经济性，往往采用二次回风式空调系统。二次回风式空调系统与一次回风式空调系统相比，在新风百分比相同的情况下，两者的回风量是相同的。在前面分析一次回风式空调系统夏季处理方案时发现这样一种情况：一方面要将混合后的空气冷却干燥到机器露点状态；另一方面又要用二次加热器将处于机器露点温度状态的空气升温到送风状态，才能向空调房间送风。这样"一冷一热"的处理方法形成了能源的很大浪费。特别是在夏季，要为此烧锅炉或用电加热，这是很不经济的。二次回风式空调系统采用二次回风代替再热装置，克服了一次回风式空调系统的缺点，节约了系统的能耗。集中式单风管二次回风式空调系统如图2-5所示。

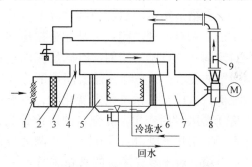

图2-5　集中式单风管二次回风式空调系统
1—新风口　2—过滤器　3——一次回风管
4——一次混合室　5—喷雾室　6——二次回风管
7—二次回风室　8—风机　9—送风管

1. 二次回风式空调系统夏季空调过程

二次回风式空调系统采用了将一部分室内循环空气与一定量的处于露点温度状态的空气相混合，直接得到送风状态点，节约了大量能源，提高了空调系统运行的经济性。

2. 二次回风式空调系统冬季空调过程

二次回风式空调系统冬季的送风量与夏季相同，一次回风量与二次回风量的比值也保持不变。冬季在寒冷的地区，室外新风与回风按最小新风比混合后，其混合后空气的焓值仍然低于所需要的机器露点的焓值时，就要使用预热器加热混合后的空气，使其焓值等于所需要的机器露点的焓值。

冬季室外状态的空气与室内一次回风混合后达到送风状态点，由于参与一次混合的回风量少于一次回风系统的回风量，所以参与一次混合的回风空气的焓值也低于一次回风式空调系统的混合点的焓值。于是，混合点状态的空气被等湿加热、绝热加湿到冬季"露点"，与二次回风混合，通过加热到送风状态之后，向室内送风。

【拓展知识】

三、双风道空气调节系统

双风道空气调节系统采用两条风道：一只称为冷风风道，另一只称为热风风道。两只风道中的空气设计有各自的参数，当两只风道中的空气输送到各个空调房间中的送风口前面的混合箱内时，按各个空调房间所需要的空气参数进行混合，使其送风量和送风状态满足各个空调房间不同的需要。

双风管空调系统一般采用一次回风的方式，即采用一只回风风道回风。双风管空调系统对各空调房间负荷变化的适应性很强，既能够对一部分房间供热，又可以对另一部分房间供冷。集中式双风管空调系统示意图如图2-6所示。

集中式双风管空调系统中，混合箱是一个关键设备，其结构如图2-7所示。

混合箱是用室内温度控制器来改变冷、热风比例的。它有两种功能：一是能根据房间负荷变化自动调节冷热风的比例，以满足室内空调对温度参数的要求；二是当其他房间调节冷风与热风的比例，造成整个系统压力变化时，不至于引起本房间送风量的变化。混合箱的造价较高，在工程中可采用几个风口，或在一个空调区域使用一个混合箱。对于多层建筑的宾馆客房或写字楼的办公室，其垂直部分使用双风道时，可在每层设置一个混合箱。经过混合箱处理后，空调系统送风形式可变为一般低速单风管空调系统。

集中式双风管空调系统通常采用的工况参数如下：

1）冷风温度全年为 12～14℃。

2）夏季热风温度比室温高3℃。

3）冬季热风温度为 35～45℃。

4）过渡季节热风温度为 25～35℃。

5）热风量占总风量的50%～70%。

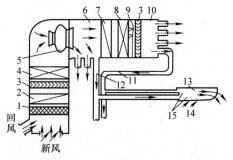

图2-6 集中式双风管空调系统的示意图
1—空气过滤器 2——级空气冷却器
3—挡水板 4——级空气加热器
5—离心式或轴流式风机 6——级空气分配室
7—二级空气冷却器 8—二级空气加热器
9—空气加湿器 10—二级空气分配室
11—二级送风管 12——级送风管
13——级诱导器 14—二级回风管 15—调风门

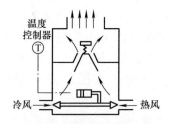

图2-7 集中式双风管空调系统的混合箱结构

集中式双风管空调系统能较好地满足各个空调房间的空气调节要求，近年来在各类空调工程中已有不少应用，尤其是对于旅馆、办公楼、实验室、医院等负荷变化较大的场所尤为适用。

【习题】

1. 集中式空调系统的特点是什么？
2. 集中式空调系统与半集中式空调系统的区别在哪？
3. 空气-水式系统与全水系统相比其优点是什么？
4. 直流式空调系统的特点是什么？一般应用在什么场合？
5. 一次回风系统由哪几部分组成？各部分的任务是什么？
6. 一次回风空调系统夏季是如何进行空气处理的？
7. 一次回风空调系统冬季是如何进行空气处理的？
8. 二次回风空调系统运行时的经济性体现在哪里？

9. 双风管空调系统与单风管空调系统相比，其优越性在哪里？

课题二　空气的热湿处理及设备

【知识目标】

学习空气热湿处理的基本方法，了解和掌握空气除湿、加湿、加热设备的结构和工作原理。

【能力目标】

掌握干式蒸汽加湿器、电极式加湿器、机械除湿机、吸收式除湿机、管式电加热器等空气加湿、除湿以及加热设备的结构和工作原理。

【必备知识】

一、空气热湿处理的基本方法

在空调系统中，空气的热湿处理过程可用图 2-8 表示。在夏季通过对空气进行降温、除湿来实现对空气的热湿处理；冬季通过对空气进行升温、加湿来实现对空气的热湿处理。

（1）空气的降温除湿处理　其过程如图 2-8 中 A—1 所示，用温度低于空气露点温度的水对空气进行喷淋（或使用温度低于空气露点温度的表冷器，对空气进行降温处理）。由于水温低于空气的露点温度，空气中水蒸气被冷凝，放出凝结热，部分水蒸气变成水，进行了湿交换。另一方面，水温低于空气温度，则空气因显热交换而温度下降。结果空气被冷却、除湿，焓值下降。

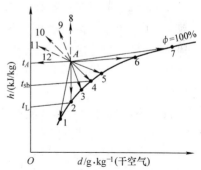

图 2-8　空气的热湿处理过程

（2）空气的降温等湿处理　其过程如图 2-8 中 A—2 所示，用温度恰好等于空气露点温度的水对空气进行喷淋（或使用温度稍低于空气露点温度的表冷器、蒸发器，对空气进行降温处理）。此时，因水温仍然低于空气温度，所以空气被冷却，焓值下降。但空气被冷却过程中，因水温等于空气露点温度，所以空气中水蒸气不会凝结，所以，空气的含湿量不变，这一过程称减焓、等湿冷却空气过程。随着空气温度的降低，其相对湿度增加，直至达到饱和。

（3）空气的降温加湿减焓处理　其过程如图 2-8 中 A—3 所示，用温度高于空气露点温度，但又低于空气湿球温度的水对空气进行喷淋（或使用温度高于空气的露点温度，又低于空气湿球温度的表冷器、蒸发器，对空气进行降温处理）。在这种情况下，水温仍低于空气温度，所以空气的热量以显热交换的方式传入水中。水所获得的热量，一部分用于自身温度升高，另一部分又用于水蒸发所需要的热量。另外，水在蒸发时，水蒸气及蒸发热又返回于空气中。但是空气传入水中的热量大于水蒸气返回空气的热量，结果空气的含湿量增加，焓值下降，温度也降低。

（4）空气的降温加湿等焓处理　其过程如图 2-8 中 A—4 所示，用温度等于空气湿球温度的循环水对空气进行喷淋。此时，空气传给水的热量，近似等于水蒸发所需要的热量，所以空气是近似等焓的。由于水蒸发，空气中含湿量增加，所以对空气而言，处理过程的特点是等焓加湿，也称绝热加湿。

（5）空气的降温加湿增焓处理　其过程如图 2-8 中 A—5 所示，用温度小于空气温度而又大于空气湿球温度的水对空气进行喷淋。此时空气可以向水传递一定的热量，用于水的蒸发。由于喷淋水的水温近乎等于空气的温度，空气向水中传递的热量较小，不能满足水蒸发所需，因此，水蒸发的热量一方面取自于空气，同时也取自于本身。结果空气的焓增加，含湿量也增加。

（6）空气的等温加湿增焓处理　其过程如图 2-8 中 A—6 所示，用温度等于空气温度的水对空气进行喷淋（或向空气中喷低压饱和蒸气）。此时，无论是空气或水，彼此的温度均不起变化，二者之间不存在显热交换。但由于水要蒸发，所需热量全部取自于水本身，潜热带入空气中。所以，空气焓及含湿量均增加。

（7）空气的升温加湿增焓处理　其过程如图 2-8 中 A—7 所示，用温度大于空气温度的水对空气进行喷淋。此时，水一方面以显热的形式向空气传热，另一方面水也大量蒸发，将蒸发热也带入空气。所以空气温度升高，焓及含湿量均增加。

（8）空气的等湿增焓处理　其过程如图 2-8 中 A—8 所示，用蒸汽、热水加热器或电加热器直接加热空气，即只需对空气加热，不需要加湿。

（9）空气的加热除湿处理　其过程如图 2-8 中 A—9 所示，用除湿机或液体吸湿剂来对空气进行处理，即可达到加热除湿的需要。

（10）空气的等焓除湿处理　其过程如图 2-8 中 A—10 所示，用固体吸湿剂对空气进行处理即可。

（11）空气的降焓除湿升温处理　其过程如图 2-8 中 A—11 所示，用高于空气温度的液体吸湿剂对空气进行喷淋即可。

（12）空气的等温除湿处理　其过程如图 2-8 中 A—12 所示，用等于空气温度的液体吸湿剂对空气进行喷淋即可。

上述分析的各种空气处理方案都是一些空气处理过程的组合，可以通过不同的处理途径得到某种送风状态。在实际空调系统运行中，采用哪种途径，应根据具体情况，结合各种处理方案和使用设备的特点分析比较来确定。

二、空气除湿、加湿及加热设备的结构和工作原理

（一）中央空调系统使用的空气加湿设备

1. 空气加湿设备的分类

（1）按对空气的处理方式分

根据对空气的处理方式不同，空气加湿设备可分为集中式加湿器和局部式加湿器。

1）集中式加湿器。它是在集中空气处理室中对空气进行加湿的设备。

2）局部式加湿器。它是在空调房间内补充加湿处理的设备，也称为补充式加湿器。

（2）按空气加湿的方法分

按空气加湿的方法不同，空气加湿设备可分为水加湿器、蒸汽加湿器和雾化加湿器。

1）水加湿器。它是在经过处理的空气中直接喷水或让空气通过水表面，通过水的蒸发来使空气被加湿的设备。

2）蒸汽加湿器。它是通过加热、节流和电极加热等方法，使水变成水蒸气，对被调节空气进行加湿的设备。

3）雾化加湿器。它是利用超声波或加压喷射的方法将水雾化后喷入空调系统的风道中，对被调节空气进行加湿的设备。

2. 常用加湿器简介

（1）蒸汽加湿器

1）蒸汽喷管。它是在喷管上开有若干个直径为 2～3mm 的小孔，在压力的作用下，蒸汽从小孔中喷出，与被调节空气混合，从而达到加湿的目的。但蒸汽喷管喷出的水蒸气中往往夹杂有水滴，这会影响加湿的效果。

2）干式蒸汽加湿器。它的基本结构如图 2-9 所示。

干式蒸汽加湿器的工作原理是：蒸汽先进入喷管外套，加热管壁，再经挡板进入分离室，由于蒸汽流向的改变，通道面积的增大，蒸汽流速的降低，所以有部分冷凝水析出。分离出冷凝水的干蒸汽，由分离室顶部的调节阀节流降压后进入干燥室，第二次分离出冷凝水，处理后的干蒸汽经消声腔进入喷管，由小孔喷出，对被调节空气进行加湿。分离出的冷凝水由疏水器排出。

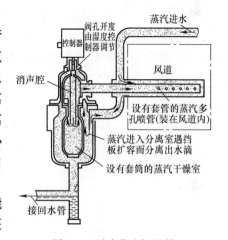

图 2-9 干式蒸汽加湿器

干式蒸汽加湿器具有加湿速度快、均匀性好、能获得高湿度、安装方便、节能等优点，广泛应用于医院手术室、电子生物实验室及精密仪器、元件的制造车间等。

（2）电加湿器 电加湿器是利用电能对水进行加热，使水汽化送入空气中加湿的设备。它又可以分为电极式和电热式两种。

1）电极式加湿器。其基本结构如图 2-10a 所示。

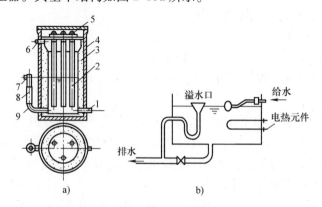

图 2-10 电加湿器
a）电极式加湿器 b）电热式加湿器

1—进水管 2—电极 3—保温层 4—外壳 5—接线柱 6—溢水管 7—橡皮管 8—溢水嘴 9—蒸汽管

电极式加湿器的工作原理：电极插入水槽中，通电后，电流从正极流向负极，水被电流加热产生水蒸气，由排出管送入空调房间中，水槽中设有溢水孔，可通过调节溢水孔位的高低调节水位，并通过控制水位控制蒸汽的产生量。

2）电热式加湿器。其结构如图 3-10b 所示。它的工作原理是：管状加热器直接加热水，产生水蒸气，由短管喷入被调节的空气中，对空气进行加湿。

（3）喷雾加湿器　这种加湿器直接安装在空调房间内，喷雾加湿器的工作原理是：将常温水雾化后喷入房间，通过水雾吸收室内空气热量变成水蒸气来增加房间的湿度。

1）回转式喷雾加湿器。其基本结构如图 2-11 所示。

回转式喷雾加湿器的工作原理是：水进入转盘中心并随转盘一起转动，在离心力的作用下水被甩向转盘四周，经分水牙飞出，在与分水牙的碰撞中，水被粉碎成细小雾滴，在风机的作用下，送入房间。不易吹走的大水滴落回集水盘，沿排水管流出。

2）离心式喷雾加湿器。其基本结构如图 2-12 所示。

离心式喷雾加湿器的工作原理是：在电动机的作用下，水被吸入管吸入喷雾环中心；在离心力的作用下，从喷雾环四周排出；与小孔碰撞，雾化并被继续提升至喷雾口，随风送入室内，以达到加湿的目的。

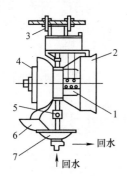

图 2-11　回转式喷雾加湿器
1—电动机　2—风扇　3—固定架　4—甩水盘
5—喷水量调节阀　6—回水漏斗　7—集水盘

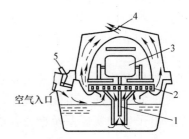

图 2-12　离心式喷雾加湿器
1—吸入管　2—喷雾环　3—电动机
4—喷雾口　5—调节开关

（二）中央空调使用的空气除湿设备

1. 空气除湿机的分类

根据除湿机的工作原理不同，空气除湿机可分为：

（1）加热通风除湿机　在空气含湿量不变的情况下，对空气加热，使空气相对湿度下降，以达到减湿的目的。

（2）机械除湿　利用电能压缩机产生机械运动，使空气温度降低到其露点温度以下，析出水分后经加热送出，从而降低了空气的含湿量和相对湿度，达到除湿的目的。

（3）吸收式除湿　利用某些化学物质吸收水分的能力而达到除湿目的。

2. 常用除湿机的结构和工作原理

（1）加热通风式除湿机　它由加热器、送风机和排风机组成。其工作原理是：将室内相对湿度较高的空气排出室外，而将室外空气吸入并加热后送入室内，以达到对室内空气除湿的目的。这种设备简单，运行费用较低，但受自然条件限制，工作可靠性差。

（2）机械除湿机　机械除湿机的基本结构如图2-13所示。

机械除湿机由制冷系统、通风系统及控制系统组成。制冷系统采用单级蒸气压缩制冷，由压缩机、冷凝器、毛细管、蒸发器等实现制冷剂循环制冷，并使蒸发器表面温度降到空气露点温度以下。其工作原理是：当空气在通风系统的作用下经过蒸发器时，空气中的水蒸气就凝结成水而析出，空气的含湿量降低。而后，空气又经冷凝器吸收其散发的热量后温度升高，使其相对湿度下降后，经通风系统返回室内，达到除湿的目的。

（3）吸收式除湿机　按除湿物质的状态不同，吸收式除湿机可分为：

1）硅胶除湿机。它是利用硅胶来吸收空气中的水蒸气，常见的硅胶除湿机有三种形式：抽屉式、固定转换式和电加热转筒式。

① 抽屉式除湿机的基本结构如图2-14所示。其工作原理是：空气在风机的作用下由分风隔板进入硅胶层除湿，除湿后的干燥空气由风道送入房间。硅胶的吸水能力有一定限制，当硅胶失效后，应取出抽屉，更换新硅胶。

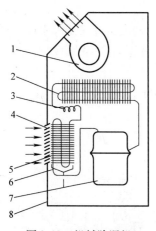

图2-13　机械除湿机
1—风机　2—冷凝器　3—毛细管
4—空气过滤器　5—蒸发器
6—集水盘　7—压缩机　8—机壳

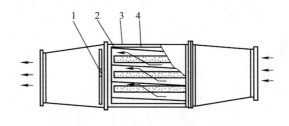

图2-14　抽屉式硅胶除湿装置
1—外壳　2—抽屉式除湿层
3—分风隔板　4—密封门

没有吸水的硅胶为紫色颗粒，随着吸收量的增加，颜色逐渐变为淡粉色，最终失去吸水能力。但失去吸水能力的硅胶还可以通过加热的方法再生。

② 固定转换式硅胶除湿机的结构如图2-15所示。其工作原理是：两个硅胶筒轮流进行吸水工作，空气经风机及转换开关进入左边的硅胶筒除湿，经转换开关2、8排出后由风道送入室内。同时空气还由风机7作用，经加热器升温后进入另一个硅胶筒，给硅胶加热使其再生。它们通过转换开关控制。

③ 电加热转筒式硅胶除湿机如图2-16所示。

电加热转筒式硅胶除湿机的工作原理是：硅胶转筒缓慢转动，由密闭隔风板分成再生区和除湿区。空气经蒸发器降温后进入除湿区，除湿后由风机送入室内。与此同时，再生区的硅胶则被加热而恢复吸水能力后再转到除湿区进行除湿。

2）氯化锂除湿机。其基本结构如图2-17所示。

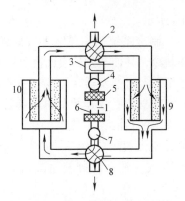

图 2-15　固定转换式硅胶除湿装置
1—湿空气入口　2、8—转换开关　3—加热器
4、7—风机　5、6—空气过滤器　9、10—硅胶筒

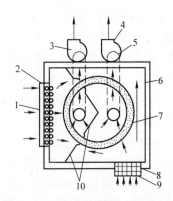

图 2-16　电加热转筒式硅胶除湿机
1—再生空气入口　2—电加热器　3、5—风机
4—除湿后空气出口　6—箱体　7—硅胶转筒
8—过滤器　9—待处理空气入口　10—隔风板

　　氯化锂除湿机也采用转轮式。它的除湿系统由吸湿转轮、风机、过滤器等组成。吸湿转轮是将吸湿剂和铝均匀地吸在两条石棉纸上，再将纸卷成具有蜂窝通道的圆柱体。其中，吸湿剂是用来吸收水分的，而铝是将吸湿剂固定在石棉纸上。

　　其再生系统由电加热器、风机和隔板组成，隔板将转轮分成再生区和吸湿区。

　　氯化锂除湿机的工作原理如图 2-18 所示。

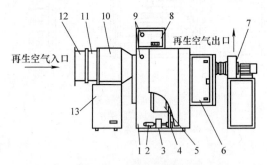

图 2-17　氯化锂除湿机

1—机壳　2—电动机　3—减速器　4—传动装置　5—转芯
6—除湿空气用过滤器（楔形，泡沫塑料）　7—再生风机
8—电气控制箱　9—电加热器　10—调风阀
11—再生空气用过滤器（板式，泡沫塑料）
12—动力配电箱　13—电接点温度计

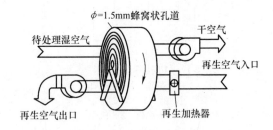

图 2-18　氯化锂除湿机的工作原理

　　需要除湿的空气在风机的作用下进入吸湿转轮，失去水分后送入空调房间。再生空气在再生风机的作用下进入再生区，经加热器加热至 120℃ 后，将转轮内水分汽化后带出箱外并排出室外，可以连续地取得干燥空气。

　　（三）中央空调使用的空气电加热设备

　　在中央空调系统中，除了用喷水室和表面式换热器作为空气的热湿处理设备外，在某些场合还要用电加热器作为空调系统热源的补充设备。中央空调系统中使用的空气电加热设备主要有裸线式电加热器和管式电加热器两种。

1. 裸线式电加热器

裸线式电加热器的结构如图 2-19 所示。

裸线式电加热器具有热惰性小、加热迅速、结构简单等优点。但因电加热器的电阻丝直接外露，使其安全性较差。另外，由于裸线式电加热器的电阻丝在使用时表面温度太高，会使粘附在电阻丝上的杂质分解，产生异味，影响空调房间内空气的质量。

2. 管式电加热器

管式电加热器的结构如图 2-20 所示。

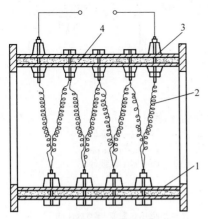

图 2-19　裸线式电加热器的结构
1—绝缘端板　2—绝缘瓷珠
3—电阻丝　4—接线端子

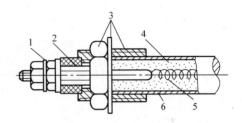

图 2-20　管式电加热器的结构
1—接线端子　2—绝缘端头　3—紧固件
4—氧化镁　5—电阻丝　6—金属套管

管式电加热器的电阻丝在管内，在管与电阻丝之间填充有导热而不导电的氧化镁。管式电加热器具有寿命长、不漏电、加热均匀等优点，但其热惰性较大。

管式电加热器元件的工作电压有 380V 和 220V 两种，最高工作温度可达 300℃。

中央空调系统中使用的空气电加热设备一般安装在系统末端。因此，其安装位置周围应装有不宜燃烧且耐热的保温材料。空调系统的风机必须与空气电加热设备在控制上实行连锁，在程序上，应先起动风机，再起动空气电加热设备，停止运行时，应先停止空气电加热设备的工作，过一段时间后，再停止风机运行。

【拓展知识】

三、液体除湿机

液体除湿机利用某些液体常温下可以吸水的特性而达到除湿的目的。常用的液体有氯化钙、氯化锂水溶液及三甘醇水溶液。由于前两种水溶液对金属有较强的腐蚀性，从而限制了它们的使用。而三甘醇水溶液因为无毒无味，对金属无腐蚀性，且冰点低，稳定性好，从而得到广泛的应用。另外，溶液吸收水分以后，浓度下降，吸水能力也下降，即溶液浓度越高，其吸水能力就越强。当除去其中的水分，提高其浓度后，可恢复其吸水能力，即液体吸湿后也可再生。

三甘醇除湿机的结构如图 2-21 所示。

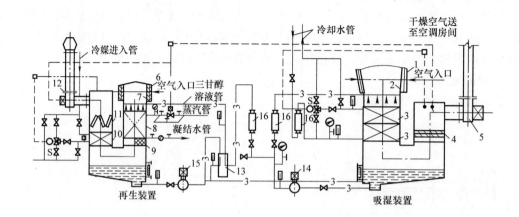

图 2-21　SC 型三甘醇除湿机的结构

1、6—进风百叶窗　2、7—过滤器　3—冷却接触器　4、11—除雾器
5、12—风机　8—加热接触器　9—瓷环或波纹板　10—除雾冷却器
13—螺旋板式换热器　14—循环液泵　15—回液泵　16—转子流量计

吸湿装置由百叶窗、过滤器、喷嘴、表面冷却器、贮液箱和除雾器等组成。

再生装置由百叶窗、过滤器、喷嘴、加热器和除雾器等组成。

三甘醇除湿机的工作原理是：被处理的室内空气经百叶窗进入除湿器，经过滤器除尘后与喷嘴落下的三甘醇浓溶液相接触，失去水分后在风机的作用下送入房间。而吸收水分后的浓溶液变成稀溶液并落入贮液池。被溶液泵输送，一路进入再生器，另一路重新输送到喷嘴进行喷淋。

溶液经加热器升温后进入再生装置由喷嘴喷下。空气经百叶窗、过滤器与升温后的稀溶液在加热接触器上相混合。吸收稀溶液中的水分后经除雾器除掉少量三甘醇蒸气及液滴后由风机排入大气。而变成浓溶液的三甘醇集中在再生装置底部，并在溶液泵的作用下返回吸湿器贮液池。

【习题】

1. 空气热湿处理的基本方法有哪些？
2. 空气降温除湿处理时使用哪些设备？其处理过程是什么？
3. 空气降温加湿等焓处理如何操作？
4. 干式蒸汽加湿器是如何进行加湿的？
5. 电极式加湿器的工作原理是什么？
6. 机械除湿机的工作原理是什么？
7. 硅胶除湿机的工作原理是什么？
8. 管式电加热器的基本结构由哪些部分组成？

课题三　空气的净化处理

【知识目标】

了解空气净化的标准及要求，学习空气过滤器的类别、特点和使用要求。

【能力目标】

掌握常用空气过滤器的特点和使用要求。

【必备知识】

一、空气净化的标准和要求

（一）空气的净化标准

空气的含尘浓度是指单位体积的空气中含有的灰尘量。它有三种表示方法：

（1）质量浓度　质量浓度是指单位体积空气中所含的灰尘质量（单位：kg/m^3）。

（2）计数浓度　计数浓度是指单位体积空气中含有的灰尘颗粒数（单位：个/m^3）。

（3）粒径颗粒浓度　粒径颗粒浓度是指单位体积空气中所含的某一粒径范围内的灰尘颗粒数（单位：个/m^3）。

一般的室内空气允许含尘标准采用质量浓度，而洁净室的洁净标准（洁净度）采用计数浓度，即每升空气中大于或等于某一粒径的尘粒总数。

（二）空气中污尘的种类

根据空气中污尘的性质不同，可分为：粉尘，粒径一般小于100μm；烟气，粒径一般小于1μm；烟尘，粒径一般小于1μm；雾，粒径一般为15~35μm；有机粒子，主要包括细菌（0.2~0.5μm）、花粉（5~150μm）、真菌孢子（1~20μm）及病毒孢子（远小于1μm）。

一般情况下，空气净化处理所提出的含尘浓度是指粒径小于10μm的污尘浓度。

（三）室内空气的净化标准

室内空气的净化标准是以含尘浓度来划分的，一般民用和工业建筑的空调房间净化标准大致分为三类：

（1）一般净化　对空气含尘浓度无具体要求，只要对进入房间的空气进行一般净化处理，保持空气清洁即可。

（2）中等净化　对室内空气含尘浓度有一定要求，一般给出质量浓度指标。这种系统的洁净度等级可达10000级，有的可达1000级。

（3）超净净化　对室内空气含尘浓度提出严格要求。一般以洁净度等级表示。表2-1所示为国标GB 16292—1996规定的空气洁净度等级标准，该标准与国际通用的标准一致。

表 2-1　空气洁净度等级

洁净度等级	每立方米(每升)空气中大于或等于 0.5μm 的尘粒数/[个/m³(或 L)]	每立方米(每升)空气中大于或等于 5μm 的尘粒数/[个/m³(或 L)]
100 级	≤35×100(3.5)	—
1000 级	≤35×1000(35)	≤250(0.25)
10000 级	≤35×10000(350)	≤2500(2.5)
100000 级	≤35×100000(3500)	≤25000(25)

注：表中所列的含尘浓度值为限定的最大值，例如，1000 级的洁净度等级，要求在每升空气中，粒径大于或等于 5μm 的尘粒数不能多于 0.25 个，而粒径大于或等于 0.5μm 的尘粒数不能多于 35 个，而实际测量时，则是取连续一段时间所测结果的平均值。

(四) 空调房间换气次数及其要求

1. 换气次数

换气次数是指单位时间内流经被空调房间的送风量（按体积计）与房间容积的比值。

2. 换气次数的要求

在空调系统中换气次数受到空调精度的制约，其值不宜小于表 2-2 所列数值。

表 2-2　换气次数

空调精度/℃	换气次数/（次/h）	备　注
±1	5	高大房间除外
±0.5	8	—
±0.1~0.2	12	工作时间内不送风的除外

各类建筑物中换气次数的要求见表 2-3。

表 2-3　建筑物中换气次数的要求

建筑物	换气次数/（次/h）
图书馆、厂房	1~2
公共场所、百货商场	3~4
办公室、实验室	4~6
银行大厅、停车场、浴室、旅馆	6
卫生间（排风）、医院	6~8
影剧院	6~10
餐厅	8~12
舞厅	10~12
宴会厅、洗衣店、厨房（排风）	10~15
锅炉房、发电室	15~30

(五) 空调房间新风量的要求

空调房间新风量的要求见表 2-4。

表2-4　空调房间每人新风量的标准

应用场所		吸烟程度	风量/(m³/h)		单位地板面积 /[m³/(h·m²)]
			推荐	最小	
办公室	一般	少许	25.5	17	—
	个人	无	42.5	25.5	4.7
	个人	颇重	51.0	42.5	4.7
会议室		极重	85	51	23
银行		偶然	17	12.8	—
小会议室		极重	85	51	—
吧台		重	51	42.5	—
公寓	一般	少许	34	25.5	—
	豪华	少许	51	42.5	6
饭店房间		重	51	42.5	6
百货商场		无	12.8	8.5	0.9
餐厅	自助式	颇重	20.4	17	
	常规式	颇重	25.5	20.4	
医院	手术室	无	全新风	全新风	36
	特别病房	无	51	42.5	6
	一般病房	无	34	25.5	
影剧院		无	12.8	8.5	
		少许	25.5	17	
工厂		无	17	12.8	—
走廊		—	—	—	4.7
卫生间（排风）		—	—	—	36
车库		—	—	—	18

二、空气过滤器的类别、特点和使用要求

（一）空气过滤器的分类

1. 按性能分类

按性能不同，可将空气过滤器分为五类：初效过滤器、中效过滤器、亚高效过滤器、0.3μm级高效过滤器和0.1μm级高效过滤器（又称超高效过滤器）。空气过滤器的主要性能指标见表2-5。

表2-5　空气过滤器的主要性能指标

类别	有效的捕集粒径/μm	计数效率（%）	阻力/Pa
初效过滤器	>10	<20	≤3
中效过滤器	>1	20~90	≤10
亚高效过滤器	<1	90~99.9	≤15
0.3μm级高效过滤器	≥0.3	99.91	≤25
0.1μm级高效过滤器	≥0.1	99.99	

一般在净化空调系统中，所使用的初效过滤器采用无纺布或粗孔泡沫塑料作为滤料，不得使用浸油式过滤器；中效过滤器使用无纺布、玻璃纤维或合成纤维作为滤料；而高效过滤

器大多采用玻璃纤维滤纸作为滤料。

2. 按形式分类

按滤芯构造形式不同，可将空气过滤器分为四类：平板式过滤器、折褶式过滤器、袋式过滤器和卷绕式过滤器。

3. 按滤料更换方式分类

按滤料更换方式不同，可将空气过滤器分为两种：可清洗或可更换式、一次性使用式。

4. 按滤尘机理分类

按滤尘机理不同，空气过滤器有三种类型：

（1）粘性填料过滤器　粘性填料过滤器的填料有金属网格、玻璃丝（直径约 $20\mu m$）、金属丝等，填料上浸涂黏性油。当含尘空气流经填料时，沿填料的空隙通道进行多次曲折运动，尘粒由于惯性而偏离气流方向，碰到黏性油即被粘住而捕获。

（2）干式纤维过滤器　干式纤维过滤器的滤料是玻璃纤维、合成纤维、石棉纤维以及由这些纤维制成的滤纸或滤布。滤料由极细微的纤维紧密错综排列，形成一个具有无数网眼的稠密过滤层，纤维上没有任何黏性物质。

（二）空气过滤器的型号规格表示方法

过滤器的基本规格以额定风量表示，以每 $1000m^3/h$ 为 1 号，增加 $500m^3/h$ 时递增 0.5 号，增加不足 $500m^3/h$ 时代号不变。

空气过滤器的型号规格表示方法如下：

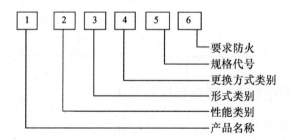

过滤器代号的含义见表 2-6，此表为我国产品的标准，与国外通用标准基本接近。

表 2-6　空气过滤器型号规格代号及其含义

序号	项目名称	含义	代号
1	产品名称	空气过滤器	K
2	性能类别	初效过滤器 中效过滤器 亚高效过滤器 高效过滤器	C Z Y G
3	形式类别	平板式 折褶式 袋式 卷绕式	P Z D J
4	更换方式类别	可清洗可更换 一次性使用	K Y

（续）

序号	项目名称	含义		代号
5	规格型号	额定风量	1000m³/h 1500m³/h 2000m³/h 2500m³/h 3000m³/h 以下类推	1.0 1.5 2.0 2.5 3.0 以下类推
6	要求防火	有		H

注：过滤器的外形表示方法，以气流通过方向截面垂直长度为高度，水平长度为宽度，气流通过方向为深度。

（三）常用空气过滤器的性能

1. 金属网格浸油过滤器

金属网格浸油过滤器属于初效过滤器，它只起初步净化空气的作用。其滤料通常由一片片滤网组成块状结构，每片滤网都由波浪状金属丝做成网格，如图 2-22a 所示。但每片滤网的网格大小不同，一般是沿气流方向，网格逐渐缩小。片状网格组成块状单体（见图 2-22b），滤料上浸有油，可黏住被阻留的尘粒。

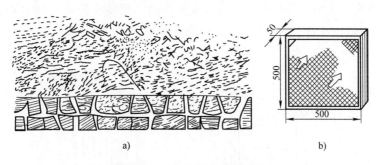

图 2-22　金属网格和块状单体

这种过滤器的优点是容尘量大，但效率低。在安装时，把一个个的块状单体做成"人"字形安装或倾斜安装，其安装方式如图 2-23 所示。这样安装可以适当提高进风量，部分弥补由于效率低所带来的不足。

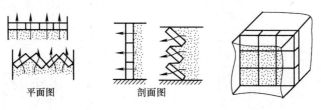

图 2-23　两种安装方式

金属网格浸油过滤器由于滤料浸油，需要时常清洗或更换滤网，给维护工作带来一定的不便。为减少这种不便，有的浸油式过滤器设置了可移动式的滤芯（见图 2-24a、b）。这种过滤器通过滤芯的移动，可在油槽内自行清洗，因而可连续工作，只需定期清洗油槽内的积垢即可。

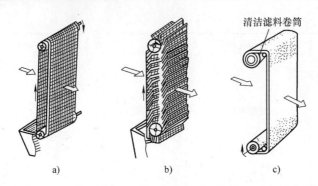

图 2-24　可移动式滤芯

2. 干式过滤器

干式过滤器的应用范围很大，可以用于从初效到高效的各类过滤器。用于初效过滤器时，滤料采用比较粗糙的纤维和粗孔泡沫塑料。由于初效过滤器需人工清洗或更换，为减少清洗过滤器的工作量，可采用卷绕式滤芯（见图 2-24c）。当滤芯的滤料用完后，可更换一卷新的滤料，使更换周期大大延长。

中效过滤器的滤芯选用玻璃纤维、中细孔泡沫塑料和无纺布制作。所谓无纺布，就是由涤纶、丙纶、腈纶合成的人造纤维。无纺布式过滤器一般做成袋式（见图 2-25）和抽屉式（见图 2-26）。中效过滤器所用的无纺布和泡沫塑料可清洗后连续使用，玻璃纤维则需更换。

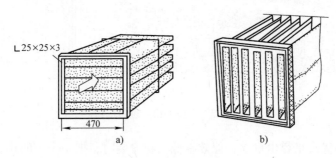

图 2-25　袋式滤芯

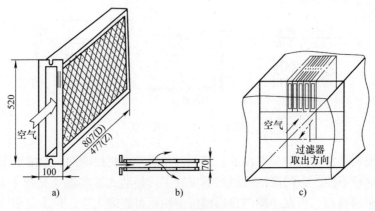

图 2-26　抽屉式滤芯

高效过滤器的滤料为超细玻璃纤维、超细石棉纤维，纤维直径一般小于 $1\mu m$。滤料一般加工成纸状，称为滤纸。为了减小空气穿过滤纸的速度，即采用低滤速，这样就需要大大增加滤纸面积，因而高效过滤器经常做成折叠状。常用的带折纹分隔片的过滤器如图 2-27 所示。

3. 静电过滤器

静电过滤器的过滤效率在初效和中效之间，其外形如图 2-28 所示，由静电过滤器和附属设备组成。

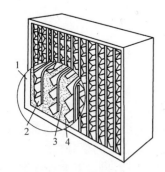

图 2-27 高效过滤器
1—滤纸 2—分隔片
3—密封胶 4—木外框

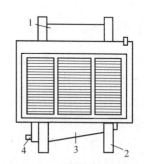

图 2-28 静电过滤器的外形
1—高压发生器 2—支架
3—排水槽 4—排水管

静电过滤器的优点是空气阻力低，积尘对气流的阻碍小。

（四）空气过滤器的使用要求

1. 根据空调房间的洁净度要求选用

对于一般洁净度要求的房间，只选用一道初效过滤器，进行初步净化即可。对于中等净化要求的房间，选用中、初两道过滤器。对于有超净要求的房间，则至少要选用初、中、高三道过滤器：在进风方向上设置初效和中效过滤器，进行预过滤，滤掉较大的尘粒，同时还可以起到保护高效过滤器的作用；高效过滤器一般安装在靠近出风口处，以避免风道对空气的再污染。为了防止在进风中带有油，其初效过滤器最好不选用浸油式。此外，高效过滤器还有灭菌功能，可用于有灭菌要求的洁净室。

2. 要结合资金情况合理选用

首先根据初投资情况选择过滤器的类型。浸油式过滤器初投资较低，运行维护费用也低，尤其是单体式，压力损失也小；选用卷绕式滤芯则降低了维护难度，但它要求较高的初投资；干式过滤器的效率高于浸油式，维护费用也较低，但初投资高；静电过滤器有较高的过滤效率，特别是对很小的尘粒，但其初投资也高。

3. 根据过滤器的额定风量选用

净化空调系统中所使用的空气过滤器是在系统设计时，按照各级过滤器的额定风量、空气阻力和过滤效率进行组合选型的。初效空气过滤器空气通过滤料的滤速为 $0.4 \sim 1.2 m/s$，中效空气过滤器空气通过滤料的滤速为 $0.2 \sim 0.4 m/s$，高效空气过滤器空气通过滤料时的滤速一般为 $0.01 \sim 0.03 m/s$。

4. 根据洁净度的要求组合使用

在空气过滤器的组合方面，以初、中、高三级空气过滤相组合的方式，一般用于 10 万级到 100 级的洁净室；对于 1 万级到 100 级的洁净室，其净化空调系统可以使用初效、中效、亚高效和高效四级空气过滤的组合方式。在四级空气过滤器的组合中，增加的第三级中效或亚高效空气过滤器的目的是提高净化空调系统的送风洁净度，延长末端空气过滤器的使用寿命，减少其更换的次数。

【拓展知识】

三、空气除臭、除菌方法

（一）空气过滤器的主要性能指标

1. 空气过滤器的过滤效果

在空气过滤器中，表示过滤效果的指标有三项：过滤效率、穿透率和净化系数。

（1）过滤效率 过滤效率是指在一定风量下，过滤器捕获的灰尘量与过滤前灰尘量之比的百分数，即过滤前后空气含尘量之差与过滤前空气含尘量之比的百分数。

例如，一台过滤器的过滤效率为 60%，说明滤掉的灰尘量占过滤前灰尘量的 60%；另一台过滤效率为 80%，则有 80% 的灰尘被捕集。两台设备比较，显然后者的捕集尘粒的能力高于前者。

（2）过滤器的穿透率和净化系数 过滤器的穿透率是指过滤后空气的含尘浓度与过滤前空气含尘浓度之比的百分数。例如，一台过滤器的穿透率为 0.01%，则说明过滤后空气的含尘量仅占过滤前含尘量的 0.01%。

过滤器净化系数表示经过过滤器后尘粒浓度降低的程度，它以穿透率的倒数表示，但它不是百分数。如上例，当穿透率为 0.01% 时，净化系数等于 1/0.0001，即 10000；当穿透率为 0.02% 时，净化系数为 1/0.0002，即 5000，即净化系数越高，过滤效果越好。

2. 过滤器阻力

空气过滤器的阻力指标一般指初阻力和终阻力。空气过滤器中，将未沾尘时的阻力称为初阻力；把需要更换时的阻力称为终阻力。通常规定终阻力为初阻力的两倍。

3. 过滤器的容尘量

在额定风量下，过滤器阻力达到终阻力时，过滤器所容纳的灰尘质量，称为过滤器的容尘量。

4. 过滤器的面速和滤速

面速是指过滤器迎风断面通过气流的速度；滤速指滤料单位面积上气流通过的速度。面速和滤速反映过滤器通过风量的能力。

（二）空调房间空气的灭菌方法

对于有无菌要求和常被细菌污染的房间（如手术室），有必要对空气进行灭菌处理，灭菌方法有以下几种：

1. 过滤法

细菌单体大小约在 0.5~5μm 之间，病毒大小约在 0.003~0.5μm 之间，它们在空气中不是以单体存在，而是以群体存在。这些微小的群体（大约 1~10μm）大多附着在尘粒上，因此在对空气进行净化的同时，细菌也被除掉了。实验表明：高效过滤器对生物微粒的过滤效率高于对非生物微粒的过滤效率。例如，玻璃纤维纸高效过滤器，其穿透率为 0.01%，而对细菌，穿透率为 0.0001%，对病毒，穿透率为 0.0036%。所以，通过高效过滤器的空气基本上是无菌的。被过滤掉的细菌，由于缺乏生存条件，也不可能生存和繁殖。因此，过滤法对于消灭室内的细菌和病毒，是十分有效的。

2. 紫外线灭菌法

紫外线具有较强的灭菌能力，凡紫外线所照之处，细菌都不能存活。其具体方法是：在确保房间内无人后，将紫外线灯泡放在房间或风道内，进行直接照射杀菌。照射的强度和时间，可根据空气污染的程度和细菌类别来确定。

3. 加热法

当空气被加热到 250～300℃ 时，细菌就会死亡。在空调系统中一般用电加热器加热，但是由于使空气再冷却的费用高，故较少采用加热法。

4. 喷药法

喷药法是指直接在室内或送风管中喷杀菌剂灭菌。氧化乙烯等杀菌剂灭菌效果较好，但杀菌剂本身具有强烈的刺激性气味，对人体健康不利，而且还会腐蚀金属，使用时要特别注意。

（三）空气的除臭处理

臭味的来源很多，有生产过程或产品散发出来的、民用建筑内人体散发出的臭味和烟雾的刺激性气味等。空气调节中较为有效的除臭法有通风法、洗涤法和吸附法。

1. 通风法

通风法是指以无臭味空气送入室内来冲淡或替换有臭味的空气。例如在厨房、休息室设置排风设施，使卫生间内保持负压，避免臭味散入其他房间。

2. 洗涤法

在空调工程中，对空气进行热湿处理的喷水室，可除去有臭味的气体或尘粒。

3. 吸附法

吸附法主要靠吸附剂来吸附臭味或有毒气体、蒸汽和其他有机物质。

常用的吸附剂是活性炭，它主要用椰壳等有机物通过加热和专门的加工制成。活性炭内部有很多极细小的孔隙，从而大大增加了与空气接触的表面面积，1g 活性炭（体积约为 $2cm^3$）的有效接触面积约为 $1000m^2$。在正常情况下，所吸附的物质质量是其本身质量的 15%～20%，达到这种程度后，就需要更换新的活性炭。表 2-7 给出了活性炭的一般使用寿命和用量。

表 2-7　活性炭的一般使用寿命和用量

用途	使用寿命	1000m³/h 风量的用量/kg
居住建筑	2 年或 2 年以上	10
商业建筑	1～1.5 年	10～12
工业建筑	0.5～1 年	16

活性炭被加工定型，作为滤料放置在吸附过滤器内，如图 2-29 所示。为防止活性炭被尘粒堵塞，在其前面应设置其他过滤器给予保护。

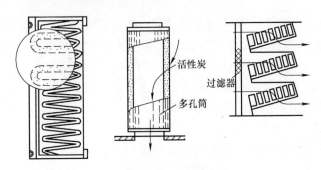

图 2-29　吸附过滤器

（四）空气的离子化

由于宇宙射线和地球上放射元素的放射线作用，大气中经常含有带正电或负电的气体离子。带电的水滴和尘埃是重离子，带电的气体分子是轻离子。新鲜空气中轻离子多，重离子少；肮脏空气中轻离子少，重离子多。

研究表明：新鲜空气对人体健康有利的原因之一就是其中含有多量的轻负离子。它们对人体有良好的生理调节作用，如缓解高血压、风湿、烫伤等症，抑制哮喘。在空调系统中，由于对空气进行加热加湿、过滤、冷却等处理，使离子数急剧减少。这对除去重离子是有利的，但同时也减少了轻离子数。为改善房间内空气的品质，需要对空气进行离子化处理。

用人为方法向空调房间释放轻负离子的方法是电晕放电法，其原理是：利用针状电极与平板电极之间在高电压作用下产生的不均匀电场，使流过的空气离子化。

【习题】

1. 空气含尘浓度的三种表示方法是什么？
2. 空调房间为什么要换气？国标中对换气次数的要求是什么？
3. 空气过滤器按性能类别分类能分成哪五类？
4. 金属网格浸油空气过滤器是如何吸附灰尘的？
5. 高效空气过滤器的结构特点是什么？
6. 空气过滤器应如何根据洁净度的要求组合使用？
7. 空调房间空气灭菌最重要的方法是什么？
8. 空调房间空气的除臭用哪些方法好？

课题四　中央空调系统的风管、风阀与风机

【知识目标】

了解中央空调系统的风管、风阀的构造和特点，掌握风机的特点和构造原理。

【能力目标】

学习风管、风阀的构造，掌握风机的工作原理。

【必备知识】

一、中央空调系统的风管

（一）中央空调系统风管的材料及形式

1. 空调系统风管的材料

普通空调多用薄钢板、铝合金板或镀锌钢板制作风道。在某些体育馆、影剧院也用砖或混凝土预制风道。在新型空调中，也有用玻璃纤维板或两层金属间加隔热材料的预制保温板做成的风道，但造价较高。

2. 风管的形式

常用的风管有圆形和矩形两种形式。其中，矩形风管容易和建筑配合，但保温加工较困难。圆形风管阻力小，省材料，保温制作方便。还有一种椭圆形风管，它兼有矩形和圆形风管的优点，但需专用设备进行加工，造价较高。

（二）空调系统风管的保温与防腐

我国绝大多数空调系统采用单风道系统，冬季供暖，夏季供冷。为了减少管道的能量损失，防止管道表面产生结露现象，并保证进入空调房间的空气参数达到规定值。在风道外部保温有两个目的：一是为冬季供暖保温；二是为夏季供冷保温、防潮。

常用的保温结构由防腐层、保温层、防潮层和保护层组成。

空调系统风管的保温与防腐层的做法：防腐层一般为一至两道防腐漆。保温层目前采用阻燃性聚苯乙烯或玻璃纤维板，以及较新型的高倍率独立气泡聚乙烯泡沫塑料板，其具体厚度应参阅有关手册进行计算。保温层和防潮层都要用钢丝或箍带捆扎后，再敷设保护层。保护层可用水泥、玻璃纤维布、木板或胶合板包裹后捆扎。设置风管及制作保温层时，应注意其外表的美观和光滑，尽量避免露天敷设和太阳直晒。

在空调系统的风管保温、防潮的做法上将全国划分为三个区，北京代表Ⅰ区，长沙代表Ⅱ区，广州代表Ⅲ区。推荐选用的室内空调系统风管的保温层厚度见表2-8。

表2-8 推荐选用的室内空调系统风管的保温层厚度

保温材料	A 硬质聚氨酯泡沫塑料			B 聚乙烯泡沫塑料			C 玻璃棉			D 岩棉		
区属	Ⅰ	Ⅱ	Ⅲ	Ⅰ	Ⅱ	Ⅲ	Ⅰ	Ⅱ	Ⅲ	Ⅰ	Ⅱ	Ⅲ
保温厚度/mm	10	10	10	10	10	15	10	10	20	10	15	20

对于空调系统的凝水管做适当的保温处理即可。一般情况下，对于 $\lambda \leqslant 0.4 W/(m \cdot K)$ 的保温材料，其保温厚度取 $\delta = 6mm$ 即可。

保温材料的特性如下：

1）自熄聚苯乙烯泡沫塑料具有较好的综合保温性能，但最高使用温度为70℃，与冬季空调供水设计温度（60～65℃）接近。不宜做空调系统的水系统保温材料，可做风道系统的保温材料。

2）岩棉防火、抗老化性能良好，但防水性较差，施工中应注意做好防潮处理。

3）阻燃聚乙烯泡沫塑料质地较轻，热导率小，防水性能好，其材料的型材厚度一般为6～40mm，便于在工程中选用。

4）硬质聚氨酯泡沫塑料质地较轻，热导率小，吸水率低，使用温度一般可在 −20 ~ 100℃范围，是目前空调系统使用较理想的保温防潮材料。

二、中央空调系统的风阀与风机的结构及工作原理

中央空调通风系统的风阀按其使用性质不同可分为调节阀、开关阀和安全阀。

（一）调节阀

中央空调通风系统的风量调节阀分为两种形式：一种是用于进行系统风量平衡时使用的纯手动的风量风阀。其工作原理是依靠调节空气通过此处风的阻力来实现对各风管支路或通风机出入口处风量的调节。另一种风量调节阀是需要经常调节的阀门，如新风阀门、一次回风阀门、二次回风阀门或排风阀门等。这种需要经常调节的阀门分为电动和手动两种方式。

1. 离心式通风机圆形瓣式起动调节阀

圆形瓣式起动调节阀的结构如图 2-30 所示，主要由外壳、叶片、滑杆、定位板和手把（或执行机构连杆）等组成。

离心式通风机圆形瓣式起动调节阀的叶片一般为铝片，其轴承一般使用青铜制作。可用于风机的起动阀门或风量调节阀门。

2. 矩形风管三通调节阀

矩形风管三通调节阀的结构如图 2-31 所示，主要用于矩形直通三通管和 Y 形三通管的节点处，目的是调节风量的分配。在操作方法上，矩形风管三通调节阀有手动和电动两种形式。

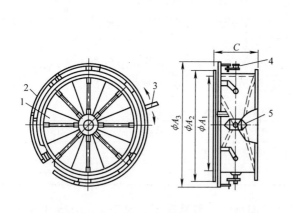

图 2-30　离心式通风机圆形瓣式起动调节阀
1—叶片　2—转动装置　3—手把　4—定位板　5—芯子

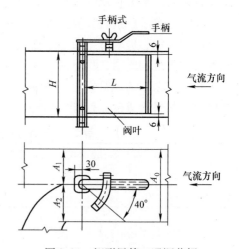

图 2-31　矩形风管三通调节阀

3. 密闭式对开多叶调节阀

密闭式对开多叶调节阀的基本结构如图 2-32 所示。

密闭式对开多叶调节阀的叶片为菱形双面叶片，其起闭转动角度为 90°。阀门为密闭结构，完全关闭时漏风量为 20% 左右。主要用于风量调节或风机起动风阀。在操作方法上，密闭式对开多叶调节阀有手动和电动两种形式。

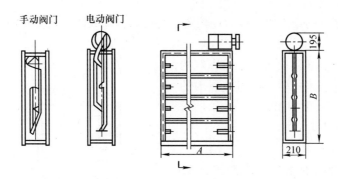

图 2-32　密闭式对开多叶调节阀

（二）开关阀

开关阀在空调系统中只起开关作用。一般用于新风或风机起动阀门。开关阀的基本要求是开启时阻力要小，关闭时要严密。

1. 拉链式蝶阀

拉链式蝶阀的基本结构如图 2-33 所示。拉链式蝶阀有非保温型和保温型两种。

2. 矩形蝶阀

矩形蝶阀的基本结构如图 2-34 所示。矩形蝶阀也有非保温型和保温型两种。

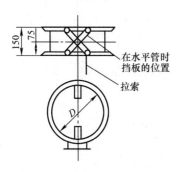

图 2-33　拉链式蝶阀的基本结构

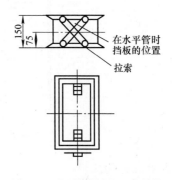

图 2-34　矩形蝶阀的基本结构

3. 圆形蝶阀

圆形蝶阀的基本结构如图 2-35 所示。

（三）安全阀

中央空调系统的安全阀主要是指防火阀。防火阀在性质上属于常开型阀门，其作用是一旦空调系统发生火灾时，切断风道内的空气，防止火焰扩大蔓延。

1. 方形、矩形风管防火阀

方形、矩形风管防火阀的基本结构如图 2-36 所示。

方形、矩形风管防火阀常用于一般通风系统和中

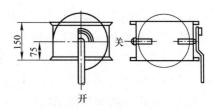

图 2-35　圆形蝶阀的基本结构

央空调系统中。当方形、矩形风管防火阀用于水平气的流方形、矩形风管风道中时，在其中装有一套信号和动作连锁装置，当通风系统和中央空调系统发生火灾时，风道内的温度达到

了信号装置中易熔片的熔点时，易熔片熔断，防火阀自动关闭，动作连锁装置控制风机停止运转并发出报警信号。

当方形、矩形风管防火阀用于垂直气的流方形、矩形风管风道中时，信号装置中的易熔片一端必须向关闭方向倾斜5°，以便阀门下落时能关闭风道。

2. 圆形风管防火阀

圆形风管防火阀的基本结构如图2-37所示。

圆形风管防火阀的工作机理与方形、矩形风管防火阀一样。区别是一个用于方形、矩形风道，一个用于圆形风道。

（四）空调系统的风机

中央空调通风系统由送风机、回风机、风道系统、风口，以及风量调节阀、防火阀、排污阀、消声器、风机减振器等配件组成。

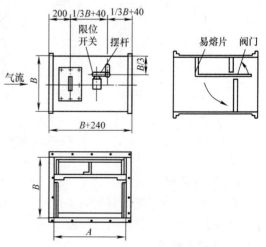

图2-36 方形、矩形风管防火阀的基本结构

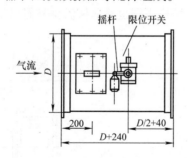
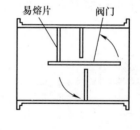

图2-37 圆形风管防火阀的基本结构

1. 离心式通风机

风机是利用电能带动叶片转动，对空气产生推动力的设备。它能使空气增压，以便将处理后的空气送入空调房间。

离心式通风机主要由叶轮、机壳、进风口、出风口及电动机等组成。叶轮上有一定数量的叶片，叶片可以根据气流出口的角度不同，分为向前弯、向后弯或径向的叶片。叶轮固定在轴上由电动机带动旋转。风机的机壳为一个对数螺旋线形蜗壳，如图2-38所示。工作时空气流向垂直于主轴，气体经过进风口轴向吸入，然后气体约折转90°流经叶轮叶片构成的流道间，而蜗壳将被叶轮甩出的气体集中、导流，从通风机出口或出口扩压器排出。当叶轮旋转时，气体在离心风机中先为轴向运动，后转变为垂直于风机轴的径向运动。当气体通过旋转叶轮的叶片间时，由于叶片的作用，气体

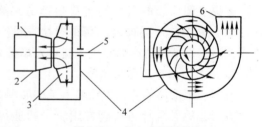

图2-38 离心式通风机
1—电动机 2—进气口 3—叶轮
4—蜗壳 5—进风口 6—出风口

随叶轮旋转而获得离心力。在离心力作用下，气体不断地流过叶片，叶片将外力传递给气体而做功，气体则获得动能和压力能。

离心式通风机的特点是风压高，风量可调，相对噪声较低，可将空气进行远距离输送。适用于要求低噪声、高风压的场合。

2. 轴流式通风机及其他风机

轴流式通风机在工作时，空气流向平行于主轴，它主要由叶片、圆筒形出风口、钟罩形进风口和电动机组成。叶片安装在主轴上，随电动机高速转动，将空气从进风口吸入，沿圆筒形出风口排出。

轴流式通风机的特点是风压较低，风量较大，噪声相对较大，耗电少，占地面积小，便于维修。

【习题】

1. 空调系统风管一般采用哪些材料和工艺？
2. 空调系统风管的形式都有哪些？哪种形式经济性最好？
3. 空调系统的风管为什么要进行保温处理？常用的保温材料有哪些？
4. 中央空调通风系统的风量调节阀有哪几种形式？各有何特点？
5. 中央空调系统防火阀的作用是什么？防火阀的工作原理是什么？
6. 中央空调系统的防火阀在风道中设置的要求是什么？
7. 离心式通风机的基本结构如何？它是如何工作的？
8. 中央空调系统的排风机为什么要采用轴流式通风机？

课题五　诱导器与风机盘管

【知识目标】

了解诱导器的结构和工作原理，掌握风机盘管空调系统的组成及工作原理。

【能力目标】

掌握风机盘管空调系统新风供给方式和冷、热媒水的供给方式。

【必备知识】

一、风机盘管空调系统的组成及工作原理

（一）风机盘管空调系统的组成及工作原理

由通风机、盘管和过滤器等部件组装成一体的空气调节设备，简称为风机盘管机组，其属于半集中式空调系统的末端装置。习惯上将使用风机盘管机组作为末端装置的空调系统称为风机盘管空调系统。

1. 风机盘管机组的分类

（1）风机盘管机组按结构形式分类

1) 立式。暗装时，可安装在窗台下，出风口向上或向前；明装时，可放在室内任何适宜的位置上，出风口向上、向前或向斜上方均可。

2) 卧式。一般要与建筑物结构协调，暗装在建筑结构内部，出风口一般向下或左右偏斜。

（2）风机盘管机组按安装形式分类

1) 明装。直接摆放在空调房间内。

2) 暗装。安装在建筑结构的顶棚中。

（3）风机盘管机组按进水方向分类

1) 左进水。风机盘管的入水口在左侧。

2) 右进水。风机盘管的入水口在右侧。

（4）风机盘管机组按调节方式分类

1) 风量调节。通过调节风机盘管中风机的转速，达到调节风机盘管制冷量的目的。

2) 水量调节。通过调节风机盘管中风机的水流量，达到调节风机盘管制冷量的目的。

2. 风机盘管机组的型号

风机盘管机组的型号由大写汉语拼音字母和阿拉伯数字组成，具体表示方法如下：

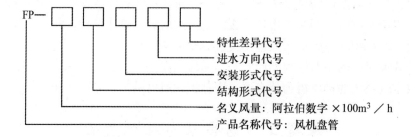

风机盘管机组代号所表示的意义见表2-9。

表2-9　风机盘管机组代号

项　　目		代　　号
结构形式	立式	L
	卧式	W
安装形式	明装	M
	暗装	A
进水方向	右进水	Y
	左进水	Z
特性差异	组合盘管	Z
	有静压	Y

3. 风机盘管机组的结构

风机盘管机组由风机、风机电动机、盘管、空气过滤器、凝水盘和箱体等部件构成，如图2-39所示。

（1）风机　风机有两种形式，即离心式风机和贯流式风机。风机的风量为250～

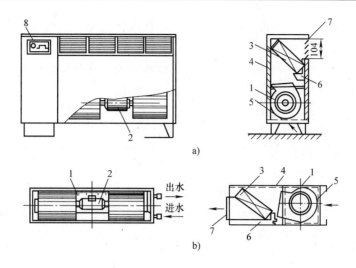

图 2-39 风机盘管构造图
a) 立式风机盘管 b) 卧式风机盘管
1—离心风扇 2—电动机 3—盘管 4—箱体
5—空气过滤器 6—凝水盘 7—出风格栅 8—控制器

$2500m^3/h$。风机叶轮材料有镀锌钢板、铝板或工程塑料等，其中以使用金属材料制作叶轮的占大多数。

（2）风机电动机 电动机一般采用单相电容运转式电动机，通过调节电动机的输入电压来改变风机电动机的转速，使风机具有高、中、低三挡风量，以实现风量调节的目的。国产 FP 系列风机电动机均采用含油轴承，在使用过程中不用加注润滑油，可连续运行 10000h以上。

（3）盘管 盘管一般采用的材料为纯铜管，用铝片做其肋片（又称为翅片）。铜管外径一般为 10mm，壁厚为 0.5mm 左右，铝片厚度为 0.15~0.2mm，片距为 2~2.3mm。在制造工艺上，采用胀管工艺，这样既能保证管与肋片（翅片）间的紧密接触，又提高了盘管的导热性能。盘管的排数有二排、三排和四排等类型。

（4）空气过滤器 空气过滤器一般采用粗孔泡沫塑料、纤维织物或尼龙编织物等材料制作。

风机盘管在调节方式上，一般采用风量调节或水量调节等方法。所谓水量调节方法，是指在其进出水管上安装水量调节阀，并由室内温度控制器进行控制，使室内空气的温度和湿度控制在设定的范围内。而风量调节方式则是通过改变风扇电动机的转速，来实现对室内温湿度的控制。

（二）风机盘管空调系统的特点

1）各空调房间内的风机盘管机组可分别进行调节。通过高、中、低三挡风速开关可以进行风量的有级调节；也可以通过风机盘管供水量的调节，来满足空调房间内负荷变化的需要。其具有进行个别调节的灵活性，各个空调房间内的风机盘管可以单独开或停，而不影响其他房间，有利于节省运行费用。

2）风机盘管机组在中、低挡风速运行时，噪声较低，不会干扰人们的工作和休息，能创造一个较宁静的工作和生活环境。

3）风机盘管机组布置灵活，既可以和新风系统联合使用，也可以分开单独使用。在同一建筑物中的各个房间可根据其各自的需求采用不同形式的风机盘管。

4）风机盘管机组安装在空调房间内，采用就地回风方式进行空气调节，只需要安装新风管和供回水系统，节省了大量的建筑空间和安装费用。

5）风机盘管机组生产规格化，使选型方便；机组体积小，质量轻，使用简单，布置和安装都方便，是目前被广泛使用的空调系统末端装置。

6）风机盘管空调系统可根据季节变化和房间朝向，对整个建筑物内的空调系统进行分区控制。

7）风机盘管机组可单独配置温度控制器，对空调房间的温度实现自动控制。

8）风机盘管机组需要集中的冷、热源及供水系统和独立的新风系统。

9）风机盘管机组由于风机的静压较小，因此不能使用高性能的空气过滤器。使用风机盘管的空调房间空气洁净程度不高。

10）风机盘管机组分散布置在各空调房间内，给维护、修理工作带来不便。若风机盘管机组或供水管道的保温层处理不好，会产生凝露水泄漏现象。

11）风机盘管机组没有加湿功能，所以风机盘管机组不能用于全年有湿度要求的场所。

12）由于受噪声指标要求的限制，所以风机的转速不能太高，风机盘管的空气余压较小，使空调房间的气流分布受到限制。

（三）风机盘管空调系统的新风供给方式

风机盘管空调系统的新风供给方式有图2-40所示的四种基本方式。

1. 采用房间缝隙自然渗入供给新风

采用房间缝隙自然渗入供给新风的方式如图2-40a所示。此时，风机盘管处理的只是空调房间中的循环空气。采用此种空气处理方法，可使风机盘管空调系统的初投资和运行费用都比较低，但空调房间内空气的卫生要求难以保证。受无组织的自然渗入风的影响，空调房间内空气的温湿度分布很不均匀。因此，这种新风供给方式只适用于室内人员较小的空调房间。

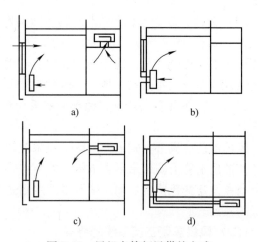

图2-40 风机盘管新风供给方式

2. 从风机盘管背面墙洞引入新风

从墙洞引入新风，直接进入风机盘管的方式如图2-40b所示。将风机盘管靠外墙安装，在外墙上开一适当的洞口，用风道与风机盘管相连接，从室外侧直接引入新风。新风口做成可调节的形式。在冬夏季按最小新风量运行，在春秋过渡季节加大新风量的供给。这种方式虽然能保证新风量，但室内空气参数的稳定性将受外界空气参数的影响，会增大室内空气污染和噪声的程度，所以此种方式只适用于5层以下的建筑使用。采用此种方式时，要做好风机盘管风口的防尘、防噪声、防雨水和冬季防冻等措施。

3. 采用独立的新风系统供给新风

风机盘管空调系统采用独立的新风系统供给新风，是把来自室外的新风经过处理后，通过送风管道送入各个空调房间，使新风也负担一部分空调负荷，其方式如图 2-40c 和 d 所示。

采用独立的新风供给系统时，多数做法是将风机盘管的出风口和新风系统的出风口并列，外罩一个整体格栅，如图 2-40c 所示，使新风与风机盘管的循环风先混合，然后再送入空调房间内。图 2-40d 所示的做法是将处理后的新风先送入风机盘管内部，使新风与风机盘管的回风混合后再经过盘管。此时新风与回风混合的效果比机外混合的效果要好，是一种比较理想的空气处理方式。但这种方式会增加风机盘管的负荷，排管的数目要相应增多。

风机盘管采用独立的新风供给系统时，在气候适宜的季节，新风系统可直接向空调房间送风，以提高整个空调系统运行的经济性和灵活性。新风经过处理后再送入房间，使风机盘管的负荷减少。这样，在夏季运行时，盘管大量结露的现象可以得到改善。我国近年新建的风机盘管空调系统大都采用独立的新风供给方案。

（四）风机盘管空调系统中冷、热媒水的供给形式

风机盘管空调系统中冷、热媒水的供给有三种形式。

1. 双水管系统

风机盘管空调系统的水路系统采用一根水管供水、另一根水管回水的供回水的水路系统，称为双水管系统。在夏季，这种供回水系统的供水管向空调房间内的风机盘管送冷水，满足其制冷工况的需要；在冬季，供水管向风机盘管送热水，满足其供暖工况的需要。

双水管系统的特点是结构简单，投资少，但系统供冷水、供热水的转换比较麻烦，尤其是在过渡季节，不能同时满足朝阳的房间需要制冷而背阴的房间需要供暖的需求。

双水管系统可按建筑物房间朝向进行分区控制。其方法是：通过区域热交换器的调节，向建筑物中的不同区域提供不同温度的冷（热）媒水，来满足各区域对温度的需求。

进行分区控制时，在一个区域中由制冷转为供暖，或由供暖转为制冷，可以采取手动转换，或者用集中控制的自动转换。

2. 三水管系统

风机盘管空调系统中采用一根水管供冷媒水，另一根水管供热媒水，共用一根水管做公共回水管的水路系统，称为三水管系统。这种供水系统在每个风机盘管的进口处设置一个自动控制三通阀，根据空调房间内的室温需要，由安装在室内的温度控制器控制是供冷水还是供热水。三水管系统如图 2-41 所示。

三水管系统的特点是：全年系统内都供应冷媒水或热媒水，能满足各空调房间在不同季节中对空气温度的调节要求。但是由于三水管系统的冷热回水共用一根管道，所以系统存在冷热水混合的能量损失问题。

3. 四水管系统

风机盘管空调系统中采用冷媒水一管供、一管回，热媒水一管供、一管回的水路系统，称为四水管系统，其系统如图 2-42 所示。

风机盘管空调系统的四水管系统有两种供水方式：一种方式是向同一组风机盘管的盘管供水时，可根据空调房间的调节需要，由温度控制装置决定是向盘管内送冷水还是热水；另一种方式是将风机盘管中的盘管分为两组，一组为冷水盘管，一组为热水盘管，根据空调房间的调温要求，提供冷水或热水。其控制方法和盘管的连接方式如图 2-43 所示。

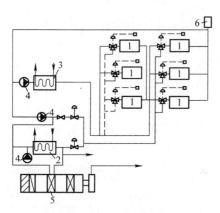

图 2-41　三水管系统
1—风机盘管　2—蒸发器　3—蒸汽-水换热器
4—水泵　5—表冷器　6—膨胀水箱

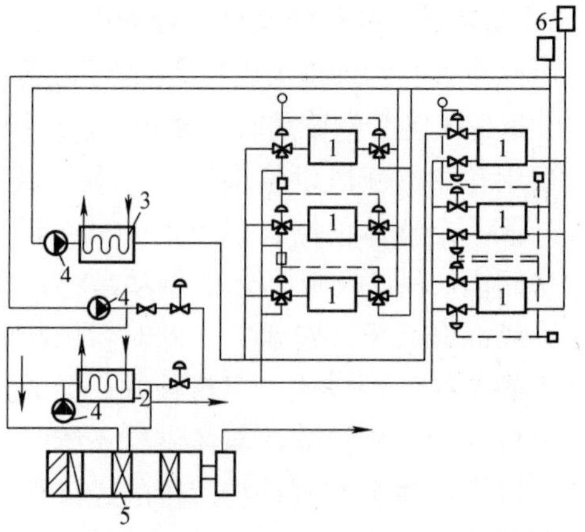

图 2-42　四水管系统
1—风机盘管　2—蒸发器　3—蒸汽-水换热器
4—水泵　5—表冷器　6—膨胀水箱

采用四水管系统，可以全年使用冷水和热水，从而可以灵活地对空调房间的温度进行调节。同时又避免了类似三水管系统的能量损失，使风机盘管的制冷或供暖的控制更加灵活，设备的运行费用更低。但是四水管系统的初投资较大，管道占用的建筑空间较大。

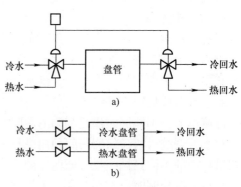

图 2-43　四水管系统的控制方法
和盘管的连接方式
a）单一盘管　b）冷热分开盘管

当前，在我国空调系统实际应用的风机盘管空调系统水系统中，由于多种原因的影响，采用双水管系统的占大多数。若从节能和功能兼备的角度考虑，对于需要全年运行的风机盘管空调系统，应选用四水管系统。风机盘管安装时，应考虑凝结水盘的泄水管坡度，其坡度要大于 0.01。

【拓展知识】

二、诱导式空调系统

1. 诱导式空调系统的组成及工作原理

在送风支管末端装有诱导器的空调系统，称为诱导式空调系统。

诱导器的结构如图 2-44 所示。它由外壳、热交换器（盘管）、喷嘴、静压箱和与一次风连接用的风管等部件组成。

诱导器的工作原理是：经过集中处理的一次风首先进入诱导器的静压箱，然后通过静压箱上的喷嘴以很高的速度（20～30m/s）喷出。由于喷出气流的引射作用，在诱导器内部造成负压区，室内空气（又称二次风）被吸入诱导器内部，与一次风混合成诱导器的送风，被送入空调房间内。诱导器内部的盘管可用来通入冷、热水，用以冷却或加热二次风，空调房间的负荷由空气和水共同承担。因此，诱导器也是典型的空气-水系统。

诱导器工作时吸入的二次风量与供给的一次风量的比值，称为诱导比。诱导比是评价诱导器的主要性能指标之一，其计算式为

$$n = \frac{q_{m2}}{q_{m1}}$$

式中　　n——诱导比；

　　q_{m1}——诱导器喷嘴送出的一次风量（kg/h）；

　　q_{m2}——诱导器吸入的二次风量（kg/h）。

一般情况下，诱导器的诱导比 $n = 2.5 \sim 5$。由于诱导器的送风量 q_m 等于一次风量与二次风量之和，即

$$q_m = q_{m1} + q_{m2} = q_{m1} + nq_{m1} = q_{m1}(1 + n)$$

所以　　　　　　　　　$q_{m1} = \frac{q_m}{1 + n}$

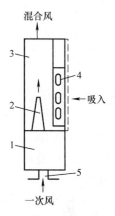

图 2-44　诱导器的结构
1—静压箱　2—喷嘴　3—混合箱
4—热交换器　5—风管

可见，在 q_{m1} 相同时，使用诱导比大的诱导器，其送风量也大。使用诱导比大的诱导器可以用较少的一次风；反之，则需要较大的一次风。

按诱导器内部是否装有二次冷却盘管，其可分为两大类：

（1）全空气诱导器系统　空调房间的全部余热、余湿均由空气（一次风）负担的系统，称为全空气诱导器系统，又称为"简易诱导器"。

（2）空气-水诱导器系统　空调房间的余热、余湿一部分由空气（一次风）承担，另一部分由水（水在诱导器内盘管处理的二次风）承担。

2. 诱导式空调系统的工作过程

诱导式空调系统中以空气-水诱导器系统的形式应用最广泛。

夏季，在诱导器二次盘管内通以冷媒水来冷却二次风，称为二次冷却处理，其冷媒水称为二次冷却水。空调房间内的大部分显热负荷由二次冷却水承担。一次风只承担剩余的显热负荷和全部的潜热负荷，这样一次风的风量可相应地减少。因此，可适当缩小送风风道的尺寸。

二次冷却装置根据冷却盘管表面有无凝露现象，可分为干式冷却（又称为二次风等湿冷却）和湿式冷却（又称为二次风减湿冷却）。干式冷却要求在运行过程中将盘管表面温度控制在二次风的露点温度以上，使空气处理过程中在冷却盘管表面无凝露现象。湿式冷却则要求在运行过程中将盘管表面温度控制在二次风的露点温度以下，使空气在冷却盘管表面出现凝露现象，达到给室内处理的空气去湿的目的。一般情况下，诱导式空调系统均为湿式冷却系统，其盘管内冷却水的温度约为 $10 \sim 14 \text{℃}$。

冬季，在诱导器二次盘管内通入热媒水来加热二次风，称为二次加热处理，其热水称为二次加热水。一般情况下，冬季供暖时，加热盘管内的二次加热水的温度约为 $70 \sim 80 \text{℃}$。

诱导器的二次盘管水系统可分为双水管制（一供一回）、三水管制（一管供冷水，一管供热水，一管回水）和四水管制（冷、热水各自有独立的供、回水管）等供水方式。

3. 诱导式空调系统的适用条件

1）将诱导式空调系统的一次风作为新鲜空气送入空调房间，一般可以满足对空气的卫

生要求；其二次风通过诱导器在室内循环，因此系统不用回风风道，从而消除了各空调房间空气的相互干扰。

2）诱导式空调系统的一次风一般采用高速送风的方式，其送风风道的横截面积为普通全空气系统的1/3，从而节省了建筑空间，很适宜旧建筑物改造中加装空调系统时采用。

3）诱导式空调系冬季不使用一次风时，将盘管内通入热水就成了自然对流的散热器。

4）诱导式空调系统的二次风只能采取粗过滤方式，否则将影响其诱导比，因而不宜用在净化要求高的空调场所。

5）诱导式空调系统由于诱导器中喷嘴处的风速比较大，因此运行中有一定的噪声，不适合用在噪声标准要求严格的空调场所。

【习题】

1. 什么叫做风机盘管空调系统？
2. 风机盘管是如何分类的？
3. 风机盘管主要采用哪些方式进行调节？
4. 风机盘管机组的型号由几部分组成？各表示什么意义？
5. 风机盘管机组在结构上由哪些部分组成？
6. 风机盘管空调系统的新风供给方式有几种？各有何特点？
7. 风机盘管空调系统的冷热媒水供给方式有几种？各有何特点？
8. 诱导器与风机盘管相比有何优点和不足？

课题六　变风量与洁净空调系统

【知识目标】

了解变风量空调系统的结构和常用末端设备的结构和工作原理。

【能力目标】

掌握节流型末端装置、旁通型末端装置的结构和工作原理。

【必备知识】

一、变风量空调系统

（一）变风量空调系统的分类

在负荷变化比较大的大型中央空调系统中，采用定温度、变风量的调节方式，使室内的送风量随系统负荷的变化而变化，这种系统称为变风量空调系统。变风量空调系统与定风量、变化送风温差适应系统负荷变化的空调方式相比，节能效果显著，全年运行时可节约能耗30%～50%。

变风量空调系统按系统末端装置形式不同可分为节流型、旁通型和诱导型三种。

(二) 变风量空调系统的特点

在变风量空调系统中，系统的送风量和所选用的设备是按照瞬时各房间所需风量之和确定的，考虑了系统的同时负荷率。因为空调设备变风量空调系统提供的冷量能自动地随着空调房间内负荷的变化而变化，所以设备容量和风道尺寸也小，也就是说其一次性投资费用低。

(三) 变风量空调系统的构成

最基本的变风量系统的工作原理如图 2-45 所示。

空调系统变风量末端装置的工作原理：当空调送风连通 VAV 末端时，借助于房间温控器，控制末端进风口，调节风阀的开闭，以不改变送风温度而改变送风量的方法，来适应空调负荷的变化。送风量随着空调负荷的减少而减少，这样可减少风机和制冷机的动力负荷。

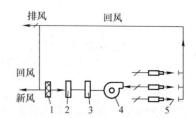

图 2-45 变风量系统的工作原理
1—过滤器 2—预热盘管 3—冷却盘管
4—VAV 风机 5—VAV 末端

当系统送风量达到最小设定值，仍需要调整室内空气参数时，可直接通过加热器再加热，或起动一台辅助机吸取吊顶中的回风，送入末端机组内，与冷气流混合一起通过加热器再加热后送入房间，达到维持室内空气参数的目的。

(四) 变风量空调系统的末端装置

变风量空调系统在各空调房间的出风口前都装有独立的变风量末端装置，以便对空调房间实行变风量调节。

变风量空调系统对末端送风装置的要求如下：

1) 能根据空调房间的室温变化自动调节风量。

2) 当多个风口相邻时，应防止因调节其中一个风口而导致送风管道内的静压变化，从而引起整个系统风量的重新分配。

3) 应避免风口节流后对整个室内气流分布的情况产生影响。

变风量空调系统的末端装置又称为变风量箱，其基本作用是：

1) 接收房间温度控制器的指令，根据室温的高低，自动调节送风量。

2) 当空调系统压力升高时，能自动维持房间送风量不超过设计最大值。

3) 当房间内负荷降低时，能保证最小送风量，以满足最小新风量和室内气流组织的要求。

4) 具有一定的消声功能。

5) 当系统不使用时，能完全关闭。

末端装置的结构形式主要有旁通型和节流型两种。

1. 节流型末端装置

用风门调节送风口大小的方法来改变空气流通截面积的末端装置，称为节流型末端装置。

典型的节流型末端装置如图 2-46 所示。

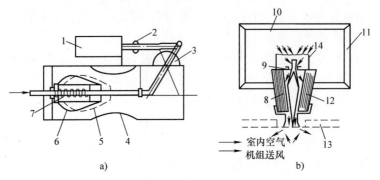

图 2-46　节流型末端装置
a）文氏管型　b）条缝送风型
1—执行机构　2—限位器　3—刻度盘　4—文氏管　5—定流量控制和压力补偿时的位置
6—锥形体　7—压力补偿弹簧　8—间隔板　9—橡皮囊　10—静压箱
11、12—吸声材料　13—顶棚　14—整流机

　　图 2-46a 是一种称为文氏管型的节流型末端装置。该装置有一个称为文氏管型的筒体，筒体的内部装有带弹簧的锥形体构件，可以在筒体中移动。文氏管有两个独立的动作部分：一个是随室内负荷变化、由室内温控器控制的电动或气动执行机构，用来带动锥形体中心的阀杆，使锥形体在文氏管内移动，调节锥形体与管道间的通流面积，从而达到改变风量的目的；另一个是定风量机构，所谓"定风量"，是指机构能自动克服某一风口因风量调节造成风道内静压变化而引起的风量再分配（即风量失调）的影响。定风量机构依靠调整锥形体内的弹簧来达到定风量的目的。当风道内静压变化时，可使其内部的弹簧伸缩而使锥形体沿阀杆位移，以平衡管内压力的变化，锥形体与文氏管之间的开度再次得到调节，因而克服了因静压变化而引起风量失调的影响，维持了空调房间所需求的风量。定风量机构通风量的范围是 $0.021 \sim 0.56 \mathrm{m}^3/\mathrm{s}$（$75 \sim 2000 \mathrm{m}^3/\mathrm{h}$），筒体直径有 $\phi150 \sim \phi300\mathrm{mm}$ 等多种。当风道上游气体压力在 $75 \sim 750 \mathrm{Pa}$ 之间变化时，文氏管都有维持定风量的能力。

　　图 2-46b 是一种性能比较好的条缝送风节流型末端装置。它的送风口呈条缝形，并可串联在一起，与建筑结构相配合，使送风气流贴于顶棚。即使送风量减少时，气流也不会直接下落。它的变风量与定风量的作用是依靠其内部的一个橡皮囊来完成的。当室内负荷减少时，在室内温度控制器的作用下使橡皮囊充气膨胀，减少了流通空气的截面积，从而达到了变风量的目的。

2. 旁通型末端装置

　　用分流的方法来改变送往空调房间空气流量的末端装置，称为旁通型末端装置。典型的旁通型末端装置如图 2-47 所示。

　　旁通型末端装置的工作原理是：在送风量不变的情况下，进入空调房间的风量是可以根据负荷变化进行改变的。旁通型末端装置设在旁通风口与送风口上的风阀，与电动或气动执行机构相连接，控制送入空调房间内的空气量和直接作为回风。返回风道的气流量的比例，可以根据空调房间内负荷的变化，随时改变。这样，既节省了系统的能量，又满足了空调房间对送风量的要求。

　　节流型和旁通型末端装置各有其自身的特点。总体来讲，节流型末端装置不但能节省系统的二次加热的热量，还能节省系统风机的能耗，因而运行效益较好。但是由于系统内的静

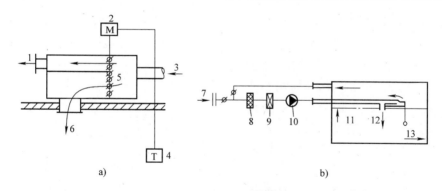

图 2-47　旁通型末端装置
a）结构　b）工作原理
1、11—回风　2—执行机构　3—进风　4—温度控制器　5—风门
6、12—送风　7—新风　8—过滤器　9—冷却器　10—单向阀　13—排风

压变化较大，因此在节流量过大时将产生较大的噪声。旁通型末端装置与节流型末端装置相比，只有节省二次加热量的功能，而无法节省风机的耗电量，相比之下运行的经济效益较差。但是旁通型末端装置的内静压变化不大，也不会产生噪声，很适用于使用直接蒸发式表冷器的空调系统。

（五）变风量空调机组的结构形式

变风量空调机组是由高效换热器和低噪声变风量离心通风机、框架、面板及板式初效过滤器、采用铝板网或锦纶凹凸网的滤料等部件组成的。由冷冻站提供的冷媒水或由热力站提供的热媒水在水泵的作用下，在换热器内作循环流动并与被处理的空气进行热交换，经过热交换的空气进行降温、减湿或加热等处理后，由风机加压经送风管送入空调房间。

变风量空调机组可分为如图 2-48 所示的卧式、立式两种安装方式。

变风量空调机组实际上是一个大型的风量可变的风机盘管机组。机组送风机可采用低噪声变风量无级调速的离心式通风机。送风机的电动机一般可采用调压器调速、变频调速、变极调速等方法进行无级调速，由室温控制器根据室内温度传输给控制设备，改变电动机的输入电压，调节风机电动机的转速，达到变风量的目的，从而达到调节机组冷热负荷的目的。

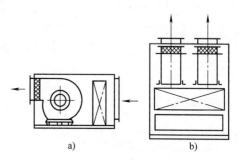

图 2-48　变风量空调机组
a）卧式　b）立式

变风量空调机组冷热源的供给方式为：冷（热）媒水流动方向采用下进、上出的安装方法，即下面是冷（热）媒水进水管，上面是出水管，在机组的最下面还有一根冷凝水排水管。进、出水管应装有橡胶软接头、阀门、水过滤器，用以防振及调节水流量和机组维修切断水源。送风管接送出端。新风管、回风管接回风口上。风管的长短、大小需根据计算系统的阻力、压力降，采用相匹配的机组。

（六）常用变风量空调系统的末端装置

当前常用的变风量空调系统的末端装置主要有三种：单风管型、单风风管再热型和风机动力型。

单风管型末端装置如图 2-49 所示。它由圆形进气管、蝶形风阀、风阀执行器及联动装置、箱体及配套的电气控制部件等组成。

当夏季室温升高时，需要供冷量增加，通过温度控制器的作用将风阀由小开大，增加送入室内的风量；当室温降低时，需要减少供冷量，通过温度控制器的作用使风阀由大关小，减少送入室内的风量，从而达到调整室温的目的。

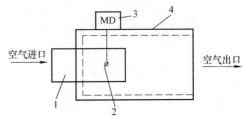

图 2-49　单风管型末端装置
1—圆形进气管　2—蝶形风阀
3—风阀执行器及联动装置　4—箱体

单风风管再热型主要用于建筑物的外区部分，其结构如图 2-50 所示。

单风风管再热型变风量末端装置的特点，就是增加了一个空气加热器，这个加热器既可以是蒸汽加热器，也可以是电加热器。它为空调房间提供一个独立的加热装置，可以不受整个中央空调系统空气参数变化的影响，独立向空调房间提供热源。

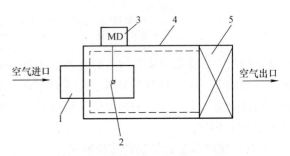

图 2-50　单风风管再热型变风量末端装置
1—圆形进气管　2—蝶形风阀
3—风阀执行器及联动装置　4—箱体　5—空气加热器

风机动力型变风量末端装置的结构如图 2-51 所示。

风机动力型变风量末端装置由温度控制器根据室温变化的情况控制风阀的开启度，以调节向空调房间供应的风量。其主要特点是送风量可保持不变，确保室内气流组织的稳定，适合用于低温送风的空调场所。

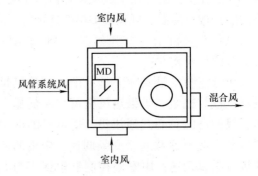

图 2-51　风机动力型变风量末端装置

【拓展知识】

二、洁净空调系统

（一）洁净空调系统的概念及类型

1. 洁净空调系统的概念

洁净空调系统是以空气净化处理为主的空调系统，是使空调房间内的空气洁净度达到一定级别要求的空调系统。

2. 洁净空调系统的类型

（1）全室净化系统　全室净化系统以集中式净化空调系统对整个房间形成具有相同洁净度的环境。

全室净化系统适宜于工艺设备高大、数量较多，且室内洁净要求相同的场所。

（2）局部净化空调系统　局部净化空调系统以净化空调器或局部净化空调设备（如洁净工作台、棚式垂直层流单元、层流罩等），在一般空调环境中造成局部区域具有一定洁净度级别的环境。

局部净化空调系统适宜于生产批量较小或利用原有厂房进行技术改造的场所。

（3）洁净隧道　洁净隧道以两条层流工艺区和中间的紊流操作活动区组成隧道型洁净环境。

洁净隧道是全室净化系统和局部净化空调系统结合的典型，是目前推广采用的净化系统。

（二）对洁净空调系统的运行要求

1. 洁净室内气流运动形式的要求

一般空调系统在运行中，为了使送风与室内空气充分混合，使空气温度分布均匀，通常采用紊流度大的气流形式，如涡流、向上气流和二次诱导气流。但这种气流形式会使尘粒二次飞扬，使室内的工艺过程受到一定程度的污染。

实际运行中，经常采用紊流式和层流式两种形式：

（1）紊流式洁净室　紊流式洁净室主要是利用洁净空气对空气中尘粒的稀释作用，使室内尘粒均匀扩散而被"冲淡"。一般采用顶送下回的送、回风方式，使气流自上而下，与尘粒重力方向一致（见图2-52）。送风口经常采用带扩散板或不带扩散板的高效过滤器的风口或局部孔板风口，在洁净度要求不高的场合，也可采用上侧送风、下侧回风的方式。

由于紊流式洁净室受到风口形式和布局的限制，室内空气的换气次数不可能太大，也不能完全避免涡流，室内工作区的洁净度等级一般在1000～100000之间。

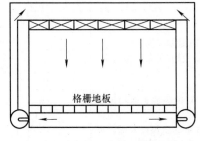

图2-52　紊流式洁净室

紊流式洁净室的优点是洁净室构造简单，施工方便，投资和运行费用也较低，因此应用较为广泛。

（2）层流式洁净室　层流式洁净室分为水平平行流和垂直平行流两种。其运行特点是：在洁净室的顶棚或送风侧墙上满布高效过滤器，使送入房间的气流从出风口到回风口，流线几乎平行，气流横截面积也几乎不变，流线的分布空间近似一个柱体（见图2-53和图2-54），可以有效地避免涡流。此外，由于送风静压箱和高效过滤器的均压均流作用，而使"气流柱"更加均匀，将室内随时产生的尘粒迅速压到下风侧，然后排走。由于层流式洁净室要求室内气流横截面上具有一定的风速，因而室内每小时换气次数可达数百次，可获得100级或更高的洁净度。而且层流式洁净室的自净时间（指初次运行时使房间达到洁净度要求所需的时间）也短，仅1～2min。

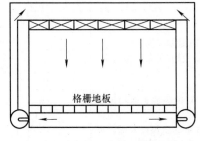

图2-53　垂直层流式洁净室

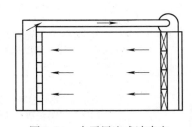

图2-54　水平层流式洁净室

2. 洁净室内一定要保持正压

为防止室外空气渗入洁净室，污染室内空气，洁净室内必须保持一定的正压。可控制系统风量分配，使送风量大于回风量与排风量之和，以获得室内正压。正压值越高，越有利于防止室外空气渗入，但同时新风量也会增大，缩短高效过滤器的使用寿命，还会使房间难以开启。因此，室内正压值不宜太高，保持 10～20Pa 的正压即可。

在非工作时间，净化空调系统停止运行时，依然要防止室外新风经由回风管进入室内。做法是：将净化系统的新风量减少到维持值班正压的要求，并可停止使用回风。如净化要求较高，可在系统内并联值班风机。如果再次使用时，所需自净时间不长，约半小时，且工件无污染可能性时，也允许在非工作时间停止送风。为防止室外空气自排风系统回灌，可设置止回阀，一般选用水（液）阀或密封阀门。

由于维持室内要求的正压值用调节送、回风量的方法易于得到，同时为使系统中风机压力不致太高，可采用双风机系统，其正压值可在 5～10Pa 范围内。

3. 新风量的确定

由于对室外新风进行过滤所需的投资和运行费用很大，洁净空调系统要尽量减少新风量。但洁净室内应保证供有一定的新风，其数值应取下列风量中的最大值：紊流式洁净室总送风量的 10%，层流式洁净室总送风量的 2%；补偿室内排风和保持室内正压值所需的新风量；保证室内每人每小时新风量不少于 40m³。

应注意：一般层流系统和紊流系统应考虑分开，但当使用过滤单元设备时，也可使同一房间在不同要求下运行紊流或层流。对于换气次数很多（每小时数百次）的洁净室，其空调流程必然是二次回风系统。由于二次回风量很大，如果像集中式空调系统那样，通过空调箱和送风机是不合理的，比较经济合理的办法是采用带小风机的过滤器单元来实现二次回风。

4. 洁净空调系统的气流组织

洁净室的气流组织与送风量的选择见表 2-10。

表 2-10　气流组织与送风量

洁净度等级	气流组织			送风量	
	气流流型	送风主要方式	回风主要方式	房间断面风速/（m/s）	换气次数/（次/h）
100 级	垂直层流	1. 顶棚满布高效过滤器顶送（高效过滤器占顶棚的面积大于或等于60%） 2. 侧布高效过滤器，顶棚设全孔板或阻尼层送风	1. 格栅地板加风（满布或均匀布置） 2. 相对两侧墙下部均匀布置回风口	≥0.25	—
100 级	水平层流	1. 送风墙满布高效过滤器水平送风 2. 送风墙局部布置高效过滤器水平送风（高效过滤器占送风墙的面积大于或等于40%）	1. 回风墙满布回风口 2. 回风墙局部布置回风口	≥0.35	—
1000 级	紊流	1. 孔板顶送 2. 条形布置高效过滤器顶送 3. 间隔布置带扩散板高效过滤器顶送	1. 相对两侧墙下部均匀布置回风口 2. 洁净室面积较大时，可采取地面均匀布置回风口	—	≥50

（续）

洁净度等级	气流组织			送风量	
	气流流型	送风主要方式	回风主要方式	房间断面风速/(m/s)	换气次数/(次/h)
10000 级	紊流	1. 局部孔板顶送 2. 带扩散板高效过滤器顶送 3. 上侧墙送风	1. 单侧墙下部布置回风口 2. 走廊集中或均匀回风	—	≥25
100000 级	紊流	1. 带扩散板高效过滤器顶送 2. 上侧墙送风	1. 单侧墙下部布置回风口 2. 走廊集中或均匀回风	—	≥15

【习题】

1. 什么是变风量空调系统？
2. 空调系统变风量末端装置是如何工作的？
3. 文氏管型的节流型末端装置是如何工作的？
4. 条缝送风节流型末端装置是如何工作的？
5. 旁通型末端装置的工作原理是什么？
6. 节流型和旁通型末端装置相比有何特点？
7. 变风量空调机组的特点是什么？
8. 洁净空调系统有哪些类型？

课题七　蒸气压缩制冷压缩机

【知识目标】

了解活塞式、离心式和螺杆式压缩机的基本结构和工作原理。

【能力目标】

掌握活塞式、离心式和螺杆式压缩机的能量调节方式。

【必备知识】

一、压缩机的结构和工作原理

蒸气压缩制冷压缩机分为变容式和离心式两类，而变容式压缩机包括活塞式、螺杆式、旋转式和涡旋式。

（一）活塞式制冷压缩机的基本结构和工作原理

1. 活塞式制冷压缩机的基本结构

活塞式制冷压缩机由许多零部件组成，其总体结构如图 2-55 所示。

活塞式制冷压缩机主要由以下几个部分组成：

（1）机体　制冷压缩机的机体是压缩机的机身，用以安装和支撑其他零部件以及容纳

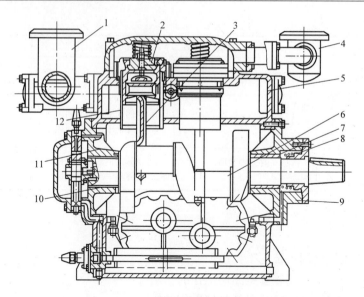

图 2-55　8FS10 型制冷压缩机的总体结构
1—吸气管　2—假盖　3—连杆　4—排气管　5—气缸　6—曲轴　7—前轴承
8—轴封　9—前轴承盖　10—后轴承　11—后轴承盖　12—活塞

润滑油。其结构如图 2-56 所示。气缸与曲轴箱铸成一体，气缸孔以每两组为一列，轴向顺序布置，每列之间构成 45°夹角。吸气腔与曲轴箱连通，排气腔在气缸体上部，吸气腔与排气腔之间由隔板分开。曲轴箱两侧设有窗孔，以便于拆装机体内部的零件，平时用盖板密封，盖板上有油面指示镜、回油孔及低压压力表接头等部件。机体的前后端开有两个轴承座孔，用以安装前后轴承。在后端盖上安装有润滑油泵。

（2）活塞组　制冷压缩机活塞组是活塞与活塞销及活塞环的总称。

活塞组的作用是与气阀、气缸等组成一个可变的工作容积，将曲柄连杆所传递的机械能转变为制冷剂蒸气的压力能。我国生产的系列活塞式制冷压缩机的活塞均采用圆筒形结构，如图 2-57 所示。

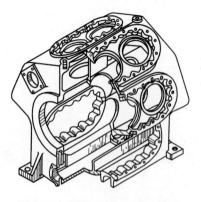

图 2-56　制冷压缩机的机体结构

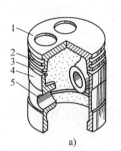
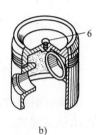

a)　　　　　　　　　　b)

图 2-57　活塞的基本结构
a）活塞的主要部分　b）活塞的顶部
1—顶部　2—气环槽　3—油环槽
4—裙部　5—销座　6—起吊螺孔

活塞销是活塞与连杆小头之间的连接件。其结构为中空的圆柱体。活塞销与连杆小头衬套及活塞销座的连接，多采用浮动式配合。所谓浮动式配合，是指活塞销无论是在销座中，还是在连杆小头衬套中，都没有被固定。工作时可以自由地相对转动，以减小摩擦面间的相对滑动速度，使其磨损小且均匀。为防止活塞销产生轴向窜动，一般在销座两端的环槽内装有弹簧挡圈。

制冷压缩机活塞组中的活塞环是一个具有切口和弹性的开口环。它分为两种：一种称为气环；另一种称为油环，或称刮油环。

气环的作用是密封蒸气，以减少气缸里高压蒸气活塞环与气缸间隙的泄漏量。

油环的作用是将黏附在气缸壁上的润滑油刮下，使之流回曲轴箱，防止过多的润滑油进入制冷系统。

气环的切口有三种形式，即直切口（见图 2-58b）、斜切口（见图 2-58c）和搭切口（见图 2-58d），如图 2-58 所示。

为使气环在气缸中有足够的弹力，在自由状态时气环的直径要比气缸直径大，装配时，要注意把各环的切口错开一定的角度，以减少高压蒸气通过切口间隙的泄漏量。工作时，气环靠其本身弹力和气体压力而紧贴气缸壁，以达到密封的作用。同时，气环在工作过程中还有泵油的作用，即不断地把溅在气缸壁上的润滑油向上输送，起到给气缸壁润滑的作用。为防止过多的润滑油进入气缸，在活塞环的下部还设置了一道油环。其工作过程是：当活塞往上止点运行时，借油环上端面的倒角，在气缸壁上形成油膜，以润滑气缸；当活塞往下止点运行时，油环下端面则将气缸壁上过多的润滑油刮下来。刮下的润滑油沿刮油环圆周方向的小孔和切槽，通过活塞体上的小孔流回曲轴箱。

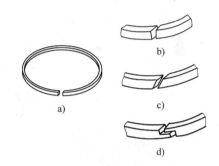

图 2-58 气环

（3）连杆组件 制冷压缩机的连杆组件如图 2-59 所示，包括连杆体、连杆大头盖、连杆大头轴瓦、小头衬套和连杆螺栓、螺母等零件。

连杆是活塞与曲轴的中间连接件，它将曲轴的旋转运动转化为活塞的往复运动。连杆小头及其衬套通过活塞销与活塞连接，并随活塞一起在气缸内作往复运动。连杆大头及连杆大头轴瓦与

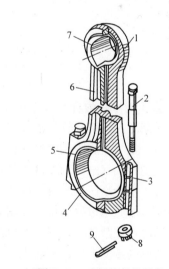

图 2-59 连杆组件的结构
1—连杆小头 2—连杆螺栓 3—连杆大头
4—连杆大头盖 5—连杆大头轴瓦 6—连杆体
7—小头衬套 8—螺母 9—开口销

曲柄销连接，随曲轴一起在曲轴箱内作旋转运动。连杆通常为工字形断面，连杆体中间有输送润滑油的通道，润滑油可以从连杆中的通道输送到小头衬套中。连杆大头多为剖分式结构。

（4）曲轴 曲轴是曲柄连杆机构中将旋转运动变为往复直线运动的重要零件之一。制冷压缩机所消耗的全部轴功率就是经曲轴输送的，它是制冷压缩机重要的一个受力运动

部件。

活塞式制冷压缩机的曲轴结构如图 2-60 所示。

曲轴的每个曲拐都是由主轴颈、曲柄和曲柄销三部分组成的。与主轴承相配合的部分称为轴颈，与连杆大头轴瓦相配合的部分称为曲柄销或连杆轴颈，连接主轴颈与曲柄销或连接相邻两个曲柄销的部分称为曲柄。

在曲柄朝曲柄销相反的方向上装有平衡块，其作用是当活塞式制冷压缩机工作时，利用平衡块自身的离心力和离心力矩，来平衡由于曲柄、曲柄销和部分连杆的旋转运动质量与活塞、活塞销作往复运动时引起的惯性力矩，以减小制冷压缩机运转时所产生的振动，同时，也可以减轻曲轴主轴承上的负荷，减小轴承的磨损。

（5）气阀　气阀是制冷压缩机气缸依次进行压缩、排气、膨胀和吸气工作过程的控制机构，气阀的组成如图 2-61 所示。

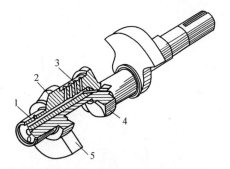

图 2-60　8FS10 型压缩机的曲轴结构
1—主轴颈　2、4—曲柄　3—曲柄销　5—平衡块

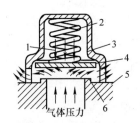

图 2-61　气阀的组成
1—弹簧力　2—弹簧　3—升程限制器
4—阀片　5—阀座　6—阀线

2. 活塞式制冷压缩机的工作原理

活塞式制冷压缩机是依靠活塞在气缸中作往复运动时，形成一个不断变化的工作容积，来完成压缩、排气、膨胀和吸气工作过程的。当活塞在电动机的带动下，由下止点位置向上止点方向运动时，气缸内制冷剂蒸气的体积由大变小，压力逐步升高，当气缸内制冷剂蒸气的压力略大于系统高压压力时，压缩机的排气阀门打开，排出高温高压的制冷剂蒸气，活塞式制冷压缩机的压缩过程结束；活塞在电动机的带动下，继续向上止点方向运动，气缸内制冷剂蒸气的体积逐渐变小，当活塞到达上止点位置时，活塞式制冷压缩机的排气过程结束；活塞在电动机的带动下，向下止点方向运动，残存其余隙容积中的高压制冷剂蒸气体积膨胀，压力减小，当气缸内制冷剂蒸气的压力略小于系统低压压力时，压缩机的吸气阀门打开，活塞式制冷压缩机的膨胀过程结束；活塞在电动机的带动下，继续向下止点方向运动，气缸内制冷剂蒸气的体积逐渐变大，当活塞到达下止点位置时，活塞式制冷压缩机的吸气过程结束。这样，活塞式制冷压缩机连续进行上述工作过程，即可在制冷系统中建立起系统压差，实现对制冷剂的连续输送。

3. 活塞式制冷压缩机的润滑方式

活塞式制冷压缩机的润滑方式有两种，即飞溅式润滑和压力式润滑。

（1）飞溅式润滑　飞溅式润滑是指依靠曲柄连杆机构的旋转运动，把曲轴箱内的润滑油甩向各摩擦面的润滑方式。其工作过程是：当曲轴旋转运动时，曲拐和连杆大头与润滑油接触，并将润滑油甩到气缸镜面及曲轴箱壁面，因而使活塞、气缸、连杆等摩擦面得到润滑。

（2）压力式润滑 压力式润滑是指利用油泵产生压力油，再通过输油管路将压力油送至压缩机各润滑部位进行润滑的润滑方式。

制冷压缩机压力润滑系统如图2-62所示。

曲轴箱内的润滑油经过滤器过滤掉杂质后，经三通阀进入油泵。提高压力后，由油泵出来的润滑油的流面分为三路：一路从曲轴后端进入曲轴中输油孔道，向连杆体内油孔供油，用以润滑连杆小头内的活塞销；另一路直接送至前轴封室，用以润滑和冷却轴封摩擦面；最后一路通向能量调节阀，用作其液压动力。各路润滑油最后都回到曲轴箱中。

目前常用的润滑油油泵有两种形式：月牙形内啮合齿轮油泵和内啮合转子油泵。

月牙形内啮合齿轮油泵的结构如图2-63所示。

月牙形内啮合齿轮油泵由外齿轮、内齿轮、月牙体、壳体及端盖等零件组成，内齿轮通过传动块由曲轴带动旋转。月牙体和端盖将内外两个齿轮分隔成数个封闭空间。两齿轮旋转时，将充满封闭空间内的润滑油吸入输送至排出口。月牙形内啮合齿轮油泵结构紧凑，在齿轮正反转时，其输送润滑油的方向都不变。图2-64a中齿轮为逆时针旋转，润滑油从下部吸入，从上部排出。图2-64b中齿轮为顺时针旋转，此时通过月牙体背面卡在油泵盖半周槽内的定位结构，使月牙体转过180°，外齿轮的轴心位置也转过180°，改变了两齿轮的啮合方式，使润滑油仍然从下部吸入，从上部排出。月牙体圆盘背面有一个

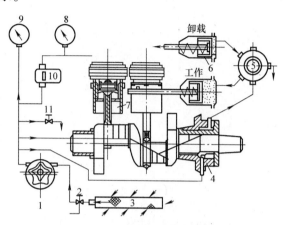

图2-62 制冷压缩机压力润滑系统
1—油泵 2—三通阀 3—滤油器 4—轴封
5—能量控制阀 6—卸载油缸 7—活塞连杆及缸套
8—低压表 9—高压表 10—油压控制器 11—油压调节阀

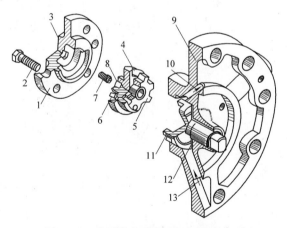

图2-63 月牙形内啮合齿轮油泵的结构
1—油泵盖垫片 2—螺钉 3—油泵盖 4—月牙体
5—从动齿轮 6—限位销 7—弹簧 8—钢珠
9—油泵体 10—出油 11—主动齿轮 12—垫圈 13—进油

限位销，它只能在泵盖上的半圆槽内作180°的回旋转动，从而保证了当曲轴转动方向发生改变时，月牙体位于正确的工作位置上。

内啮合转子油泵的结构如图2-65所示。它由内转子、外转子、壳体、泵轴等零件组成，其中内转子（外齿轮）是主动转子，由压缩机曲轴带动旋转；外转子（内齿轮）是被动转子，依靠和内转子啮合而旋转。外转子为偏心安装，在转子的后端面有吸油孔和排油孔。当

内转子顺时针转动时，内外转子的齿间容积跟着发生变化的位移，使润滑油从吸油孔输送至排油孔，其工作过程如图 2-66 所示。

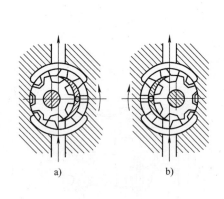

图 2-64　月牙形齿轮油泵
正反转时的工作情况
a) 主动齿轮逆时针方向旋转
b) 主动齿轮顺时针方向旋转

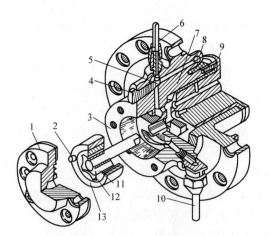

图 2-65　内啮合转子油泵的结构
1—油泵盖　2—定位销　3—后轴承座　4—沉头螺钉
5—油压调整螺钉　6—压回表油管　7—传动块
8—后轴承　9—曲轴　10—吸油管
11—内转子　12—外转子　13—油泵座

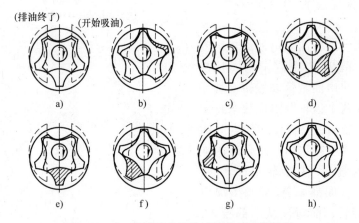

图 2-66　内–外转子吸排油过程中的动作分析

当转子逆时针转动时，由于偏心作用，内转子带动外转子和油泵座转动 180°，使偏心位置也变化了 180°，从而保证了润滑油仍从吸油孔吸油，向排油孔排油。油泵座上的定位销只能在泵盖上半圆槽内运动，确保了油泵座也只能旋转 180°，从而保证了压缩机曲轴正反转时都能正常供油。

(二) 离心式制冷压缩机的基本结构和工作原理

1. 离心式制冷压缩机的总体结构

离心式制冷压缩机可分为单级和多级两种类型，其结构分别如图 2-67 和图 2-68 所示。

离心式制冷压缩机主要由吸气室、叶轮、扩压器、弯道、回流器、蜗壳、主轴、轴承、机体、轴封等零部件组成。

离心式制冷压缩机各主要部件的作用如下：

1）吸气室。它是将制冷剂蒸气从进气管均匀地引入叶轮中去的固定部件。

2）进口导叶。它是用于调节压缩机制冷量的。通过转动进口可调动导流叶片，使进入叶轮的气流速度方向得到改变，从而改变进入叶轮的气体流量。进口导叶片由若干扇形叶片组成，其根部带有转轴，安装在吸气室按圆周等距离分布的轴孔内。每个转轴的端部都与叶片调整机构连接，操纵调整机构时，可使进口导叶片同时转动。

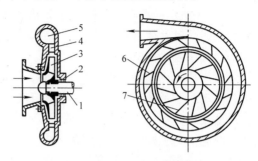

图 2-67　单级离心式制冷压缩机的结构
1—轴　2—轴封　3—叶轮　4—扩压器
5—蜗壳　6—扩压器叶片　7—叶片

3）叶轮。叶轮又称工作轮。压缩机工作时，制冷剂蒸气在叶轮的作用下作高速旋转，同时受旋转离心的作用，被高速地甩向叶轮边缘上的出口。这样，叶轮的入口处气体的密度减小，形成低压区，从而使流体不断地得到补充。气流在流经叶轮的过程中，叶轮对气体做了功，使气体的速度增加，压力提高。所以说，叶轮是将输入的机械能转化为气体能量的工作部件。

4）扩压器。气体从叶轮中流出时有很高的流动速度。为了将这部分动能充分地转变为压力能，同时也为了使气体在进入下一级时有较合理的流动速度，在叶轮后面设置了扩压器。它是由前、后隔板组成的流通截面逐渐增大的通道。随着通道直径的增大，通流面积增加，使流经的气体速度逐渐减慢，压力得到提高。

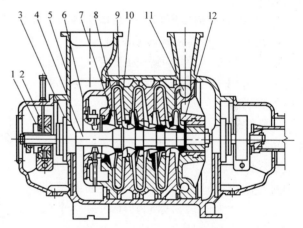

图 2-68　多级离心式制冷压缩机的结构
1—推力轴承　2—轴承　3—轴封　4—主轴　5—机体
6—进口导流装置　7—叶轮　8—扩压器　9—弯道
10—回流器　11—蜗壳　12—梳齿密封

5）弯道与回流器。在多级离心式制冷压缩机中，为了把气体引入下一级继续增压，在扩压器后面设置了使气流拐弯的弯道和将气体均匀地引入下一级叶轮入口的回流器。弯道是一个弯曲形的环形空间，它使气流由离心方向改为向心方向。回流器是由两块隔板组成的，内部装有导向叶片，使气流能沿轴线方向进入下一级。

6）蜗壳。蜗壳又叫蜗室。它的主要作用是将从扩压器出来的气体汇集起来，导出压缩机外，由于蜗壳外径逐渐增大，也使其对气流起到一定的降速扩压作用。

7）推力盘。叶轮两侧的气体压力是不相等的，如双级或多级离心式制冷压缩机中，压缩机每级压出侧的气体压力高于吸入侧的气体压力，因此，叶轮会产生指向吸入侧的轴向力。为了减小这种轴向推动力，在压缩机末级之后的主轴上设置推力盘，又称平衡盘。

另外，为了使离心式制冷压缩机持续、安全、高效率地运行，压缩机还设有一些辅助设备和系统，如增速器、油路系统、冷却系统、自动控制和检测系统及安全保护系统等。

2. 离心式制冷压缩机的工作原理

以图2-68所示的离心式压缩机来分析其工作原理：离心式压缩机的叶轮称工作叶轮。当叶轮转动时，叶片就带动气体运动，或者说使气体得到动能，然后气体的动能转化为压力能，从而提高了制冷剂蒸气的压力。

压缩机工作时，轴和叶轮以高速旋转，因此将轴和叶轮组成的部件称为转子。转子以外的部分是不动的，称为固定元件。叶轮与其配合的固定元件组成"级"。固定元件有吸气室、扩压器及蜗壳等。压缩机工作时，制冷剂蒸气先通过吸气室，引导进入压缩机的蒸气均匀地进入叶轮。为了减少气流的能量损失，流通通道的截面做成渐缩的形状，使气体通过时略有加速。制冷剂蒸气进入叶轮后，一边跟着叶轮作高速旋转，一边由于受离心力的作用，在叶轮槽中作扩压流动，从而使气体的压力和速度都得到提高。从叶轮中流出的气体进入扩压器。扩压器是一个截面积逐渐扩大的环形通道，气体流过扩压器时，速度减小，压力提高。压力得到提高后的气体再进入蜗壳。蜗壳的作用是把由扩压器流出来的气体汇集起来，最后排入排气管。

（三）螺杆式制冷压缩机的基本结构和工作原理

1. 螺杆式制冷压缩机的基本结构

螺杆式制冷压缩机可分为开启式、半封闭式和全封闭式三种基本类型，其基本结构如图2-69所示。

螺杆式制冷压缩机是由转子、机体、吸排气端座、滑阀、主轴承、轴封、平衡活塞等主要零件组成的。机体内部呈"∞"字形，水平配置两个按一定传动比反向转动的螺旋形转子：一个为凸齿，称阳转子；另一个为齿槽，称阴转子。

转子的两端安放在主轴承中，径向载荷由滑动轴承承受，轴向载荷大部分由设在阳转子一端的平衡活塞所承受，剩余的载荷由转子另一端的推力轴承承受。

机体气缸的前后端盖上没有吸气管、排气管和吸气口、排气口。在阳转子伸出端的端盖处，安装有轴封。机体下部设有排气量

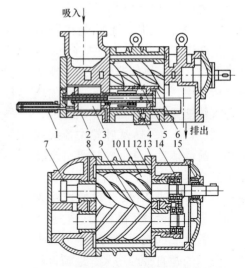

图2-69 螺杆式制冷压缩机的基本结构
1—负荷指示器 2—油活塞 3—油缸 4—导向块
5—喷油孔 6—卸载滑阀 7—平衡活塞 8—吸气端座
9—阴转子 10—气缸 11—阳转子 12—滑动轴承
13—排气端座 14—推力轴承 15—轴封

调节机构——滑阀，还设有气缸喷油用的喷油孔（一般设置在滑阀上）。

2. 螺杆式制冷压缩机的工作原理

螺杆式制冷压缩机的工作过程如图2-70所示。

图2-70中上部为吸气端，下部为排气端，在理想工作状态下它有三个工作过程，即吸气过程、压缩过程和排气过程。当转子上部一对齿槽和吸气口连通时，由于螺杆回转啮合空间容积不断扩大，来自蒸发器的制冷剂蒸气由吸气口进入齿槽，即开始了吸气过程（见图2-70a）。随着螺杆的继续旋转，吸气端盖上的齿槽被啮合所封闭，即完成了吸气过程。

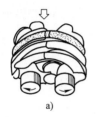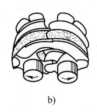

a)　　　　　　　　b)　　　　　　　　c)

图 2-70　阴阳转子啮合齿间的基元容积变化过程
a) 吸气　b) 压缩　c) 排气

随着螺杆继续旋转，啮合空间的容积逐渐缩小，气体就进入压缩过程（见图 2-70b）。当啮合空间和端盖上的排气口相通时，压缩过程结束。随着螺杆的继续旋转，啮合空间内的被压缩气体通过排气口将压缩后的制冷剂蒸气排入排气管道中（见图 2-70c），直至这一空间逐渐缩小为零，压缩气体全部排出，排气过程结束。随着螺杆的不断旋转，上述过程将连续、重复地进行，制冷剂蒸气就连续不断地从螺杆式制冷压缩机的一端吸入，从另一端排出。

在实际运行中，为保证螺杆式制冷压缩机安全运行，均组成机组形式，如图 2-71 所示。

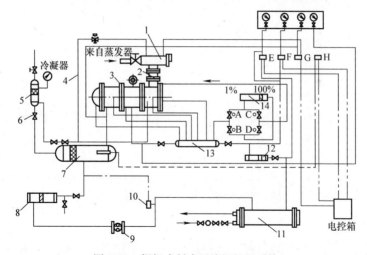

图 2-71　螺杆式制冷压缩机机组系统
——表示油路　– –表示气路　– – –表示电路　–··–表示温度控制线路
1—过滤器　2—吸气止回阀　3—螺杆式制冷压缩机　4—旁通管路　5—二次油分离器
6—排气止回阀　7—油分离器　8—油粗过滤器　9—油泵　10—油压调节阀
11—油冷却器　12—油精过滤器　13—油分配管　14—油缸
A、B、C、D—电磁阀　G、E—压差控制器　F—压力控制器　H—温度控制器

螺杆式制冷压缩机机组除制冷压缩机本身外，还包括油分离器、油过滤器、油冷却器、油泵、油分配管、能量调节装置等。概括起来，机组系统包括制冷系统和润滑系统两部分。

螺杆式制冷压缩机机组制冷系统的工作过程是：来自蒸发器的制冷剂蒸气，经过滤器、吸气止回阀进入吸入口。制冷压缩机的一对转子由电动机带动旋转，润滑油由滑阀在适当位置喷入，油与气在气缸中混合。油气混合物被压缩后经排气口排出，进入油分离器。由于油气混合物在油分离器中的流速突然下降，以及油与气的密度差等作用，使一部分润滑油被滞留在油分离器底部，另一部分油气混合物，通过排气止回阀进入二次油分离器中，进行二次分离，再将制冷剂蒸气送入冷凝器中。

系统中设置吸气止回阀的目的是防止制冷压缩机因停机时转子倒转而使转子产生齿损。设置排气止回阀的目的是防止制冷压缩机停机后，因高压气体倒流而引起机组内的高压状态。设置旁通管路的作用是当制冷压缩机停机后，电磁阀开启，使存在于机腔内压力较高的蒸气通过旁通管路泄至蒸发系统，让机组处于低压状态，便于再次起动。系统中压差控制器的作用是控制系统的高压及低压压力。

二、压缩机的能量调节方式

（一）活塞式制冷压缩机的能量调节

在制冷机组运行时，为满足制冷负荷变化的要求，要随时对制冷压缩机的制冷量进行调节。这一调节是通过调节压缩机的排气量来实现的，这就是所谓的制冷压缩机的能量调节。

中央空调用活塞式制冷压缩机的能量调节主要是通过卸载-能量调节机构进行的。

制冷压缩机的卸载-能量调节机构的动作原理如图 2-72 所示。它主要由进、排油管路，卸载油缸，油活塞，弹簧，推杆，转动环，吸气阀片顶杆等部件组成。在能量调节系统中能量控制阀与润滑油泵的油路相通，以控制卸载机构的工作。

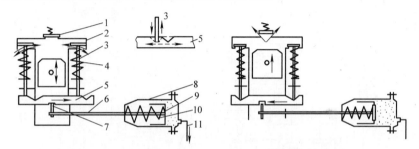

图 2-72　制冷压缩机的卸载-能量调节机构的动作原理
1—排气阀　2—吸气阀片　3—吸气阀片顶杆　4—顶杆复位弹簧　5—转动环　6—推杆
7—传动杆　8—卸载油缸　9—油活塞　10—复位弹簧　11—油缸进、排油管

1. 卸载工作状态

制冷压缩机卸载-能量调节机构的工作过程是：压缩机开始起动时，润滑系统的油压还没建立，能量控制阀无压力油供给卸载油缸，油活塞在弹簧作用下连同推杆一起向右移动，推杆又通过传动杆带动气缸外的转动环转动。因此，坐落在转动环斜槽底部的顶杆便沿着斜面上升至斜槽顶部，顶开吸气阀片，于是气缸处于卸载工作状态。

2. 能量调节（负荷工作）状态

制冷压缩机起动后，油压逐步建立，能量控制阀把压力油供给卸载油缸，使活塞克服弹簧力的作用连同推杆一道向左移动，推动转动环，使坐落在转动环斜槽顶部的吸气阀顶杆落至斜槽底部，吸气阀片便落在阀线上，气缸则进入工作状态。制冷压缩机在运行过程中，若冷负荷减小，则可通过控制机构使卸载-能量调节机构反向动作，使吸气阀片被顶杆重新顶起到卸载位置。于是，卸载气缸就因失去了吸排气能力而进入空载运行状态，从而改变了压缩机的制冷量，适应了冷负荷变化。

通过上述分析可以看到：卸载-能量调节机构在工作过程中，只要向卸载机构输入一定压力的润滑油，便可控制压缩气缸，使其处于带负荷工作状态。而在压缩机起动前或运行中需要卸载时，则不向卸载机构供应压力油，卸载机构便使压缩机气缸处于卸载工作状态。因此，压缩机在运行中的能量调节是通过控制其润滑压力油的输入情况来实现的。

（二）离心式制冷压缩机的能量调节

离心式制冷压缩机在运行过程中为了适应空调负荷的变化和安全经济运行，需要对其制冷量进行调节。离心式制冷压缩机制冷量的调节方法主要有以下几种：

1. 吸气节流调节法

通过改变压缩机吸气截止阀的开度，对压缩机吸入的蒸气进行微量节流来调节压缩机的排气量。这种调节方法可使压缩机的制冷量有较大范围（60%～100%）的变化。

2. 转速改变调节法

对于可以改变转速的离心式制冷压缩机，可以采用改变主机转速的方法来进行制冷量的调节。当转速在80%～100%范围内变化时，制冷量在50%～100%的范围内变化。

3. 进口导流叶片角度调节法

当设置在压缩机叶轮前进口导流叶片的角度发生改变时，即改变了制冷剂蒸气进入叶轮的速度和方向，从而使叶轮所产生的能量发生变化，改变了压缩机的制冷量。这种调节方法，制冷量可以在25%～100%的范围内变化。

4. 冷却水量调节法

离心式制冷压缩机制冷量的调节也可以通过改变冷却水量的方法进行。当冷却水量减小时，冷却水带走的热量也少，使压缩机的冷凝温度升高，也使其制冷量减少。

5. 旁通热蒸气调节法

旁通热蒸气调节法也称反喘振调节法，即通过在压缩机进气管和排气管之间设置的旁通管路和旁通阀，使一部分高压气体通过旁通管返回到压缩机进气管，达到减少压缩机排气量、改变其制冷量的目的。在运用此种方法进行制冷量调节时，要注意不能使旁通的气体过多，以免排气温度过高，导致压缩机损坏。所以在调节时，必须在旁通阀后喷入液体制冷剂，使旁通气体降温，保证压缩机能正常运行。

冷却水量调节法和旁通热蒸气调节法的经济性很差，因此，一般情况下不使用这两种方法，只有在需要很小制冷量时才采用。

（三）螺杆式制冷压缩机的能量调节

螺杆式制冷压缩机的能量调节一般是依靠滑阀来实现的。滑阀的结构如图2-73所示，它安装在螺杆式压缩机排气一侧的气缸两内圆的交点处，其表面组成气缸内表面的一部分，滑阀底面与气缸底部支撑滑阀的平面相贴合，使滑阀可以作平行于气缸轴线的移动。滑阀杆一端连接滑阀，另一端连接油缸内的活塞，依靠活塞两边的油压差，使滑阀移动。当滑阀移动而把回流口打开时，转子啮合齿槽，吸入的气体一部分经回流口返回到吸入腔，从而使压缩机的排气量减少。能量调节机构油缸中的压力油来自压缩机的润滑系统。当油缸的进出油路均被关闭时，油缸内的活塞即停止移动，滑阀就停在某一位置上，压缩机即在某一排

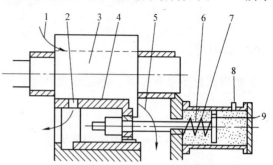

图2-73 螺杆式制冷压缩机的能量调节机构
1—吸入口 2—回流口 3—转子 4—滑阀 5—排出口
6—油缸 7—平衡弹簧 8—进油口 9—负荷指示杆

气量下工作。

　　螺杆式制冷压缩机的能量调节机构同时也是一个起动卸载机构。当制冷压缩机起动时，油压尚未建立，回流口处于开启位置，从而实现其卸载起动的目的。滑阀的移动可以通过电动或液压传动的方式，根据吸气压力或温度变化来进行能量调节。滑阀同油缸的活塞连成一体，由油泵供油推动油缸活塞带动滑阀移动。一般是通过四通电磁阀控制进油方向来达到能量调节目的的。

　　四通电磁阀是由四只电磁阀安装在一个共同阀体上组成的。现结合图 2-71 来分析其工作过程。图中 A、B、C、D 四只电磁阀组成了四通电磁阀，它们一般成对使用。当手动（或自动）使电源接通电磁阀 A、D 后，从油分配管来的高压油，通过电磁阀 A 进入油缸的左室，而右室的油，经电磁阀 D 流入压缩机的低压侧，此时滑阀移向能量 100% 的位置，使压缩机的排气量增加。反之，当接通电磁阀 B、C 后，油活塞带动滑阀向能量 10% 的方向移动，使压缩机排气量减少。

　　当需要保持压缩机制冷量在某一档次内不变时，只需要在与此制冷量对应的滑阀位置上不接通电源，使电磁阀 A、B、C、D 均处于关闭状态即可。螺杆式制冷压缩机起动时，应将能量调节到最低，以实现空载或低负荷起动。

【习题】

1. 活塞式制冷压缩机主要由哪几个部分组成？
2. 活塞式制冷压缩机是如何工作的？
3. 离心式制冷压缩机主要由哪几个部分组成？
4. 离心式制冷压缩机是如何工作的？
5. 螺杆式制冷压缩机主要由哪几个部分组成？
6. 螺杆式制冷压缩机是如何工作的？
7. 活塞式制冷压缩机是如何进行能量调节的？
8. 离心式制冷压缩机是如何进行能量调节的？
9. 螺杆式制冷压缩机是如何进行能量调节的？

课题八　溴化锂吸收式制冷机

【知识目标】

　　了解溴化锂的基本性质，熟悉溴化锂吸收式制冷机组的工作原理。

【能力目标】

　　掌握溴化锂制冷机组的能量调节方法。

【必备知识】

一、溴化锂溶液的基本性质

　　蒸气压缩式制冷使用的工质一般为纯物质，如 R12、R22、R134a 等，而吸收式制冷使用的工质通常是二元溶液，它由沸点不同的两种物质所组成。其中低沸点的物质为制冷剂，高沸点的物质为吸收剂。因此，二元溶液又称为制冷剂-吸收剂工质对。所谓二元溶液，是指两种互相不起化学作用的物质组成的混合物。这种均匀混合物的各种物理性质，如压力、温度、浓度等在整个混合物中各处都完全一致，不能用纯机械的沉淀法或离心法将它们分离为原组成物质。

溴化锂水溶液是由固体的溴化锂溶解于水中而形成的。溴化锂是由碱族中的元素锂（Li）和卤族中的元素溴（Br）构成的。在未与水溶解之前的无水溴化锂是白色的块状物。无毒、无臭、有咸苦味，在空气中极易因吸收水分而难以保存。因此，吸收式制冷机使用的溴化锂，一般以水溶液的形式供应和使用。

1. 溴化锂溶液的一般特性

溴化锂溶液通常由氢溴酸和氢氧化锂通过中和反应来制取。

$$HBr + LiOH \longrightarrow LiBr + H_2O$$

由于锂和溴分别属于碱金属和卤族元素，因此它的一般性质与食盐相似，在大气中不变质、不分解、不挥发，是一种稳定的物质。未添加缓蚀剂（Li_2CrO_3）前，溴化锂溶液是无色透明的液体，无毒，入口有咸苦味，溅在皮肤上有微痒感。添加了缓蚀剂后呈微黄色。

溴化锂溶液的质量直接影响溴化锂吸收式制冷机组的性能，因此，应对它的技术指标进行严格控制，一般应达到下列技术指标：

质量分数（质量百分浓度）：$50\% \pm 0.5\%$；

碱度：pH 值在 $9.0 \sim 10.5$ 的范围内；

铬酸锂（缓蚀剂）含量（质量分数）：$0.15\% \sim 0.25\%$；

杂质最高含量（质量分数）：硫酸盐（SO_4^{2-}）为 0.05%；

多硫化物含量（质量分数）：溴酸盐（BrO_3^-）无反应。

另外，溶液中不应含有二氧化碳、臭氧等不凝性气体。

2. 溴化锂溶液的物理性质

下面介绍一些概念及溴化锂溶液的物理性质。

（1）溶解　溶解是指固体溶质（如溴化锂）溶于溶剂（如水）的过程。

（2）饱和溶液　饱和溶液是指在一定温度下，固体溶质溶于溶剂中的数量达到最大值时的溶液。

（3）溶解度　溶解度是指在一定温度下，100g 溶剂中溶解的溶质达到饱和状态时，饱和溶液所能溶解溶质的克数。如 20℃时溴化锂的溶解度为 111.2g。

（4）结晶　当降低饱和溶液的温度时，溶于溶液中的溶质分子出现晶体状并从溶剂中析出的现象称为结晶。

（5）溶解度曲线　溶解度的大小与溶质和溶剂的特性及温度有关。一定温度下的溴化锂饱和水溶液，当温度降低时，由于溶解度减小，溶液中会有溴化锂的晶体析出，出现结晶现象。将含有晶体的溴化锂溶液加热至某一温度时，其晶体全部消失，这一温度即为该浓度溴化锂溶液的结晶温度。图 2-74 所示为溴化锂溶液结晶温度曲线，又称溶解度曲线。

图 2-74 中纵轴表示结晶温度，横轴表示溶液的质量分数。曲线上任意一点，均表示溶液处于饱和状态。图 2-74 的左上方为液相区，溶液不会有结晶出现；右下方是固相区，溶液处于该区域中的任何一点时都会有结晶体析出。由此可以看出：溴化锂溶液中是否有晶体

析出，取决于溶液的温度和质量分数两个参数。作为制冷机工质，溴化锂溶液应始终处于液体状态，无论是运行或是停机期间，都不允许溶液中有晶体析出。

（6）质量分数　溴化锂溶液的质量分数是指在一定质量的溶液中，溴化锂所占的质量百分比，用符号 w 表示。

（7）密度　物体的质量和其体积的比值称为密度。溴化锂溶液的密度与温度和质量分数有关，其关系如图 2-75 所示。

纵轴代表密度，横轴代表温度。它是一组等质量分数线，温度不变时，质量分数越大，密度越大；质量分数不变时，温度越高，密度越小。在溴化锂机组运行过程中，若需要测定溶液的质量分数，只要同时测出其密度与温度，便可以用此图查出对应的质量分数。

（8）腐蚀性　溴化锂溶液对碳钢和纯铜等金属材料有腐蚀性，尤其在有空气存在时，腐蚀更为严重，因此，在溴化锂机组运行时，要在溴化锂溶液中加入缓蚀剂来减缓溴化锂溶液对金属的腐蚀性。

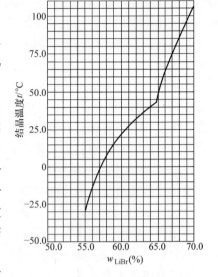

图 2-74　溴化锂溶液结晶温度曲线

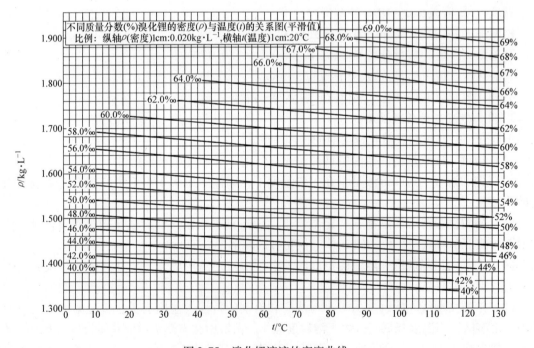

图 2-75　溴化锂溶液的密度曲线

缓蚀剂的使用方法是：在温度不超过 120℃ 时，在溴化锂溶液中加入 0.1% ~ 0.3%（质量分数，下同）的铬酸锂（Li_2CrO_3）和 0.02% 的氢氧化锂（LiOH）溶液，使溶液呈碱性，pH 值保持在 9.5 ~ 10.5 的范围，缓蚀效果较好。当溶液温度在 160℃ 时，除使用上述缓蚀剂外，还可以使用耐高温的缓蚀剂，如加入 0.001% ~ 0.1% 的氧化铅（PbO），或加入 0.2% 的三氧化二锑（Sb_2O_3）与 0.1% 的铌酸钾（$KNbO_3$）的混合物等，使溴化锂溶液对金属的腐蚀性降到最低限度。

（9）放气范围　在溴化锂制冷机的发生器内，溴化锂稀溶液被升温加热产生冷剂蒸汽，变为溴化锂浓溶液时，其质量分数一般控制在 3.5% ~ 6%。这一溶液质量分数的变化范围，称放气范围（又称质量分数差）。

二、溴化锂吸收式制冷机的工作原理和能量调节方法

（一）单效溴化锂制冷机的工作原理

图 2-76 所示为单效溴化锂吸收式制冷机的工作原理。

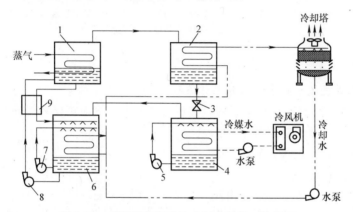

图 2-76　单效溴化锂吸收式制冷机的工作原理
1—发生器　2—冷凝器　3—节流阀　4—蒸发器　5—蒸发泵　6—吸收器
7—吸收泵　8—发生泵　9—溶液热交换器

机组运行时，在发生器中的溴化锂被热源蒸汽加热后，溶液中的制冷剂——水被加热后变成水蒸气流入冷凝器中，在冷凝器中向冷却水放出热量后，凝结成冷剂水，冷剂水经节流阀节流后流入蒸发器中蒸发，吸收蒸发器中冷媒盘管中冷媒水的热量后变成水蒸气，进入吸收器中，被从发生器回来的溴化锂浓溶液吸收，变成溴化锂稀溶液，然后进入发生器，从而完成循环过程。

（二）双效溴化锂制冷机组的工作原理和流程

1. 双效溴化锂吸收式制冷机组的工作原理

双效溴化锂吸收式制冷机组的工作原理如图 2-77 所示。

双效溴化锂制冷机组工作时，在高压发生器中的稀溶液被热源加热，在较高的压力下产生冷剂蒸汽，因为该蒸汽具有较高的饱和温度，蒸汽冷凝过程中放出的潜热还可以被利用，所以冷剂蒸汽又被通入低压发生器中作为热源来加热低压发生器中的溶液。散出大量潜热后与低压发生器中产生的冷剂蒸汽一起送入到冷凝器中，向冷却水散出热量后凝结成冷剂水。冷剂水经节流阀节流后进入蒸发器中蒸发制冷。吸收冷媒热量后变为冷剂蒸汽，在吸收器中被从高、低压发生器中回来的溴化锂浓溶液吸收，变为溴化锂稀溶液。然后再由发生泵通过高、低温溶液热交换器和凝水器分别送入高、低压发生器中，从而完成工作循环过程。由于在循环过程中，热源的热能在高压和低压发生器中得到了两次利用，因此称为双效溴化锂吸

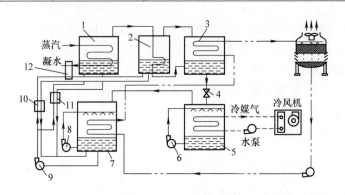

图 2-77　双效溴化锂吸收式制冷机组的工作原理
1—高压发生器　2—低压发生器　3—冷凝器　4—节流阀　5—蒸发器
6—蒸发泵　7—吸收器　8—吸收泵　9—发生泵　10—低温溶液热交换器
11—高温溶液热交换器　12—凝水器

收式制冷机组。

2. 双效溴化锂吸收式制冷机组的工作流程

双效溴化锂吸收式制冷机组根据稀溶液进入高、低温溶液热交换器的方式不同，可以分为串联式流程和并联式流程两种。图 2-78所示为三筒双效并联式流程溴化锂吸制冷机组的工作流程。

双效溴化锂吸收式制冷机组是由高压发生器、低压发生器、冷凝器、U形管、蒸发器、蒸发泵、吸收器、吸收泵、发生泵、低温溶液热交换器、高温溶液热交换器、凝水器和管道等组成的。

机组的高、低压发生器制成两个筒体，来自吸收器的溴化锂稀溶液被分别送入其中。工作时，高压发生器中产生的冷剂蒸汽送入低压发生器中，作为热源给低压发生器中溴化锂稀溶液加热，冷剂蒸汽放热与低压发生器中产生的冷剂蒸汽一起进入冷凝器中冷却成为冷剂

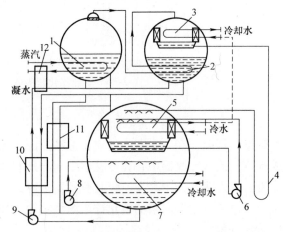

图 2-78　三筒双效并联式流程
溴化锂制冷机组的工作流程
1—高压发生器　2—低压发生器　3—冷凝器　4—U形管
5—蒸发器　6—蒸发泵　7—吸收器　8—吸收泵　9—发生泵
10—低温溶液热交换器　11—高温溶液热交换器　12—凝水器

水后，经 U 形管节流后进入蒸发器中蒸发，吸收冷媒水热量后，又变为水蒸气，在压力差的作用下，又流回吸收器中继续循环。

（三）热水型溴化锂制冷机的工作原理

图 2-79 所示为双级热水型溴化锂制冷机的工作原理图。

热水型溴化锂制冷机的工作过程分成高压循环和低压循环两个过程。在高压循环中，第一发生器泵将第一吸收器中的稀溴化锂溶液经第一热交换器进行热交换，升温后送至第一发生器中，被加热后产生的冷剂蒸汽进入冷凝器中被冷却成冷剂水后，流入蒸发器中蒸发。在

第一发生器中放出冷剂蒸汽的浓溶液经第一热交换器又回到第二发生器中。

　　在低压循环中，第二发生器泵将第二吸收器中的溴化锂溶液经第二热交换器升温后抽至第二发生器中加热，放出的冷剂蒸汽进入第一吸收器中，向冷却水放出冷凝热。后与从第一发生器中回来的浓溶液混合，生成稀溶液，从而提高了第一发生器中稀溶液的放气范围，达到机组的制冷效果。在蒸发器中吸收了冷媒水热量后又成为水蒸气，被从第二发生器回来的浓溶液吸收，放出冷凝热后，又成为稀溶液，进入往复循环中。

　　热水型机组使用的热水一般为 90 ~ 95℃，可制取 7℃左右的冷媒水。

（四）直燃型溴化锂吸收式制冷机

　　直燃型溴化锂吸收式冷水机组简称直燃机。直燃机将燃油或燃气产生的热量作为热源，生产供吸收式制冷用的热源热水和供洗浴用的卫生热水。

1. 直燃型溴化锂冷水机组的工作原理

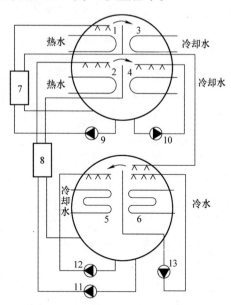

图 2-79　双级热水型溴化锂制冷机的工作原理图
1—第一发生器　2—第二发生器　3—冷凝器　4—第一吸收器
5—第二吸收器　6—蒸发器　7—第一热交换器
8—第二热交换器　9—第一发生器泵
10—第一吸收器泵　11—第二发生器泵
12—第二吸收器泵　13—蒸发器泵

　　直燃机是在蒸汽型溴化锂冷水机组的基础上，增加热源设备而组成的。直燃型溴化锂冷（热）水机组的结构和工作原理如图 2-80 所示。

　　机组的主要部件为高压发生器、低压发生器、冷凝器、蒸发器、吸收器、高温热交换器、低温热交换器和热水器等。

　　（1）高压发生器　直燃机的高压发生器是由内筒体、外筒体、前管板、后管板、螺纹烟管及前烟箱、后烟箱组成的。燃烧机从前管板插入内筒体，喷出火焰（约 1400℃），使内筒体及烟管周围的溴化锂稀溶液沸腾，产生冷剂蒸汽，同时使溶液浓缩，产生的冷剂蒸汽进入低压发生器，而浓溶液经高温热交换器进入吸收器。

　　（2）低压发生器　直燃机的低压发生器是由折流板及前后水室组成的。由高压发生器产生的冷剂水蒸气进入前水室，将铜管外侧的溴化锂稀溶液加热，使其沸腾产生冷剂蒸汽，同时使溶液浓缩。冷剂蒸汽进入冷凝器，而浓缩后的溶液经低温热交换器进入吸收器。同时铜管内的水蒸气被管外溶液冷凝后，经过节流阀（针阀）流进冷凝器。

　　（3）冷凝器　直燃机的冷凝器是由铜管及前后水盖组成的，冷却水从后水盖流进铜管内，使管外侧的来自高压发生器的冷剂水冷却和来自低压发生器的冷剂蒸汽冷凝，而冷却水从铜管流经前水盖进入冷却塔。冷却水带走了高压发生器、低压发生器的热量（即燃烧产生的热量）。

　　（4）蒸发器　直燃机的蒸发器是由铜管、前后水盖、喷淋盘、水盘、冷剂泵组成的。由空调系统来的冷媒水从水盖进入铜管（12℃），而管外来自冷凝器的冷剂水由于淋滴于铜管上获得热量而蒸发，部分没完全蒸发的冷剂水回落到水盘中，被冷剂泵吸入再次送入喷淋盘中循环，使其蒸发。冷媒水温可降至7℃左右。

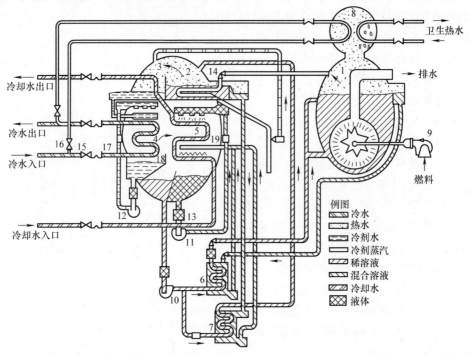

图 2-80　直燃型溴化锂冷（热）水机组的结构和工作原理

1—高压发生器（压力 93.3kPa）　2—低压发生器（压力 8.0kPa）　3—冷凝器（压力 7.3kPa）
4—蒸发器（压力 0.86kPa）　5—吸收器（压力 0.84kPa）　6—高温热交换器　7—低温热交换器
8—热水器　9—燃烧机　10—发生器　11—吸收泵　12—冷剂泵　13—过滤器
14—真空角阀　15、16—热水阀　17—软接头　18—浓度调节器　19—冷却预冷装置

（5）吸收器　直燃机的吸收器是由铜管、前后水盖及喷淋盘、溶液箱、吸收泵和发生泵组成的。从冷却塔来的冷却水从水盖进入铜管，使喷淋在管外的来自高、低压发生器的浓溶液冷却。溴化锂溶液在一定温度和质量分数的条件下（如质量分数为63%，温度为40℃时），具有极强的吸收水分的性能。它大量吸收由同一空间的蒸发器所产生的冷剂蒸汽，并将其吸收的汽化热由冷却水带走，使溴化锂溶液变成稀溶液，由发生泵送入高、低压发生器中进行循环。

（6）高、低温热交换器　直燃机的高、低温热交换器是由铜管、折流板及前液室、后液室组成的，分为稀溶液侧和浓溶液侧。其作用是使稀溶液升温，使浓溶液降温，以达到节省燃料、减少冷却水负荷、提高吸收效果的目的。

（7）热水器　直燃机的热水器实质上是一个壳管式气水换热器，使高压发生器产生的水蒸气进入热水器进行热交换，以加热供机组使用的热水和卫生热水，而水蒸气自身冷凝成液体后又回流到高压发生器中。

直燃型溴化锂机组的供暖可分为以下两种形式：

一是主体供暖。燃烧机燃烧加热高压发生器中的溴化锂溶液，分离出来的水蒸气直接进入蒸发器，加热其内部管道中的供暖水后自身被冷凝成液态，与高压发生器中产生的溶液混合，生成稀溴化锂溶液进行再循环。

二是热水器采暖。工作原理如图2-81所示。

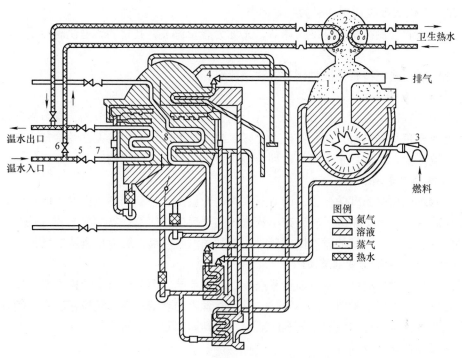

图2-81 直燃机热水器采暖的工作原理图
1—高压发生器 2—热水器 3—燃烧机 4—真空角阀（关） 5—冷水阀（关）
6—温水阀（开） 7—软接头 8—主体（停止运转，充氮封存）

高压发生器产生的水蒸气直接进入热水器进行汽水换热，加热盘管中的供暖水，自身被冷凝成液态回到高压发生器。此种热交换方式可以提高水温达95℃左右，可用于暖气片供暖。

2. 直燃型溴化锂制冷机的参数

1）冷媒水额定出口温度为7℃，冷媒水额定入口温度为12℃，冷媒水最低允许出口温度为7℃。

2）冷却水额定出口温度为37.5℃，冷却水额定入口温度为32℃。

3）冷却水允许初始最低入口温度为14℃，冷却水允许运转入口温度为24~38℃。

4）温水额定出口温度为65℃，温水额定入口温度为57℃。

5）卫生热水额定出口温度为60℃，温水额定入口温度为44℃。

6）冷媒水、冷却水、温水、卫生热水压力限制为0.8MPa。

7）冷媒水、冷却水、温水、卫生热水污垢系数为$0.86 \times 10^{-4} m^2 \cdot K/W$。

8）制冷额定排气温度为210(1±10%)℃，采暖额定排气温度为180(1±10%)℃。

9）冷媒水允许流量调节范围为70%~120%。

10）冷却水允许流量调节范围为30%~120%。

11）温水、卫生热水允许流量调节范围为50%~150%。

12）制冷量自动调节范围为 20% ~ 100%，燃料自动调节范围为 30% ~ 100%。

13）制热量自动调节范围为 30% ~ 100%，燃料自动调节范围为 30% ~ 100%。

（五）溴化锂吸收式制冷机的能量调节

溴化锂吸收式制冷机的制冷量调节，又称为能量调节。其目的就是使制冷量与冷负荷相适应。

溴化锂吸收式制冷机的能量调节方法一般有：

1. 冷却水量调节法

根据冷媒水出口温度，调节冷却水管上的三通调节阀或普通调节阀，调节冷却水的供应量。即当外界负荷降低时，蒸发器出口冷媒水温度会下降，减少冷凝器的冷却水量，使冷剂水量相应地减少，使制冷量下降，达到控制冷媒水出口温度的目的。

2. 加热蒸汽量调节法

根据冷媒水出口温度的变化，调节蒸汽阀的开启度，控制加热蒸汽的供应量，以达到调节制冷量的目的。减少制冷量时，减小蒸汽阀的开启度，使发生器中冷剂蒸汽减少，制冷量就随之减少。反之，当增加蒸汽供应量时，冷剂蒸汽就增加，制冷量也随之增加。

3. 加热蒸汽凝结水量调节法

根据冷媒水出口温度，调节加热蒸汽凝结水调节阀，调节凝结水的排出量，以达到调节制冷量的目的。当减少凝结水排出量时，发生器管内的凝结水会逐渐积存起来，使其有效的传热面积减少，从而使产生的冷剂蒸汽减少，达到调节制冷量的目的。

4. 稀溶液循环量调节法

根据冷媒水出口温度，通过控制安装在发生器与吸收器的稀溶液管上的三通调节阀，使一部分稀溶液旁通流向浓溶液管，改变稀溶液循环量，实现制冷量的调节。

5. 稀溶液循环量与蒸汽量调节组合调节法

这种方法是根据冷媒水出口温度，当要调节的制冷量在 50% 以上时，采用加热蒸汽量调节法来调节制冷量；当要调节的制冷量在 50% 以下时，同时采用稀溶液循环量调节和加热蒸汽量调节法，进行制冷量的调节，这样就可获得良好的效果。

【拓展知识】

三、屏蔽泵与隔膜阀

屏蔽泵如图 2-82 所示，它由定子绕组和转子绕组分别置于密封金属筒体内的屏蔽电动机驱动，泵壳与驱动电动机外壳用法兰密封相连。

普通离心泵的驱动是通过联轴器将泵的叶轮轴与电动机相连接，使叶轮与电动机一起旋转，而屏蔽泵是一种无密封泵，泵和驱动电动机都被密封在一个被泵送介质充满的压力容器内，此压力容器只有静密封，由一个绕组来提供旋转磁场并驱动转子。这种结构取消了传统离心泵具有的旋转轴密封装置，故能做到完全无泄漏。

隔膜阀如图 2-83 所示，它是一种特殊形式的截断阀。它的启闭件是一块用软质材料制成的隔膜，把阀体内腔与阀盖内腔及驱动部件隔开，故称隔膜阀。

隔膜把下部阀体内腔与上部阀盖内腔隔开，使位于隔膜上方的阀杆、阀瓣等零件不受介质腐蚀，省去了填料密封结构，且不会产生介质外漏。

图 2-82　屏蔽泵

图 2-83　隔膜阀

【习题】

1. 什么是二元溶液？它有何特性？
2. 简述溴化锂溶液的一般特性。
3. 溴化锂机组运行时在溴化锂溶液中加入缓蚀剂的要求是什么？
4. 溴化锂机组运行时放气范围是怎么回事？
5. 简述单效溴化锂吸收式制冷机的工作原理。
6. 简述双效溴化锂吸收式制冷机组的工作流程。
7. 热水型溴化锂冷水机组是如何工作的？
8. 直燃型溴化锂冷水机组由哪些部分组成？
9. 溴化锂吸收式制冷机的能量调节方法一般有哪些？

课题九　制冷系统的辅助设备

【知识目标】

了解制冷系统辅助设备的基本结构和作用。

【能力目标】

掌握制冷系统辅助设备的基本结构和工作参数。

【必备知识】

一、制冷系统辅助设备的结构与工作参数

（一）冷凝器的分类与工作参数

冷凝器按冷却方式不同可划分为水冷式、空气冷却式等类型。

1. 水冷式冷凝器

用于中央空调冷源机组的水冷式冷凝器结构主要有卧式壳管式和套管式。

（1）卧式壳管式冷凝器　卧式壳管式冷凝器的结构如图 2-84 所示。冷凝器采用水平放置，主要结构为钢板卷制成的筒体，筒体两端焊有固定冷却水管，冷却水管胀接或焊接在管板上。为提高冷却水在管内的流速，在冷凝器的端盖上设计有隔板，使冷却水在壳体内增加流程，快流速。

制冷剂蒸气从冷凝器壳体上部进入，与冷却水管中的冷却水进行热交换，并在冷却水管表面凝结为液体以后，汇集到冷凝器壳底部。

卧式壳管式冷凝器的冷却水进、出口设在同一端盖上，来自冷却塔的低温冷却水从下部管道流入，从上部管道流出，使冷却水与制冷剂进行充分地热交换。端盖的顶部设有排气旋塞，下部设有放水旋塞。上部的排气旋塞是在充水时用来排除冷却水管内的空气的，下部的放水旋塞是用来在冷凝器停止使用时，将残留在冷却水管内的水放干净，以防止冷却水管冻裂或被腐蚀。

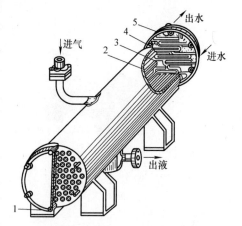

图 2-84　卧式壳管式冷凝器
1—放水闷头　2—冷凝管　3—管板
4—橡胶圈　5—端盖

卧式壳管式冷凝器的工作参数为：冷却氟利昂制冷剂时，冷却水流速为 1.8 ~ 3.0m/s；冷却水温升一般为 4 ~ 6℃，平均传热温差为 7℃，传热系数为 930 ~ 1593W/（m² · ℃）。

（2）套管式冷凝器　套管式冷凝器的结构如图 2-85 所示。它是在一根大直径的无缝钢管内套有一根或数根小直径的纯铜管（光管或直形外肋管），并弯制成螺旋形的一种冷凝器。

氟利昂制冷剂蒸气在套管空间内冷凝成为高压过冷液后从下部流出。冷却水由下部进入管内（与制冷剂逆向流动），吸收制冷剂蒸气放出的冷凝热以后从上部流出。由于冷却水在管内的流程较长，所以冷却水的进出口温差较大，约为 8 ~ 10℃。当水流速在 1 ~ 2m/s 时，传热系数为 900 ~ 1200W/（m² · ℃）。

2. 空气冷却式冷凝器

用于中央空调冷源机组的空气冷却式（又称风冷式）冷凝器主要用于制冷量小于 60kW 的中小型氟利昂机组。此种冷凝器的典型结构如图 2-86 所示。

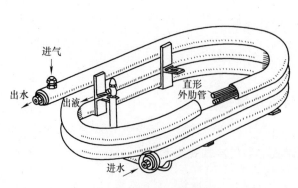

图 2-85　套管式冷凝器

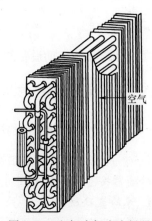

图 2-86　空气冷却式冷凝器

空气冷却式冷凝器一般用直径为 $\phi10mm\times0.7mm\sim\phi16mm\times1mm$ 的纯铜管弯制成蛇形盘管，在盘管上用钢球胀接或液压胀接上铝质翅片，采用集管并联的方式将盘管的进出口并联起来，使制冷剂蒸气从冷凝器上部的分配集管进入每根蛇形管，冷凝成液体后沿蛇形盘管流下，经集液管排出。

空气冷却式冷凝器的主要工作参数：当迎风面风速为 $2\sim3m/s$ 时，传热系数约为 $24\sim28W/(m^2\cdot℃)$，平均传热温差为 $10\sim15℃$，冷凝温度一般比空气温度高 $15℃$；空气进出口温差一般为 $8\sim10℃$；冷却盘管排数约为 $4\sim6$ 排。

（二）蒸发器的分类与工作参数

蒸发器是制冷剂与被冷却介质进行热交换的设备。按被冷却介质的不同，可分为两大类，即冷却液体的蒸发器和冷却空气的蒸发器。

1. 冷却液体的蒸发器

常用于中央空调冷源的冷却液体的蒸发器有两种形式，即卧式管壳式蒸发器和干式蒸发器。

（1）卧式管壳式蒸发器　卧式管壳式蒸发器是用来冷却（如水等）液体载冷剂的蒸发器。它的典型结构如图 2-87 所示。

卧式管壳式蒸发器的外壳是用钢板做成的筒体，两端焊有管板，管板上用胀接或焊接的方法将钢管或铜管管族固定在管板上。两端的端盖上设有分水隔板。载冷剂在管内流动，制冷剂在壳内管族间流动（管外流动）。载冷剂要在蒸发器内多次往返流动，一般流程为 $4\sim8$ 次，以达到与制冷剂间的充分热交换。载冷剂的进、出口设在同一个端盖上，载冷剂从端盖的下方进入，从端盖的上方流出。

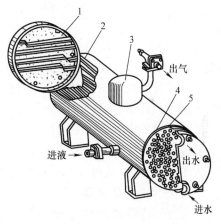

图 2-87　卧式管壳式蒸发器
1—端盖　2—蒸发管　3—集气室
4—管板　5—橡胶垫圈

经过节流后的低温低压液态制冷剂从蒸发器的下部进入，制冷剂的液面充满蒸发器内大部分空间，通常液面稳定在壳体直径的 $70\%\sim80\%$，因此，卧式管壳式蒸发器又称为满液式蒸发器。在工作运行时液面上只露 $1\sim3$ 排载冷剂管道，以便使制冷剂蒸气不断上升至液面，经过顶部的集气室（又称分液包），分离出蒸气中可能携带的液滴，成为干蒸气状态的制冷剂蒸气被压缩机吸回。

卧式管壳式蒸发器使用氟利昂为制冷剂时，多采用纯铜管作为载冷剂管道，其平均传热温差为 $4\sim8℃$，传热系数为 $465\sim523W/(m^2\cdot℃)$。载冷剂在管道内的流速一般为 $1\sim2.5m/s$。与冷凝器相比，蒸发器的传热系数要小些。

（2）干式蒸发器　干式蒸发器的结构如图 2-88 所示。

从外观上看，干式蒸发器与卧式管壳式蒸发器的结构相似，但也有不同之处：干式蒸发器中的制冷剂是在管道中流动的，而载冷剂则是在制冷剂管族间的蒸发器壳体内流动的。

经过节流后的低温低压制冷剂液体，从前端盖的下部进入蒸发器中的管道内，往返四个流程后，变成干饱和蒸气从端盖上方被压缩机吸回。

载冷剂由壳体上方的一端进入，从另一端流出。为了提高水流速度以强化传热，在蒸发

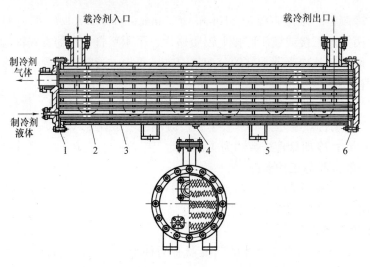

图 2-88　干式蒸发器
1、6—端盖　2—筒体　3—蒸发管　4—螺塞　5—支座

器的壳体内装有若干块圆缺形的折流板。全部折流板用三根拉杆固定，在相邻两块折流板之间的拉杆上装有等长度的套管，以保证折流板的间距。

与卧式管壳式蒸发器相比，干式蒸发器中制冷剂的充注量比较少，一般可减少80%～85%。制冷剂在蒸发过程中因为没有自由液面，所以称其为干式蒸发器。

干式蒸发器中的换热用铜管一般选用 $\phi(12\sim16)$ mm 的铜管。铜管分为光管和翅片管两种，其传热系数分别为 523～580W/（m²·℃）和 1000～1160W/（m²·℃）。当制冷剂在管内流速大于4m/s时，就可以保证将润滑油带回压缩机中。这一点要优于卧式管壳式蒸发器。

2. 冷却空气的蒸发器

中央空调冷源使用的冷却空气的蒸发器一般为表面式蒸发器。其构造如图2-89所示。

此种蒸发器的结构多为翅片盘管式，制冷剂在盘管内蒸发，空气在风机作用下从管外流动被冷却。盘管的材料为纯铜，直径一般为 $\phi9$ mm ×0.5mm～$\phi16$ mm×1.0mm，翅片的材料为铝片，其厚度一般为 0.15～0.30mm，片距为2.0～4.5mm。

蒸发器的入口处安装有分离器（俗称莲蓬头），其作用是保证液态制冷剂能够均匀地分配给各路盘管，以使蒸发器的所有部分都得到充分利用。

表面式蒸发器的传热系数比较低，当空气的迎风面风速为 2～3m/s 时，直接传热系数为 30～40W/（m²·℃）。

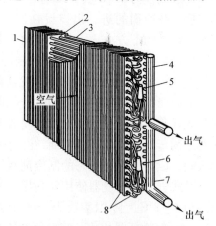

图 2-89　表面式蒸发器的构造
1—框架　2—肋片　3—蒸发管
4、7—集气管　5、6—供液分液器
8—毛细管

（三）液流指示器与油冷却器

1. 液流指示器

液流指示器又称视液镜，一般安装在氟利昂制冷系统高压段液体流动的管道上，用来显

示制冷剂液体的流动情况和制冷剂中含水量的情况。

根据功用的不同，液流指示器可分为单纯功能的液流指示器和具有液流指示及制冷剂含水量指示双重功能的液流指示器。当制冷压缩机运行，制冷系统正常工作时，可以从液流指示器中观察到制冷剂液体在管道中的流动情况，若在液流指示器中观察到有连续的气泡出现时，说明系统中制冷剂不足。目前，在制冷设备中大多使用的是称为含水量指示器的双重功能的液流指示器，其结构如图 2-90 所示。

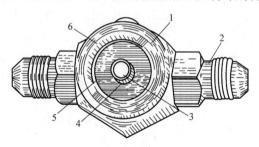

图 2-90　含水量指示器
1—壳体　2—管接头　3—纸质圆芯
4—芯柱　5—观察镜　6—压环

液流指示器指示制冷剂中含水量变化的原理是：在液流指示器中装有一个纸质圆芯，在圆芯上涂有金属盐类物质（氯化钴或溴化钴）化合物作为指示剂，含水量不同时，其指示剂显示的颜色会不同。

当制冷剂中的含水量在安全值以下时，指示剂呈现淡蓝色，表示制冷剂是干燥的；若指示剂呈现黄颜色时，则表示制冷剂中的含水量已超标，需要更换干燥过滤器中的干燥剂。

制冷剂中含水量与氯化钴或溴化钴指示剂的关系见表 2-11。

表 2-11　制冷剂中含水量与氯化钴或溴化钴指示剂的关系

制冷剂	液态制冷剂温度/℃	绿色（干燥）	黄绿（含有水分）	黄色（水分超标）
		水的质量分数/10^{-6}		
R12	24	<5	5～15	>15
	38	<10	10～30	>30
	52	<20	20～50	>50
R13	24	<30	30～90	>90
	38	<45	45～130	>130
	52	<60	60～180	>180

2. 油冷却器

压缩机机壳内的冷冻润滑油温度一般应限制在 80℃ 以下。因此，在中央空调冷源使用的大型压缩机中需要设置油冷却器对冷冻润滑油进行冷却。图 2-91 所示为水冷型油冷却器。

水冷型油冷却器的内部结构与干式蒸发器相似，冷却水的进、出口均设在端盖的一侧，冷却水下进上出。冷冻润滑油在管壳内流动，为提高润滑油流速，增强换热效果，在壳体内设有折流板。为了提高冷却能力，此种油冷却器也可以将冷却水换成制冷剂，利用制冷剂的蒸发将冷冻润滑油冷却。

油冷却器通常安装在压缩机曲轴箱或机壳底部，浸没在润滑油中使用。

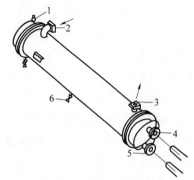

图 2-91　水冷型油冷却器
1—排空阀　2—进油管　3—出油管
4—出水管　5—进水管　6—排油阀

（四）节流机构的分类与工作原理

节流机构是制冷系统中的重要部件之一，它的作用是将冷凝器（或贮液器）中冷凝压力下的制冷剂液体节流后降至蒸发压力和蒸发温度，同时根据负荷的变化，调节进入蒸发器制冷剂的流量。

按使用中的调节方式不同，节流机构可分为手动调节的节流机构，即手动节流阀；蒸气过热度调节的节流机构，即热力膨胀阀；不用调节的节流机构，即自动膨胀阀、毛细管等。

1. 手动节流阀

手动节流阀又称手动调节阀或膨胀阀，用于干式蒸发器。图 2-92 所示为手动节流阀的结构。

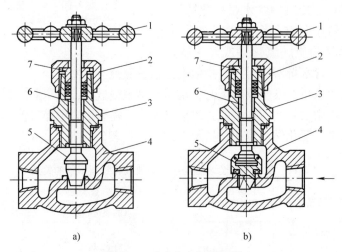

图 2-92 手动节流阀的结构
a）针形阀芯 b）V 形缺口锥体阀芯
1—手轮 2—上盖 3—填料函 4—阀体 5—阀芯 6—阀杆 7—填料压盖

手动节流阀是由阀体、阀芯、阀杆、填料函、压盖、上盖和手轮等零件组成的。手动节流阀的阀芯锥度较小，呈针状或 V 形缺口的锥体，以保证阀芯的升程与制冷剂流量之间保持一定的比例关系。阀杆采用细牙螺纹，以保证手轮转动时，阀芯与阀座间空隙变化平缓，便于调节制冷剂流量。

手动节流阀的使用方法：工作时其开启度随负荷的大小而定，通常开启度为手轮旋转 1/8 或 1/4 圈，一般不超过 1 圈，否则，开启度过大就起不到节流的作用。

2. 热力膨胀阀

热力膨胀阀是制冷系统中调节制冷剂流量的设备。它既对制冷剂进行节流，也自动调节向蒸发器的供液量。根据结构不同，热力膨胀阀可分为内平衡式和外平衡式两种。

内平衡式热力膨胀阀的结构如图 2-93 所示。

内平衡式热力膨胀阀主要由感温包、毛细管、膜片、阀座、传动杆、阀针及调节机构等组成。在感温包、毛细管和膜片之间组成了一个密闭空间，称为感应机构。感应机构内充注有与制冷系统工质相同的物质。

内平衡式膨胀阀安装在蒸发器的进液管上，感温包敷设在蒸发器出口管道上，用以感应蒸发器出口的过热温度，自动调节膨胀阀的开度。毛细管的作用是将感温包内的压力传递到膜片上部空间。膜片是一块厚约 0.1~0.2mm 的铍青铜合金片，通常断面冲压成波浪形。膜片在上部压力的作用下产生弹性变形，把感温信号传递给阀针，以调节阀门的开启度。

内平衡式热力膨胀阀的工作原理：蒸发器工作时，热力膨胀阀在一定开度下向蒸发器供应制冷剂液体。若某一时刻蒸发器的热负荷因某种原因突然增大，使其回气过热度增加，此时，膨胀阀感温包内压力增大，膜片上部压力上升，使膜片向下弯曲，并通过传动杆推动阀座带动阀针下行，使膨胀阀的节流孔开大，蒸发器的供液量随之增加，以满足热负荷增加的变化。反之，若蒸发器的负荷减小，使蒸发器出口制冷剂蒸气的过热度减小，感温包内压力也随之降低，膜片反向弯曲，在弹簧力的作用下，阀座带动阀针上行，将节流孔关小，蒸发器的供液量随之减少，以适应热负荷减小的变化。

外平衡式膨胀阀的结构如图 2-94 所示。

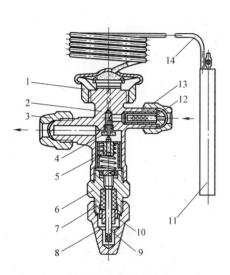

图 2-93　内平衡式热力膨胀阀的结构
1—气箱座　2—阀体　3、13—螺母　4—阀座
5—阀针　6—调节杆座　7—填料　8—阀帽
9—调节杆　10—填料压盖　11—感温包
12—过滤网　14—毛细管

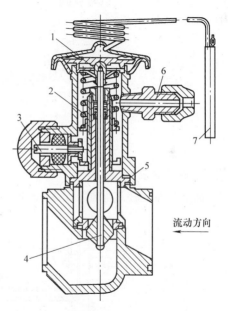

图 2-94　外平衡式热力膨胀阀的结构
1—阀杆螺母　2—弹簧　3—调节杆　4—阀杆
5—阀体　6—外平衡接头　7—感温包

外平衡式热力膨胀阀与内平衡式热力膨胀阀在结构上的主要区别是：作用在膜片下部的压力不是节流后的蒸发压力，而是通过外接平衡管将蒸发器出口端的压力引入传动膜片下部。由于外平衡式热力膨胀阀用在液流较大的制冷系统上，因此它采用圆锥形阀芯结构，而不是采用内平衡式膨胀阀的阀针形式。另外不同的是：在外平衡式膨胀阀的感温包内一般都填有吸附剂（活性炭或硅胶等），并在感温机构中充注 CO_2 气体。在感温包内填有吸附剂后，可以改善膨胀阀的工作性能，使气箱内的压力只随感温包内的温度变化而变化，而与毛细管所处的环境温度无关。

外平衡式热力膨胀阀的工作原理与内平衡式热力膨胀阀一样。外平衡式热力膨胀阀主要用于大型制冷系统蒸发压力损失较大的场合，如多用于中央空调冷源的蒸发器前的制冷装置上。

（五）过滤器与干燥过滤器

过滤器与干燥过滤器在制冷系统中的作用：为保证制冷设备安全运行，在制冷系统中常安装有过滤器和干燥过滤器。过滤器用于清除制冷剂中的机械杂质，如金属屑、焊渣、氧化皮等。过滤器分为气体过滤器和液体过滤器两种。气体过滤器安装在压缩机的吸气管路上或压缩机的吸气腔上，以防止机械杂质进入压缩机气缸。液体过滤器一般安装在热力膨胀阀前的液体管路上，以防止污物堵塞或损坏阀件。

1. 过滤器

氟利昂系统使用的过滤器是由网孔为 0.1 ~ 0.2mm 的铜丝网制成的。图 2-95 所示为氟利昂液体过滤器。它由一段无缝钢管作为壳体，壳体内装有铜丝网，两端的端盖用螺纹与壳体联接，再用锡焊接，以防泄漏。

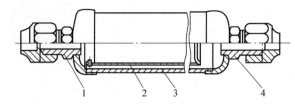

图 2-95　氟利昂液体过滤器
1—进液管接头　2—铜丝网　3—壳体　4—出液管接头

2. 干燥过滤器

干燥过滤器是在过滤器中充装一些干燥剂，其结构如图 2-96 所示。

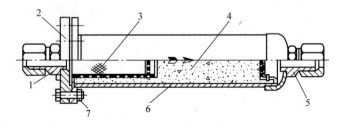

图 2-96　干燥过滤器
1—进液管接头　2—压盖　3—滤网　4—干燥剂　5—出液管接头　6—壳体　7—联接螺栓

干燥过滤器中使用的干燥剂一般为硅胶。干燥过滤器两端安装有丝网，并在丝网前或后装有纱布、脱脂棉等。干燥过滤器一般安装在冷凝器与热力膨胀阀之间的管路上，以便除去进入电磁阀、膨胀阀等阀门前液体中的固体杂质及水分，避免引起制冷系统的冰堵。

（六）制冷系统的阀门

1. 止回阀

止回阀的作用是在制冷系统中限制制冷剂的流动方向，使制冷剂只能单向流动，所以又称为单向阀。图 2-97 所示为常用止回阀的构造。

当制冷剂沿箭头方向进入时，依靠其自身压力

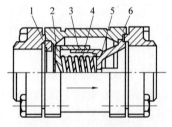

图 2-97　常用止回阀的构造
1—阀座　2—阀芯　3—阀芯座
4—弹簧　5—支承座　6—阀体

顶开阀芯而流动。反之，当制冷剂中断或呈反向流动时，阀门关闭。止回阀多装在压缩机与冷凝器之间的管道中，以防止压缩机停机后冷凝器或贮液器内的制冷剂倒流。

2. 截止阀

（1）截止阀的构造与作用　压缩机的吸排气口处安装有截止阀，俗称角阀。其结构如图2-98所示。

在阀体中设计有多用通道和常开通道。多用通道用来进行压缩机排空、充注制冷剂、补充冷冻润滑油或安装控制仪表等，常在压缩机操作、调整、检修时使用。图2-99所示为截止阀的工作状态图。

（2）截止阀的调整方法　顺时针转动阀杆2～3圈，截止阀各通道处于互通状态，称为全开状态。若顺时针转动阀杆至不动位置，截止阀处于关闭状态，但此时多用通道仍处于导通状态，使其连接的控制仪表仍能测试此时的系统参数。

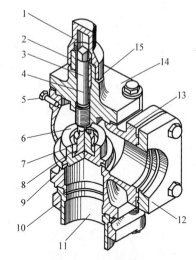

图2-98　大口径截止阀
1—阀帽　2—填料压紧螺钉　3—填料
4—阀杆　5—铜螺栓　6—阀盘　7—挡圈
8—填块　9—白合金层　10—法兰
11—法兰套　12—凹法兰座　13—阀体
14—阀座　15—填料垫圈

截止阀的阀杆与阀体之间装有耐油橡胶密封填料。使用中若沿阀杆有渗油或制冷剂泄漏现象，可将填料压紧螺钉紧固一下。若有时在开启或关闭时，感觉阀杆很紧，可先将填料压紧螺钉放松半圈至一圈，调整完毕后应将压紧螺钉重新紧固好，并拧紧阀帽。

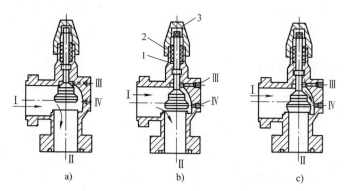

图2-99　截止阀的工作状态图
a）多用通道关闭　b）全开状态　c）关闭状态
1—阀杆　2—填料　3—阀帽
Ⅰ—接压缩机法兰　Ⅱ—接管道法兰　Ⅲ—多用通道　Ⅳ—常开通道

3. 安全阀

（1）安全阀在制冷系统中的作用　为防止制冷系统高压压力超过限定值而造成管道爆裂，需在制冷系统的管道上设置安全阀。这样，当系统中的高压压力超过限定值时，安全阀自动起动，将制冷剂泄放至低压系统或排至大气。

（2）安全阀的结构　图 2-100 所示为制冷系统中常用的安全阀。

安全阀主要由阀体、阀芯调节弹簧、调节螺杆等组成。安全阀的进口端与高压系统连接，出口端与低压系统连接。当系统中高压压力超过安全限定值时，高压气体自动顶开阀芯从出口排入低压系统。通常安全阀的开启压力限定值为：R12 制冷装置为 1.6 ~ 1.8MPa，R22 制冷装置为 2.0 ~ 2.1MPa。

【拓展知识】

二、蒸发式冷凝器

为了加强冷凝器的冷却效果，在中央空调冷源机组中还使用蒸发冷凝器。常用的蒸发冷凝器有吸风式和鼓风式两种，其结构如图 2-101 和图 2-102 所示。

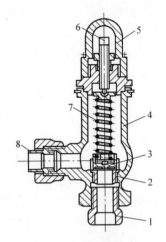

图 2-100　制冷系统常用的安全阀
1—接头　2—阀座　3—阀芯
4—阀体　5—阀帽　6—调节杆
7—弹簧　8—排出管接头

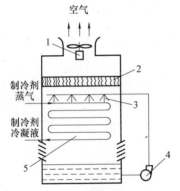

图 2-101　吸风式蒸发冷凝器
1—风机　2—挡水板　3—喷嘴
4—水泵　5—蛇形换热管

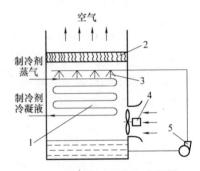

图 2-102　鼓风式蒸发冷凝器
1—蛇形换热管　2—挡水板
3—喷嘴　4—风机　5—水泵

蒸发冷凝器的冷凝过程是：制冷剂蒸气从冷凝器盘管的上部进入盘管中，冷凝后的液体制冷剂从盘管下部流出。冷凝器的盘管组装在一个由钢板制成的箱体内，箱体的底部作为水盘，水盘内用浮球阀保持一定的水位。冷却水由水泵送到冷凝器的盘管上部，经喷嘴喷淋在盘管的外表面上，在盘管表面上形成一层水膜。水膜在重力作用下向下流动，吸收了盘管内制冷剂的热量后，在流动空气的共同作用下，一部分变成了水蒸气被强迫流动的空气带走，其余的水沿着盘管流入水盘内，经水泵再送至喷嘴处循环使用。箱体上方的挡水板是用来阻挡空气中夹带的水滴，以减少水量损失的。

吸风式蒸发冷凝器与鼓风式蒸发冷凝器相比，鼓风式的使用效果要略好于吸风式。

蒸发冷凝器的主要工作参数：耗水量为水冷式冷凝器的 5% ~ 10%；风速一般为 3 ~ 5m/s；每 lkW 热负荷所需风量为 85 ~ 160m³/h，冷却水量为 50 ~ 80kg/h，补充水为循环水量的 5% ~ 10%。

【习题】

1. 卧壳管式冷凝器的结构有何特点？工作参数的要求有哪些？
2. 套管式冷凝器的结构有何特点？工作参数的要求有哪些？
3. 空气冷却式冷凝器的结构有何特点？工作参数的要求有哪些？
4. 卧式管壳式蒸发器为何又称为满液式蒸发器？
5. 干式蒸发器结构上的特点是什么？
6. 卧式管壳式蒸发器与干式蒸发器在工作原理上有何不同？
7. 表面式蒸发器入口处的分离器（莲蓬头）的作用是什么？
8. 液流指示器（视液镜）的作用是什么？它是如何指示水分超标的？
9. 内平衡式热力膨胀阀是如何进行节流工作的？
10. 过滤器与干燥过滤器在结构和作用上有何不同？
11. 截止阀有几种调节方法？每种调节方法可用来进行哪些维修操作？
12. 安全阀是如何起到保护作用的？

课题十　制冷系统的测控装置

【知识目标】

了解制冷系统各种测控装置的结构和工作原理。

【能力目标】

掌握制冷系统各种测控装置的使用和调节方法。

【必备知识】

一、制冷系统测控装置的结构和工作原理

（一）电磁阀的结构与工作原理

电磁阀是制冷系统或中央空调冷媒水系统中控制制冷剂液体或冷媒水自动通、断的阀门。

1. 电磁阀的作用

使用在制冷系统中的电磁阀通常安装在制冷系统管路中的的膨胀阀之前，并与压缩机同步工作。压缩机停机时，电磁阀关闭，使液体制冷剂不能继续进入蒸发器内，防止液体制冷剂进入压缩机气缸中，当压缩机再次起动时，造成"液击"故障。

电磁阀可分为直接作用式和间接作用式两种，使用在商业制冷设备中的电磁阀一般为直接作用式。

2. 直接作用式电磁阀的结构和工作原理

直接作用式电磁阀的构造如图 2-103 所示，它由阀体和电磁头两部分组成。当电磁头中的线圈通电时，线圈与衔铁产生感应磁场，衔铁带动阀针上移，阀孔被打开，流体正常流

动。当电磁头中线圈断电时，磁场消失，衔铁靠自重和弹簧力下落，阀针将阀孔关闭，流体停止流动。即所谓直接作用式电磁阀，就是利用电磁头中的衔铁直接控制阀孔的启闭。此种电磁阀的结构特点只适用于控制 $\phi3mm$ 以下的阀孔。

3. 电磁阀的选用与安装

（1）电磁阀的选用 一般应根据系统的流量选择合适接管口径的电磁阀，同时还要考虑其工作电压、适用的环境温度、工作压力等参数要求。

（2）电磁阀的安装 电磁阀安装时的要求是：电磁阀的阀体应与管道水平垂直，以保证电磁阀阀芯能轻松地上下运动；为保证电磁阀关闭时的严密性，要求系统中介质的流动方向应与电磁阀阀体上的标称方向一致；为防止电磁阀阀芯孔被脏堵，应在电磁阀前端安装过滤器；电磁阀阀体要固定在机组或支架上，以免发生振动造成系统的泄漏。

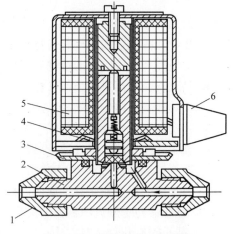

图 2-103　直接作用式电磁阀
1—螺母　2—接头和阀体　3—座板
4—衔铁　5—电磁线圈　6—接线盒

（二）温度式液位调节阀的结构与工作原理

在制冷系统中温度式液位调节阀用于控制满液式蒸发器、气液分离器等容器中的液位。图 2-104 所示为温度式液位调节阀。

温度式液位调节阀的工作原理：温度式液位调节阀在外观上酷似内平衡式膨胀阀，不同之处在于它的感温包内装有电加热器。工作时，感温包安放在容器内所要控制的液面高度处，感温包内的电加热器通电，对感温包进行加热。当容器内的液位上升，制冷剂液体接触到感温包时，感温包内的热量通过制冷剂液体逸散，感温包内的温度降低，造成感温包中的压力下降，阀开度变小或完全关闭。如果容器中的制冷剂液体液位下降到感温包位置以下，使感温包处于制冷剂蒸气中时，感温包中的热量较难逸散，使感温包内的温度升高，造成感温包中的压力上升，阀开度变大，系统的供液量增加。

（三）冷凝压力调节阀的结构与工作原理

冷凝压力调节阀的作用是在制冷系统运行时，将冷凝压力维持在正常范围内。制冷系统运行时，若冷凝压力过高，会引起制冷设备的损坏和功耗的增大；若冷凝压力过低，会增加蒸发器的制冷剂供液量，致使制冷系统不能正常工作，造成制冷量的大幅度下降。

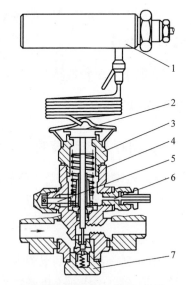

图 2-104　温度式液位调节阀
1—带有电加热器的感温包　2—热力头
3—连接件　4—阀体　5—设定件
6—外平衡管　7—节流孔组件

水冷式冷凝器的冷凝压力调节是通过调节冷却水的流量来实现的。按工作原理的不同，冷凝压力调节阀又分为温度控制的水量调节阀和压力控制的水量调节阀。

温度控制的水量调节阀又分为直接作用式和间接作用式两种。

1. 直接作用式温度控制的水量调节阀

直接作用式温度控制的水量调节阀（见图 2-105）的工作原理是：调节阀的温包安装在冷却水出口处，将冷却水的出水温度信号转变为压力信号，并通过毛细管将这一压力信号传递到波纹室，使波纹管在压力作用下变形，顶杆动作，并带动阀芯移动，改变阀口开度。当水温升高时，阀开大；水温降低时，阀关小。即根据冷却水温度的变化自动调节冷却水的流量，从而达到控制冷凝压力的目的。阀上手轮的作用是调节弹簧的张力，用以改变设定值。直接作用式温度控制的水量调节阀一般通径在 $\phi25$mm 以下。而通径在 $\phi32$mm 以上时，则采用间接作用式温度控制的水量调节阀。

2. 间接作用式温度控制的水量调节阀

间接作用式温度控制的水量调节阀的结构如图 2-106 所示。其工作原理是温包安装在冷却水出口处，将冷凝器的出水温度信号转变为压力信号，控制导阀阀芯启闭。当温度升高时，导阀阀孔打开，主阀活塞上腔的来自冷却塔的高压水经内部通道泄流到阀的出口侧，使活塞上腔压力降为阀下游压力，于是活塞在上下水流压力差的作用下被托起，主阀打开；当温度下降时，导阀阀孔关闭，活塞上下侧流体压力平衡，活塞依靠自重落下，主阀关闭。根据冷却水温度的变化，自动调节向冷凝器的供水量，从而达到控制冷凝压力的目的。

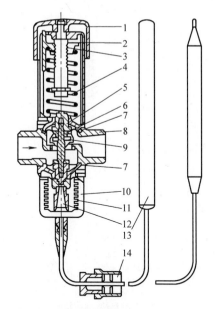

图 2-105　温度控制的水量调节阀（直接作用式）
1—手轮　2—弹簧室　3—设定螺母　4—弹簧
5—O 形圈　6—顶杆　7—膜片　8—阀体　9—阀芯
10—波纹室　11—波纹管　12—压力顶杆
13—温包　14—毛细管连接密封件

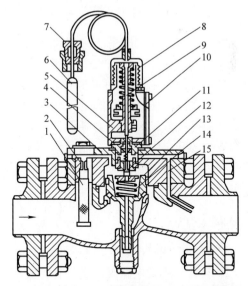

图 2-106　温度控制的水量调节阀（间接作用式）
1—过滤网　2—控制孔口　3—阀盖　4、10—密封垫
5—罩壳　6—温包　7—连接及密封件　8—波纹管
9—压杆　11—导阀组件　12—导阀阀芯
13—活塞（主阀）　14—弹簧　15—内部通道

3. 压力控制的水量调节阀

压力控制的水量调节阀是直接用冷凝压力作为控制信号来进行阀的开启控制的，其工作原理与温度控制的水量调节阀相同。在结构上，压力控制的水量调节阀也有直接作用式（见图 2-107）和间接作用式（见图 2-108）两种。

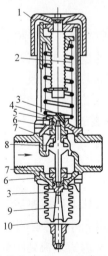

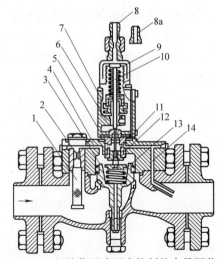

图2-107 直接作用式压力控制的水量调节阀
1—手轮 2—弹簧室 3—导套 4—弹簧顶板
5—O形圈 6—导套止动件 7—膜片 8—阀板
9—顶柱 10—波纹室

图2-108 间接作用式压力控制的水量调节阀
1—过滤网 2—控制孔口 3—活塞 4—主阀盖 5—密封垫
6—罩壳 7—调节螺母 8、8a—引压接口 9—波纹管 10—顶壳
11—导阀组件 12—导阀芯 13—弹簧 14—旁流通道

【拓展知识】

二、能量调节阀的结构与工作原理

能量调节阀在制冷系统中主要作为旁通型能量调节装置。它安装在连接压缩机排气侧与吸气侧的旁通管道上。直接作用式能量调节阀的典型结构如图2-109所示。

直接作用式能量调节阀的工作原理是：当压缩机运行时，负荷降低，吸气压力降低，当吸气压力降低到能量调节阀的开启设定值时，能量调节阀开启，压缩机的排气有一部分旁通到系统的低压侧，使压缩机在低负荷时仍能维持运行所需要的吸气压力而继续运行。

【习题】

1. 直接作用式电磁阀是如何工作的？
2. 直接作用式电磁阀的安装有何要求？
3. 温度式液位调节阀是如何工作的？
4. 直接作用式温度控制的水量调节阀是如何工作的？
5. 压力控制的水量调节阀是如何工作的？

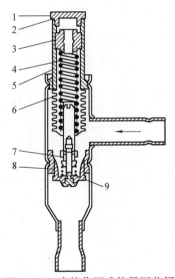

图2-109 直接作用式能量调节阀
1—护盖 2—密封垫 3—设定螺钉
4—主弹簧 5—阀体 6—平衡波纹管
7—阻尼机构 8—阀座 9—阀板

课题十一 中央空调的冷却水系统

【知识目标】

了解冷却塔的结构和相关技术术语。

【能力目标】

掌握冷却塔的技术术语和冷却原理。

【必备知识】

一、冷却水系统的供水方式与参数

中央空调冷却水系统是指从制冷压缩机的冷凝器出来的冷却水经水泵送至冷却塔，冷却后的水从冷却塔靠位差在重力作用下自流至冷凝器的循环水系统。

冷却水系统常用的水源有地面水、地下水、海水、自来水等。

（一）冷却水系统的供水方式

冷却水系统的的供水方式一般可分为直流式、混合式和循环式三种。

1. 直流式冷却水系统

在直流式冷却水供水系统中，冷却水经冷凝器等用水设备后，直接就近排入下水道或用于农田灌溉，不再重复使用。这种系统的耗水量很大，适宜用在有充足水源的地方。

2. 混合式冷却水系统

混合式冷却水系统如图2-110所示。

混合式冷却水系统的的工作过程是，从冷凝器中排出的冷却水分成两部分，一部分直接排掉，另一部分与供水混合后循环使用。混合式冷却水系统一般适用于使用地下水等冷却水温度较低的场所。

3. 循环式冷却水系统

循环式冷却水系统的工作过程是，冷却水经过制冷机组冷凝器等设备吸热而升温后，将其输送到喷水池和冷却塔，利用蒸发冷却的原理，对冷却水进行降温散热。

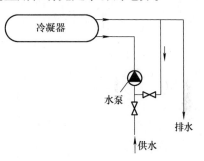

图2-110　混合式冷却水系统

（二）冷却水的参数

冷却水系统工作时，主要应考虑水温、水质和水压等参数是否合乎要求。

1. 冷却水水温

为了保证冷凝压力在压缩机工作允许的范围内，冷却水的进水温度一般不应高于表2-12中的数值。

表2-12　冷却水水温

设备名称	进水温度/℃	出水温度/℃
压缩机	10～32	≤45
冷凝器	≤32	≤35
小型空调机组	≤30	≤35

2. 冷却水水质

冷却水对水质的要求幅度较宽。对于水中的有机物和无机物，不要求完全清除，只要求控制其数量，防止微生物大量生长，以避免其在冷凝器或管道系统形成积垢或将管道堵塞。

3. 冷却水水压的要求

冷却水的工作压力是根据制冷机组和冷却塔的配置情况而定的，一般应控制在 0.3 ~ 0.6MPa 范围内。

二、冷却塔的结构与术语

冷却塔是利用空气的强制流动，将冷却水部分汽化，带走冷却水中的一部分热量，而使水温下降得到冷却的专用的冷却水散热设备。在制冷设备的工作过程中，从制冷机的冷凝器中排出的高温冷却循环水通过水泵送入冷却塔，依靠水和空气在冷却塔中的热湿交换，使其降温冷却后循环使用。按我国行业的不同分类方法，冷却塔可分为以下几种类型：

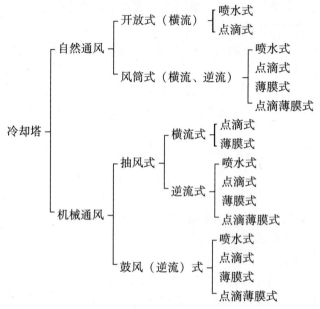

1. 冷却塔的技术术语

（1）冷却度　冷却度是指水流经冷却塔前后的温差。它等于进入冷却塔的热水与离开冷却塔的凉水之间的温度差。

（2）冷却幅度　冷却幅度是指冷却塔出水温度同环境空气湿球温度之差。

（3）热负荷　热负荷是指冷却塔每小时"排放"的热量值。热负荷等于循环水量乘以冷却度。

（4）冷却塔压头　冷却塔压头是指冷却水由塔底提升到顶部并经喷嘴所需要的压力。

（5）漂损　漂损是指水以细小的液滴形式混杂在循环空气中而造成的少量损失。

（6）泄放　泄放是指连续或间接地排放少量循环水，以防止水中化学致锈物质的形成和浓缩。

（7）补给　补给是指为替补蒸发、漂损和泄放所需补充的水量。

（8）填料　填料是指冷却塔内使空气和水同时通过并得到充分接触的填充物，有膜式、片式、松散式、飞溅式之分。

（9）水垢抑制剂　水垢抑制剂是指为防止或减少在冷却塔中形成硬水垢而添加在水中的化学物质，常用的有磷酸盐、无机盐、有机酸等。

（10）防藻剂　防藻剂是指为抑制在冷却塔中生成藻类植物而添加在水中的化学物质，常用的有氯、氯化苯酚等。

2. 自然通风冷却塔的特点

1）开放式冷却塔中的水被冷却的条件与喷水冷却池相似，冷却效果主要取决于风力和风向，适用于气候干燥、有较大和稳定的风速的场合。

2）开放点滴式冷却塔由于有淋水装置，冷却能力比开放式冷却塔高，冷却水量在 $500m^3/h$ 以下。

3）塔式（风筒式）冷却塔中的水冷却，是靠塔内外空气密度差所造成的通风抽力进行的水与空气的热湿交换，效果较为稳定。

3. 机械通风冷却塔的特点

机械通风冷却塔是依靠风机强迫通风使水冷却的，可分为顺流式和逆流式两种，应用最多的是逆流式冷却塔。

机械通风逆流式冷却塔的典型结构如图 2-111 所示。

逆流式冷却塔主要由塔体、风机叶片、电动机、风叶减速器、旋转配水器、淋水装置、填料、进出水管系统和塔体支架等组成。塔体一般由上、中塔体及进风百叶窗组成。塔体材料为玻璃钢。风机为立式全封闭防水电动机，圆形冷却塔的风叶直接装于电动机轴端。而对于大型冷却塔风叶，则采用减速装置驱动，以实现风叶平稳运转。布水器一般为旋转式，利用水的反冲力自动旋转布水，使水均匀地向下喷洒，与向上或横向流动的气流充分接触。大型冷却塔为了布水均匀和旋转灵活，布水器的转轴上安装有轴承。

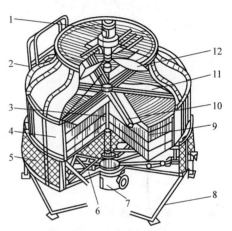

图 2-111　逆流式冷却塔
1—电动机　2—梯子　3—进水立管
4—外壳　5—进风网　6—集水盘
7—进出水管接头　8—支架　9—填料
10—旋转配水器　11—挡水板　12—风机叶片

【拓展知识】

三、水泵结构与工作原理

在空调的供、回水系统输送冷、热媒水和冷却水的系统中，普遍使用的水泵有离心式和轴流式两种。

（一）离心式水泵

1. 离心式水泵的基本结构

离心式水泵的基本结构如图 2-112 所示。

水泵的叶轮一般由两个圆形盖板组成，盖板之间有若干片弯曲的叶片，叶片之间的槽道为过水的叶槽，如图 2-113 所示。

2. 离心式水泵的工作过程

离心式水泵叶轮的前盖板上有一个圆孔，即叶轮的进水口，它装在泵壳的吸水口内，与水泵吸水管路连通。离心泵在起动之前，要先用水灌满泵壳和吸水管道，然后，起动电动机带动叶轮和水作高速旋转运动，此时，水受到离心力作用被甩出叶轮，经蜗形泵壳中的流道而流入水泵的压力管道，由压力管道而输入管网中去。与此同时，水泵叶轮中心处由于水被甩出而形成真空，集水池中的水便在大气压力的作用下，沿吸水管源源不断地被吸入到泵壳内，又受到叶轮的作用被甩出，进入压力管道，形成了离心泵的连续输水过程。

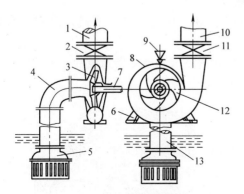

图 2-112 离心式水泵的构造
1、10—压水管 2、11—闸阀
3、12—叶轮 4、13—吸水管
5—底阀 6—泵座 7—泵轴
8—泵壳 9—灌水漏斗

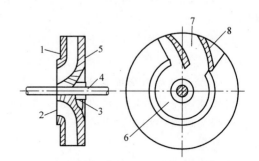

图 2-113 离心式水泵的叶轮
1—前盖板 2、6—吸水口
3—轮毂 4—泵轴 5—后盖板
7—叶槽 8—叶片

（二）轴流式水泵

轴流式水泵的外形很像一根水管，泵壳直径与吸水口直径差不多，既可垂直安装（立式）和水平安装（卧式），也可倾斜安装（斜式），较方便。轴流式水泵主要由以下部件组成：

1. 吸入管

轴流式水泵的吸入管，一般采用流线型的喇叭管或做成流道形式。

2. 叶轮

叶轮可分为固定式、半调式和全调式三种。

固定式轴流泵的叶片与轮体毂铸成一体，特点是叶片安装角度不能调节。

半调式轴流式水泵的叶片用螺母栓紧在轮毂体上，在叶片的根部上刻有基准线，而在轮毂体上刻有几个相应的安装角度的位置线。在使用过程中，如工况发生变化需要进行调节时，可把叶轮卸下来，将螺母松开转动叶片，使叶片的基准线对准轮毂体上的某一要求的角度线，然后再把螺母拧紧，装好叶轮即可。

3. 导叶

轴流式水泵中导叶的作用就是把叶轮中向上流出的水流旋转运动变为轴向运动。导叶是固定在泵壳上不动的，水流经过导叶时就消除了旋转运动，把旋转的动能变为压力能。

4. 轴

泵轴是用来传递转矩的。在大型轴流泵中，为了在轮毂体内布置调节、操作机构，泵轴常做成空心轴，里面安置调节操作油管。

5. 密封装置

轴流式水泵出水弯管的轴孔处需要设置密封装置，通常采用压盖填料型的密封装置。

【习题】

1. 冷却水系统常用的水源有哪些?
2. 冷却水系统的直流式、混合式和循环式三种供水方式有何不同?
3. 冷却水的参数都有哪些?
4. 冷却度与冷却幅度有什么不同?
5. 水垢抑制剂的作用是什么?常用的水垢抑制剂有哪些?
6. 防藻剂是做什么用的?
7. 自然通风冷却塔有何特点?
8. 机械通风逆流式冷却塔主要由哪些部件组成?
9. 布水器是如何进行布水的?

课题十二 中央空调的冷媒水系统

【知识目标】

了解中央空调冷媒水系统的组成和参数要求。

【能力目标】

掌握冷媒水系统中设备的结构与参数要求。

【必备知识】

一、冷媒水系统

(一)冷媒水系统的供水方式

空气调节系统中冷媒水系统的供水方式分为开式系统和闭式系统两种。

开式冷媒水系统的工作流程如图 2-114 所示。

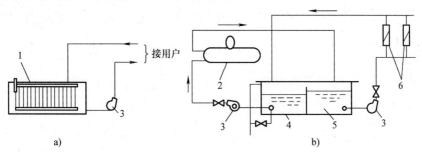

图 2-114 开式冷媒水系统的工作流程
1—水箱式蒸发器 2—卧式壳管式蒸发器 3—水泵
4—冷媒水回水箱 5—冷媒水供水箱 6—空气处理设备

图 2-114 中 a 是开式冷媒水系统的供水方式采用水箱式蒸发器的系统图,图 2-114b 是开式冷媒水系统的供水方式采用卧式壳管式蒸发器的系统图。

开式系统的特点是系统中有水箱，有较大的水容量。因此，水温比较稳定，蓄冷能力大，也不易冻结。但由于冷媒水的水面与空气大面积接触，因此系统中的冷媒水易具有较强的腐蚀性。

闭式冷媒水系统的工作流程如图 2-115 所示。

闭式冷媒水供水方式系统中的载冷剂基本上不与空气接触，对管路设备的腐蚀较小；水容量比开式系统的小；系统中设有膨胀水箱。

冷媒水系统供冷的特点是，冷量可以进行远距离输送；冷媒水的温度比较稳定；空调系统温度控制比较精确。

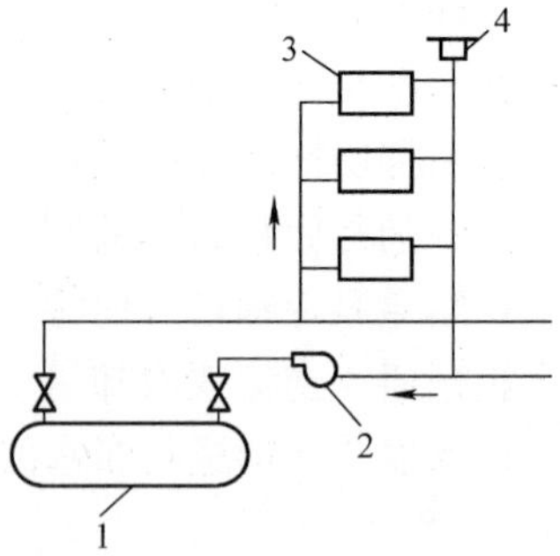

（二）冷媒水系统的回水方式

冷媒水系统的回水方式分为重力式回水系统和压力式回水系统两种。

1. 重力式回水系统

当空气调节处理装置与冷冻站有一定的高度差，

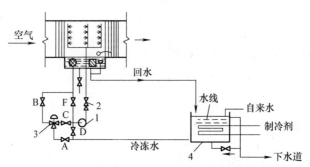

图 2-115　闭式冷媒水系统的工作流程
1—集水器　2—水泵
3—风机　4—膨胀水箱

且彼此相距较近时，一般采用重力式回水系统，使回水借助重力自流回冷冻站。重力式冷媒水回水系统如图 2-116 所示。

图 2-116　重力式冷媒水回水系统
1—水泵　2—止回阀　3—三通混合阀　4—蒸发器

重力回水方式的特点是，结构简单，在使用立式蒸发器时还可以不用设置回水泵；调节方便，工作稳定可靠。

2. 压力式回水系统

压力式回水系统是指利用回水泵加压以克服系统的高差和管道的沿程阻力，将回水压送至冷冻站的回水系统。

压力式回水系统可分为敞开式和封闭式两种。

（1）敞开式压力回水系统　敞开式压力回水系统如图 2-117 所示。

当空气调节处理装置用喷淋水室时，由于喷淋水室底池要求保证一定的水位，不能直接

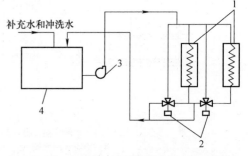

图 2-117　敞开式压力回水系统（配表冷器）
1—表面式空气冷却器　2—三通阀
3—冷冻水泵　4—立式冷水箱

抽取底池回水，因此，要设置回水箱。设有回水箱的敞开式压力回水系统如图 2-118 所示。

　　喷淋水室底池的水自流到回水箱中，再由回水泵压送到冷冻站。回水箱的位置通常靠近喷淋水室，一般设置在空调机房内。

　　（2）封闭式压力回水系统　封闭式压力回水系统的结构如图 2-119 所示。

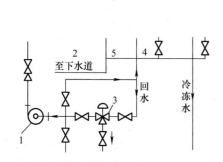

图 2-118　设置回水箱的敞开式压力回水系统
1—喷水泵　2—回水管　3—三通混合阀
4—蒸发水箱回水管　5—水箱回水管

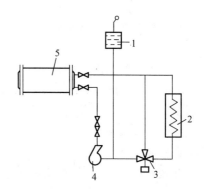

图 2-119　封闭式压力回水系统
1—膨胀水箱　2—表面式空气冷却器
3—三通阀　4—冷冻水泵　5—壳管式蒸发器

　　封闭式压力回水系统与敞开式回水系统比较，其结构比较简单，冷量损失比较少；由于在系统的最高点设置了膨胀水箱，整个系统均充满了水；冷媒水泵不需克服水柱的静压力，仅需克服系统的摩擦阻力，减少了水泵的功率消耗。

二、冷媒水系统中设备的结构与参数要求

1. 冷媒水系统中设备的结构

冷媒水系统中的设备主要有膨胀水箱、集水器和分水器。

采用闭式冷媒水供水方式的系统中设有膨胀水箱，其作用是在水温升高时容纳水膨胀增加的体积和水温降低时补充水体积缩小的水量，同时也有放气和稳定系统压力的作用。在中央空调系统中，一般采用开启式膨胀水箱。膨胀水箱配管的布置和连接如图 2-120 所示。

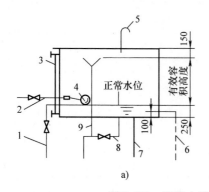
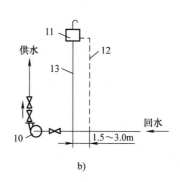

a)　　　　　　　　　　　　　　b)

图 2-120　膨胀水箱配管的布置和连接
1—信号管　2—补给水管（自动）　3—水位计　4—浮球　5—通气管　6、12—循环管
7、13—膨胀管　8—排污管　9—溢流管　10—水泵　11—膨胀水箱

为保证膨胀水箱和水系统正常工作，膨胀水箱连接管应安装在膨胀水箱水泵的吸入侧，水箱标高至少应高出系统最高点 1m。

膨胀水箱容积的确定方法：膨胀水箱的容积是由系统中水容量和最大的水温变化幅度决定的，一般可用下式计算，即

$$V_p = \alpha \Delta t V_s$$

式中　V_p——膨胀水箱有效容积，即由信号管到溢流管之间高度差内的容积（m^3）；

　　　α——水的体胀系数，$\alpha = 0.0006℃^{-1}$；

　　　Δt——最大的水温变化值（℃）；

　　　V_s——系统内的水容量（m^3），即系统中管道和设备内存水量的总和。

膨胀水箱上的配管主要有膨胀管、信号管、补给水管、溢流管和排污管等。膨胀水箱的箱体要做保温，并设盖板。为防止冬季供暖时水箱结冰，在膨胀水箱上接出一根循环管，把循环管与膨胀管接在同一水平管路上，使膨胀水箱中的水在两连接点压差的作用下始终处于缓慢流动状态。

在集中供冷、供热的中央空调系统中，为了有利于各空调分区的流量分配和调节及系统的维修和操作，一般要设置集水器和分水器。

集水器和分水器的结构如图 2-121 所示。

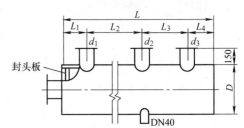

图 2-121　集水器和分水器的结构

在空调系统的实际运行中，集水器和分水器出口处冷、热媒水的流速一般应控制在 $0.5 \sim 0.8 m/s$ 为宜。

2. 冷媒水系统的参数要求

中央空调系统中的冷媒水日常管理工作相对比较简单，主要是要处理冷媒水对金属的腐蚀问题，一般可以通过选用缓蚀剂的方法予以解决。

冷媒水一般为闭式系统，一次投药可以维持较长的时间，中央空调冷（热）媒水水质参数要求，可参考表 2-13。

表 2-13　中央空调冷（热）媒水水质指标

项目	单位	冷媒水	热媒水
pH	—	$8.0 \sim 10.0$	$8.0 \sim 10.0$
总硬度	kg/m^3	<0.2	<0.2
总溶解度	kg/m^3	<2.5	<2.5
浊度	NTU	<20	<20
总铁离子	kg/m^3	$<2 \times 10^{-3}$	$<2 \times 10^{-3}$
总铜	kg/m^3	$<2 \times 10^{-4}$	$<2 \times 10^{-4}$
细菌总数	m^3	$<10^9$	$<10^9$

中央空调冷（热）媒水水质和水处理药剂的参数要求，可参考表 2-14。

表 2-14　中央空调冷（热）媒水处理药剂的参数要求

项目	单位	冷媒水	热媒水
钼酸盐(以 MoO_4^{2-} 计)	kg/m^3	$(3\sim5)\times10^{-2}$	$(3\sim5)\times10^{-2}$
钨酸盐(以 WoO_4 计)	kg/m^3	$(3\sim5)\times10^{-2}$	$(3\sim5)\times10^{-2}$
亚硝酸盐(以 NO_2^- 计)	kg/m^3	$\geqslant0.8$	$\geqslant0.8$
聚合磷酸盐(以 PO_4^{3-} 计)	kg/m^3	$(1\sim2)\times10^{-2}$	$(1\sim2)\times10^{-2}$
硅酸盐(以 SiO_2 计)	kg/m^3	<0.12	<0.12

【习题】

1. 开式冷媒水系统有何特点？
2. 闭式冷媒水系统有何特点？
3. 重力式回水系统有何特点？
4. 压力式回水系统有何特点？
5. 膨胀水箱的作用是什么？如何计算膨胀水箱容水量？
6. 集水器和分水器的作用是什么？

第三单元 中央空调系统的安装与运行管理

课题一 中央空调系统的检测设备

【知识目标】

了解中央空调系统检测设备的作用和工作原理。

【能力目标】

掌握中央空调系统检测设备的使用方法。

【必备知识】

一、中央空调系统检测设备的结构和工作原理

(一)温度测量仪表及其使用方法

通常使用的温度测量仪表有液体温度计、金属液体温度计、双金属温度计。

1. 液体温度计

液体温度计又称玻璃管液体温度计和棒式温度计。液体温度计是用玻璃毛细管和感温包内充注水银或酒精制成的。充注水银的称水银温度计；充注酒精的称酒精温度计。液体温度计是利用玻璃管内的液体受热膨胀、遇冷收缩产生体积变化，使与感温包相通的毛细管中液位发生变化来工作的。

液体温度计由温包、毛细管、膨胀泡、玻璃管及标尺组成，如图 3-1 所示。

液体温度计在构造上有棒式和内标式两种。两者的不同点是：棒式温度计的标尺直接刻在玻璃棒表面；内标式温度计是将乳白色玻璃板标尺嵌装在玻璃套或金属套管中。液体温度计的测量范围因内装液体不同而异。水银温度计的测量范围一般为 $-30 \sim 60℃$；酒精温度计的测量范围一般为 $-100 \sim 75℃$。其分度值有 $1℃$，$0.5℃$，$0.2℃$ 和 $0.02℃$，$0.01℃$ 等几种。以 $0.02℃$ 和 $0.01℃$ 分度的温度计，只用于校正其他温度计或进行高精度测量。在空调系统测定工作中，一般选用 $0 \sim 50℃$ 或 $0 \sim 100℃$ 的水银温度计。

使用液体温度计时要注意以下几个要求：

1）根据测量范围和测量精度要求选取相应分度值的温度计，并要事前进行校验。

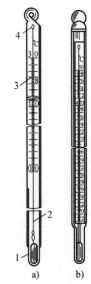

图 3-1 液体温度计
a）棒式 b）内标式
1—温包 2—毛细管
3—标尺 4—膨胀泡

2）测量温度时，人体要与温度计拉开一些距离，读数时要屏住呼吸，视线与水银液面及标尺线平行，先读小数，后读整数。

3）由于水银温度计的热惰性较大，在使用时应提前 15min 左右将温度计放入被测介质中。

2. 金属液体温度计

液体温度计的另一种形式是金属液体温度计，又称为压力温度计。它的温包和毛细管是用金属制成的。毛细管的一端与波登压力计相连，另一端与温包相连，三者的空腔内充满液体（或气体）。当温包感受的温度发生变化时，其内部的液体体积膨胀或收缩，迫使波登管受压变形，并借指针指示出温度读数。这种温度计的特点是温包坚固，而且可以根据需要，确定毛细管长度，从而可以进行远距离测量。金属液体温度计的结构如图 3-2 所示。

3. 双金属温度计

双金属温度计是一种固体膨胀式温度计。它利用两种膨胀系数相差很大的金属材料复合制成金属带，受热后使金属带向膨胀系数小的一侧弯曲，弯曲度的大小反映被测温度的高低。其原理如图 3-3 所示。

图 3-4 所示为双金属自记温度计的外形。它是由双金属片感温元件、自记钟、记录笔等组成的自动温度记录仪。

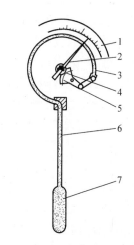

图 3-2　金属液体温度计
1—标尺　2—指针
3—波登管　4—中心
5—扇形齿轮　6—毛细管　7—温包

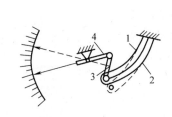

图 3-3　双金属温度计的原理
1—金属片（有较大膨胀系数）
2－金属片（有较小膨胀系数）
3—杠杆　4—记录笔

图 3-4　双金属自记温度计
1—按钮　2—自记钟　3—记录笔
4—调节螺钉　5—双金属片　6—笔挡手柄

双金属温度计的自记钟机构，使记录纸随滚筒旋转，自动记录一天或一周的空气温度。

双金属自记温度计的使用方法如下：

1）使用双金属自记温度计时要水平放置，不能放在热源附近或门、窗口处，要放在房间有代表性的位置上。测定室外温度时，不能放在阳光直射处，要放在百叶窗气象盒中进行测量。

2）使用双金属自记温度计时记录纸要摆正，用金属条压紧在记录筒上。

3）使用双金属自记温度计时记录笔要调整好位置，与记录纸接触的松紧度要适当，加足墨水。在记录纸上填好月、日、时，然后上足自记钟发条。

4）双金属自记温度计的测量范围为 $-35 \sim +40$℃。每次使用双金属自记温度计前，要用 0.1℃ 分度的水银温度计进行对比校正，如有误差，可通过调整调节螺钉来校正。校正时，一次调整差值的 2/3，逐渐校准。

5）双金属自记温度计的双金属片应保持清洁，不准用手触摸。除了调节螺钉，双金属自记温度计上的其他螺钉不得松动。

6）若双金属自记温度计的自记钟走时不准，每天误差超过 10min，可打开记录筒上的调节孔进行调节。

（二）相对湿度测量仪表及其使用方法

1. 普通型固定式干湿球温度计

普通型固定式干湿球温度计是将两个相同的水银温度计固定在一块平板上，其中，一个温度计的温包上缠有一直保持湿润状态的纱布，作为湿球温度计；另一个温度计的温包直接露在空气中，作为干球温度计。其结构如图 3-5 所示。

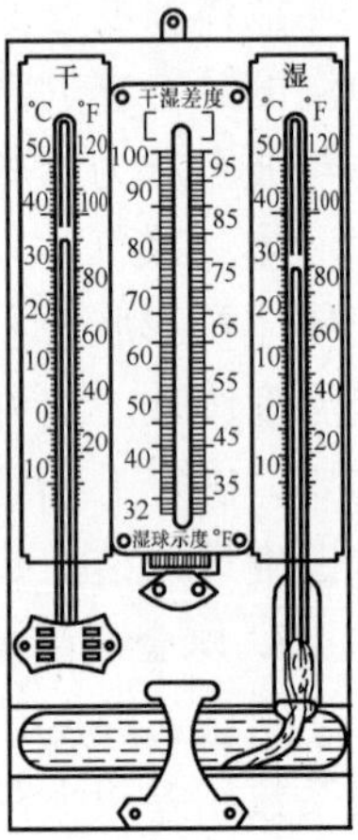

普通型固定式干球温度计测量相对湿度的原理是：由于湿球温度计温包上包裹了湿纱布，水分不断蒸发，使温包表面温度降低，其值一般会低于干球温度。干湿球温度的差值大小与空气相对湿度的高低有关，

图 3-5 普通型固定式干湿球温度计

两者的差值越大，相对湿度就越小，空气就越干燥，反之，相对湿度越大，空气越湿润。由于通过湿球温包处的空气流速很小（小于 0.5m/s），因此在实际使用中不能根据干湿球温度直接读出空气的相对湿度值，而必须使用专门制作的相对湿度查算表。查算表一般附在固定式干湿球温度计的平板上。

在使用普通型固定式干湿球温度计时，一般提前 30min 将其悬挂于空调房间的某一空气流通的固定位置上进行测量。这种温度计结构简单，价格便宜，但测量精度稍差，一般多用于测量精度要求不高的场所。

测量时人体要与温度计拉开一些距离，读数时要屏住呼吸，视线与干湿球温度计的酒精液及标尺线平行，先读小数，后读整数。然后以湿球温度值为读数点，在相对湿度查算表上读出相对湿度值。

2. 通风式干湿球温度计

通风式干湿球温度计是由两个精确度（0.1℃ 或 0.2℃）较高的水银温度计组成的：一支称为干球温度计；另一支称为湿球温度计。在两个温度计上部装有一个电动或机械（发条）驱动的小风扇，通过导管使气流以等于或小于 2.5m/s 的速度通过两个温度计的温包。温包的四周装有金属保护套管，以防止辐射热对它的影响。

通风式干湿球温度计如图 3-6 所示。这种温度计测量精度较高，可以用它来校正测湿仪表。

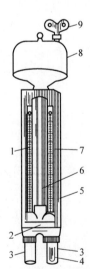

图 3-6 通风式干湿球温度计
1、7—水银温度计
2—塑料箍　3、5—外护管
4—内管　6—金属总管
8—风扇外壳　9—钥匙

通风式干湿球温度计的使用方法如下：

1）通风式干湿球温度计的湿球纱布应保持松软和清洁，纱布应有良好的吸水性，表面应无气泡，并经常更换纱布。

2）湿球纱布要保持湿润，但水量不要加得太多。干球温包上不要有水。

3）为避免测量误差，在进行测量时，应提前将通风式干湿球温度计放入测量地点，夏季要提前15min以上时间，冬季要提前30min以上时间。纱布应在正式观测前适当进行湿润，夏季在观测前4min进行湿润，冬季在观测前15min进行湿润。但要注意冬季进行观测时，纱布上不能留有薄冰。

4）机械通风式干湿球温度计，在上紧发条2~4min后才可以读数。读数时要先读小数，后读整数。

5）在有风的情况下进行测量时，人应站在下风向。在室外进行测量时，若风速超过3m/s时，要将通风式干湿球温度计的挡风套套在其风扇外壳的迎风面上。

6）使用通风式干湿球温度计时要避免倾斜角超过45°，更不能将其倒立使用。

3. 毛发湿度计

毛发湿度计是利用脱油毛发随环境湿度的变化而改变其长度的原理制成的一种测量空气湿度的仪器，其形式有指针式和自记式两种。

图3-7所示为指针式毛发湿度计。它将一根脱油毛发的一端固定在金属架上，另一端与杠杆相连。当空气的相对湿度发生变化时，毛发会随其发生伸长或缩短的变化，牵动杠杆机构动作，带动指针沿弧形刻度尺移动，指示出空气的相对湿度值。

由于在与毛发相连的机构中存在轴摩擦时会影响它的正确指示，因此，在使用时要先将指针推向使毛发放松的状态，再让它自然复位，观察指示值是否有复现性。平时要保持毛发清洁，如果毛发不干净，可用干净的毛笔蘸蒸馏水轻轻刷洗。再次使用前也要用毛笔蘸蒸馏水洗刷毛发束，使其湿润。若要移动时，动作要轻，并将毛发调至松弛状态。

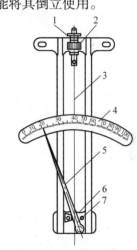

图3-7 指针式毛发湿度计
1—紧固螺母 2—调整螺钉
3—毛发 4—刻度尺
5—指针 6—弧块 7—重锤

（三）风速测量仪表及其使用方法

1. 叶轮风速仪

叶轮风速仪有两种形式：一种为自记式叶轮风速仪，另一种为转杯式风速风向仪。图3-8所示为自记式叶轮风速仪。它的转轮叶片由几片扭成一定角度的薄叶片组成。转轴与表盘平行或垂直。它的工作原理是：当叶轮受到气流压力作用产生旋转运动时，叶轮转数与气流风速成正比，其转数由轮轴上的齿轮传递给指针和计数器，在表盘上显示出风速值。

自记式叶轮风速仪是一种使用时需备秒表的风速测量仪表，它的风速（单位：m/s）大小可按下式计算：

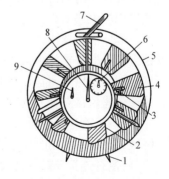

图3-8 自记式叶轮风速仪
1—座架 2—起动杠杆 3—回零压杆
4—叶轮 5—圆形框架 6—短指针
7—提环 8—长指针 9—计时红指针

$$风速 = \frac{终读数 - 初读数}{测定时间}$$

自记式叶轮风速仪的测量范围为 0.5 ~ 10m/s，主要用于测量风口和空调系统装置中人能够出入的大断面的风速。

转杯式风速风向仪又称为杯式风速仪。它的风速感应元件是三个（或四个）半球形风杯，转轴与计速表盘平行，如图 3-9 所示。

转杯式风速风向仪的工作原理与叶轮风速仪相似，使用时叶轮的旋转平面应平行于气流。它的测速范围为 1 ~ 40m/s。有的转杯式风速风向仪上还带有风标，用以指示风向。转杯式风速风向仪多用于大风速的测定。

2. 热球风速仪

热球风速仪是空调测试中常用的仪表。它是根据流体中热物体的散热率与流速存在一定函数关系而制成的风速测量仪表，其工作原理如图 3-10 所示。

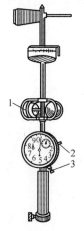

图 3-9　转杯式风速风向仪
1—风杯　2—回零压杆　3—起动压杆

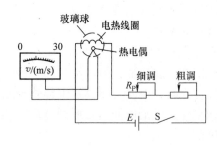

图 3-10　热球风速仪的原理

热球风速仪由两个电路组成：一个是加热电路，另一个是测温电路。电路的工作原理是：当一定大小的电流通过加热电路的线圈时，电热线圈发热使玻璃球的温度升高，测温电路的热电偶产生热电势，由表头反映出来。玻璃球的温升、热电势大小与气流速度有关。风速越大，球体散热越快，温升越小，热电势也就越小。反之，风速越小，球体散热就越慢，温升越大，热电势也就越大。因此，在表头上直接用风速刻度即可读出风速大小。仪表箱上的粗调、细调是用来调整加热电路电热线圈的，使其保持稳定电流。

热球风速仪具有使用方便、反应快、热惰性小、灵敏度高等特点。它的测速范围为 0.05 ~ 30m/s，测量低速风时尤为优越，是空调系统测试时的常用仪表。热球风速仪的测头结构娇嫩，易损，使用时要小心。使用注意事项如下：

1）将测杆连接导线的插头按正负号或标记插入仪表面板的插座内。

2）测杆要垂直放置，头部朝上，滑套的缩紧应不使测头露出，应保证测头在零风速下校准仪表零位。

3）将选择开关由"断"旋转到"满度"位置，调节满度旋钮，使指针指示在上限刻度上。若达不到上限刻度，应更换电池。

4）将选择开关旋转到"零位"的位置上，然后调节"粗调"、"细调"旋钮，观察表针是否能处于零位上。若达不到零位，应更换电池。

5）测量时将测头上的红点对着迎风面，测杆与风向呈垂直状态，即可读数。若指针来回摆动，可读取中间数值。

6）每次测量 5～10min 后，要重新校对一下"满度"和"零位"。

7）测量完毕后将滑套套紧，使工作开关置于"断"的位置，拔下插头，收拾好装箱。

8）使用中不要用手触摸测头。测头一旦受污染，将影响其正常工作。

9）使用完毕后要将电池取出，搬运时要轻拿轻放。

（四）风压测量仪表及其使用方法

1. 液柱式压力计

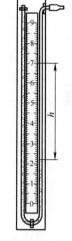

液柱式压力计又称为 U 形管压差计，它是最简单的测量风压的仪表，其外形如图 3-11 所示。液柱式压力计的测压原理是：当被测系统内的压力高于外界大气压力时，在系统内压力 p_1 和大气压力 p_2 的压差作用下，U 形管两端出现压力差（单位：Pa）：

$$\Delta p = p_1 - p_2 = 9.8\rho h$$

式中　ρ——U 形管内注入液体的密度（g/cm^3），常用的液体有水、酒精等；

　　　h——液体液面高度差（mm）。

图 3-11　液柱式压力计

测量时，将被测压力经橡胶管与液柱式压力计的接头接通，另一端与大气相通，即可测出压差。用液柱式压力计测量压差时，可将被测压力分别接在 U 形管的两个管口上，这样玻璃管内两液面差所形成的压力与被测压力平衡，于是被测压力即可求出。

用液柱式压力计测出的压力（或压差）一般习惯上用液柱高来表示，如 mmHg、mmH_2O 等。实际工作中也可以换算成以 Pa（$1mmHg = 13.5951mmH_2O = 133.3224Pa$）为压力单位的压力值。用液柱式压力计测定压力，在读取数据时要求眼睛与 U 形管上的液面相平，尽量减少视力误差。

液柱式压力计既可以用来测定系统的正压，又可以用来测定系统的真空度和负压。但主要在测量精度要求不高的场所中使用，如用来测量各级过滤器的前后压差。

2. 倾斜式微压计

在空调系统的压力测量中，为了测得较小的压力，常采用倾斜式微压计。倾斜式微压计是在液柱式压力计的基础上，将液柱倾斜放置于不同的斜率上制成的，其结构原理如图 3-12 所示。它由一根倾斜的玻璃毛细管做成的测量管和一个断面比测量管断面大得多的液杯构成。测量管与水平面间的夹角是可调的。

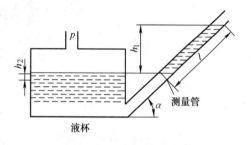

图 3-12　倾斜式微压计

当有一个压力 p 作用于液杯时，设液杯液面下降高度为 h_2，测量管液面升高为 h_1，则液柱上升总高度为

$$h = h_2 + h_1 = h_2 + l\sin\alpha$$

由于液杯面积远远大于测量管面积，因此，h_2 实际很小，可以忽略不计，所以

$$h = l\sin\alpha$$

于是所测压力为

$$p = 9.8\rho h = 9.8\rho l\sin\alpha$$

式中　ρ——工作液体的密度，通常为 0.81g/cm^3 的酒精；

　　　l——测量管液面上升长度（mm）；

　　　α——测量管与水平面的夹角。

倾斜式微压计是空调系统风压测试的主要仪器，因此，使用时要认真阅读说明书，严格按说明书中规定的操作方法进行操作。同时还必须注意测量管与液杯连接管以及液体内部是否有气泡，若存在气泡，将造成很大的测量误差。

3. 皮托管

皮托管又称为皮托静压管，是一种与倾斜式微压计配合使用，插入流体中与流体流向平行，管嘴对着流向，用以测量流体流速的管状仪器。

皮托管的构造如图 3-13 所示，它由外管、风管、端部、水平测压段（测头）、引出接头、定向杆等部分组成。在皮托管测头部分的适当位置上钻有静压感受孔，测头感受的静压，通过内外管间的空腔传向静压引出接头。内管的一头与端部开口处（即总压感受孔）相连，另一端与总压引出接头连接。

用皮托管测压时，需用橡胶（或塑料）软管将其与倾斜微压计连接起来，由微压计指示出风管中的全压、静压和动压值。测试时的连接方法如图 3-14 所示。测试时，全压孔必须对准气流，不准倾斜。

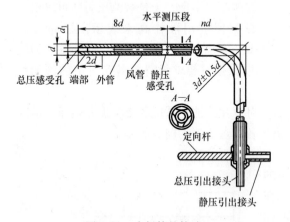

图 3-13　皮托管的构造

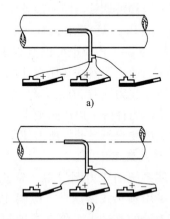

图 3-14　皮托管与微压计的连接
a）正压管道中的连接　b）负压管道中的连接

由于皮托管结构上种种因素的影响，它所感受的动压与测试的实际动压间存在着差异。因此，必须用一系数对所测动压进行修正。我国采用的修正法公式为

$$v = \sqrt{\frac{2}{\rho}\xi p_\text{b}}$$

式中　v——气体流速（m/s）；

　　　ρ——气体密度（kg/m³）；

　　　ξ——皮托管校正系数；

　　　p_b——动压（Pa）。

例 3-1　将皮托管放置在风管的某一测点上，从微压计上测得动压 $p_b = 150\text{Pa}$。已知 $\rho = 1.2\text{kg/m}^3$，校正系数 $\xi = 1.002$，则该测点气流速度是多少？

$$v = \sqrt{\frac{2}{\rho}\xi p_b} = \sqrt{\frac{2}{1.2} \times 1.002 \times 150}\text{m/s} = 15.83\text{m/s}$$

用于测试管内流速的皮托管；其测头直径与所测管道直径之比一般可选为 1/25。测点应选在气流平直段处。

（五）电气系统测量仪表及其使用方法

1. 指针式万用表

指针式万用表的面板如图 3-15 所示。

从图 3-15 中可以看到指针式万用表前面板安装有表头、转换拨子旋钮、测量表笔插孔及欧姆调零旋钮。其表头上可以看到一些符号及字母，它们的含义见表 3-1。

（1）指针式万用表的结构　指针式万用表由表头（指示部分）、测量电路和转换装置三个部分组成。

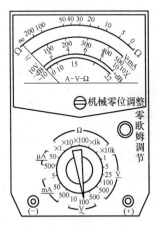

图 3-15　指针式万用表的面板

表 3-1　万用表常用字母与符号

符号与字母	表示意义	符号与字母	表示意义
⌓	表头的转动是永磁动因式	5000Ω/V ~	交流电压挡灵敏度值
⇥	交流显示为整流式	-2.5	直流电压挡准确度值（±2.5%）
Ω	欧姆值刻度	~4.0	交流电压挡准确度值（±4.0%）
DC 或—	直流电参量测量	3kV	电表的绝缘等级值
AC 或 ~	交流电参量测量	+，-	测量表笔的正、负极性
20000Ω/V—	直流电压挡灵敏度值		

表头通常是一种高灵敏区的磁电式直流微安表，其构造如图 3-16 所示。在马蹄形永久磁铁的磁极间放有导磁能力很强的极掌，它的圆柱孔内有纯铁制成的圆柱形铁心，极掌与圆柱形铁心之间的空隙中放有活动线圈。活动线圈上面固定有轴座，轴座上安装有轴尖、游丝和指针。当活动线圈中有电流通过时，电流产生的磁场与永久磁铁的磁场相互作用，产生转动力矩，使线圈旋转。线圈转动力矩的大小与通过活动线圈中的电流大小成正比。当活动线圈的转动力矩与游丝的反作用力矩相等时，指针就处于平衡状态，这样就可以根据指针所指的刻度直接读出被测量的参数（如电流、电压、电阻等）的大小。

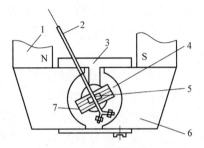

图 3-16　表头的结构
1—永久磁铁　2—游丝和指针
3—铁心　4—空隙
5—轴座　6—极掌　7—活动线圈

万用表的测量电路和转换装置是根据被测对象（电流、电压、电阻）而设置的。万用表的简单测量原理电路如图 3-17 所示。转换开关 K 置于 "1" 时，是测量电阻的电路。万用表在测量电阻时，需有一个直流电源供给表头，使其工作，一般用万用表内部安装的电池作为电源。有时为了扩大电阻的量程（如 10k 挡），还需要在高量程电路中另加高电压（9V）的电池。测量电阻的电路可用来测试压缩机电动机的绕组、起动继电器、过载保护器及温控器等部件的好坏。

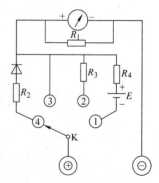

图 3-17　万用表的简单
测量原理电路

转换开关 K 置于 "2" 时，是直流电压测量电路，可测量直流电源或电路中元件两端的直流电压，多用于对电子线路的测量。

转换开关 K 置于 "3" 时，是直流电流测量电路，可测量电路中的直流电流，多用于对电子线路的测量。

转换开关 K 置于 "4" 时，是交流电压测量电路，可测量交流电源或交流电路中元件两端的交流电压。

（2）指针式万用表的使用方法和注意事项

1）每次测量前应把万用表水平放置，观察指针是否在表盘左侧电压挡的零刻度上。若指针不指零，可用旋具微调表头的 "机械零位调整" 旋钮，使指针指零。

2）将红、黑表笔正确插入万用表插孔。根据被测对象（电流、电压、电阻等）的不同，将转换开关拨到需要测量的挡位上，绝不能放错。如果对被测对象的大小拿不准，则应先拨到最大量程挡试测，以保护表头不被损坏，然后再调整到适宜的量程上进行测量，以减少测量中的误差。

3）测量直流电压或直流电流时，如果不清楚被测电路的正、负极性，可将转换开关旋钮放在最高一挡，测量时用表笔轻轻碰一下被测电路，同时观察指针的偏转方向，从而判定出电路的正、负极。

4）测量时，如果不清楚所要测的电压是交流还是直流，可先用交流电压挡的最高挡来估测，得到电压的大概范围，再用适当量程的直流电压挡进行测量。如果此时表头不发生偏转，就可判定为交流电压；若有读数，则为直流电压。

5）测量电流、电压时，不能因为怕损坏表头而把量程选择得很大，正确的量程选择应该使表头指针的指示值在大于量程一半的位置上，此时测量的结果误差小。

6）测量电压时，一定要正确选择挡位，绝不能放在电流或电阻挡上，以免造成万用表的损坏。

7）测量高阻值的电器元件时，不能用双手接触电阻两端，以免将人体电阻并联到待测元件上，造成大的测量误差。

8）测量电路中的电阻时，一定要先断掉电源，将电阻一端与电路断开再进行测量。若电路待测部分有容量较大的电容存在，应先将电容放电后再测电阻。

9）测量电阻时，每改变一次量程，都应重新调零。若发现调零不能到位，应更换新电池。

10）万用表每次使用完毕后，应将转换开关旋钮换到交流电压最高挡处，以防止他人误用造成万用表的损坏。若长时间不用，应将表中的电池取出，并将其放在干燥、通风处。

2. 数字式万用表

数字式万用表的面板如图 3-18 所示。

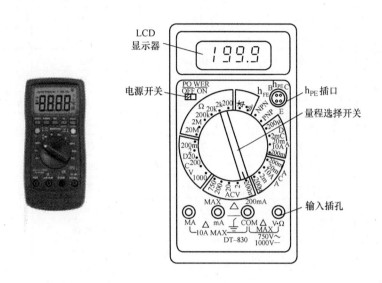

图 3-18　数字式万用表的面板

用数字显示测量电参量数值的万用表称为数字式万用表。它能对多种电参量进行直接测量，并把测量结果用数字形式显示。与指针式万用表相比，其各项性能指标有大幅度提高。

数字式万用表种类很多，便携式数字式万用表有 DT—830、DT—890 型等，每一种又有若干序号。表 3-2 为 DT—830 型和 DT—890A 型数字式万用表的主要技术性能。

表 3-2　**DT—830 型和 DT—890A 型数字式万用表的主要技术性能**

技术性能	DT—830 型		DT—890A 型	
	量　程	分辨率	量　程	分辨率
直流电压	200mV	0.1mV	200mV	100μV
	2V	1mV	2V	1mV
	20V	10mV	20V	10mV
	200V	100mV	200V	100mV
	1000V	1V	1000V	1V
	输入阻抗：10MΩ		输入阻抗：10MΩ	
交流电压	200mV	0.1mV	200mV	100μV
	2V	1mV	2V	1mV
	20V	10mV	20V	10mV
	200V	100mV	200V	100mV
	750V	1V	700V	1V
	输入阻抗：10MΩ		输入阻抗：10MΩ	

（续）

技术性能	DT—830 型		DT—890A 型	
	量　程	分辨率	量　程	分辨率
直流与交流电流	200μA	0.1μA	200μA（直流）	0.1μA
	2mA	1μA	2mA	1μA
	20mA	10μA	20mA	10μA
	200mA	100μA	200mA	100μA
	10A	10mA	10A	10mA
	超载保护：0.5A/250V 熔丝		超载保护：0.5A/250V 熔丝	
电　阻	200Ω	0.1Ω	200Ω	0.1Ω
	2kΩ	1Ω	2kΩ	1Ω
	20kΩ	10Ω	20kΩ	10Ω
	200kΩ	100Ω	200kΩ	100Ω
	2000kΩ	1kΩ	2MΩ	1kΩ
	2MΩ	10kΩ	20MΩ	10kΩ
电　容	—		200pF	1pF
			20nF	10pF
			200nF	100pF
			2μF	1nF
			20μF	10nF
线路通断检查	被测电路电阻小于 10Ω 时，蜂鸣器发声		被测电路电阻小于 30Ω 时，蜂鸣器发声	
显示方式	液晶 LCD 显示，最大显示		液晶 LCD 显示，最大显示 1999	

（1）数字式万用表的面板　以 DT—830 型（图 3-18）为例，面板上装有 LCD 显示器、电源开关、量程选择开关、晶体管放大倍数测量口（h_{FE} 插孔）、输入插孔等。

LCD（显示器）：最大显示 1999 或 −1999，有自动调零和自动显示极性功能。

电源开关：在字母"POWER"下边有"OFF"（关）和"ON"（开），把电源开关拨至"ON"，接通电源，显示屏显示数字，使用结束，把开关拨到"OFF"。

量程选择开关：为 6 刀 28 掷，可同时完成测试功能和量程选择。开关周围用不同的颜色和分界线标出各种不同测量种类和量限。

h_{FE} 插孔：采用四芯插座，为测试晶体管的专用插孔。测试时，将晶体管的三只管脚相应插入，显示屏即可显示出放大系数 β 值。

输入插孔：有"10A"、"mA"、"COM"和"V·Ω"四个孔。输入插孔附近还有"10A MAX"（或"MAX 200mA"）和"MAX 750V ～ 1000V −"标记，前者表示在对应的插孔间所测量的电流值不能超过 10A 或 200mA，后者表示测量的交流电压不能超过 750V，测量的直流电压不能超过 1000V。

（2）基本使用方法

电压测量：将红表笔插入"V·Ω"孔内，根据直流或交流电压合理选择量程；然后将红、黑两表笔与被测电路并联，即可进行测量。

电流测量：将红表笔插入"mA"或"10A"插孔（根据测量值的大小），合理选择量程，然后将红、黑两表笔与被测电路串联，即可进行测量。

电阻测量：将红表笔插入"V·Ω"孔内，合理选择量程，然后将红、黑两表笔与被测元件的两端并联，即可进行测量。

h_{FE}值测量：根据被测管的类型（PNP或NPN）的不同，把量程开关转至"PNP"或"NPN"处，再把被测管的三只管脚插入相应的B、C、E孔内，此时，显示屏将显示出放大系数β值。

电路通、断的检查：将红表笔插入"V·Ω"孔内，量程开关转至标有"·)))"符号处，让表笔触及被测电路，若表内蜂鸣器发出叫声，则说明电路导通；反之，则不通。

3. 钳形电流表

钳形电流表又称为钳表，是专门测量交流电流的专用电工仪表。用钳形电流表测量交流电流时，不必将其接入电路，只需将被测导线置于钳形电流表的钳形窗口内，就能测出导线中的电流值。钳形电流表多与万用表组合在一起，形成多用钳形表，如图3-19所示。

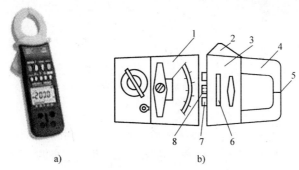

图3-19 多用钳形表

a）实物外形图 b）原理图

1—万用表 2—铁心开口按钮 3—钳形互感器
4—钳形铁心 5—钳形铁心的开口 6—钳形互感器与万用表的连接旋钮
7—钳形互感器与万用表电极的连接插头 8—联接螺钉

（1）钳形电流表的工作原理 钳形电流表是根据电流互感器的原理制成的。钳形互感器上的线圈为互感器的次级线圈。当被测导线被夹入钳形铁心的窗口时，通电导线即为互感器的初级线圈。当被测导线中有交流电通过时，次级线圈中就产生感应电流。次级线圈与万用表的电极相连接，这样，就可以从万用表的刻度盘上直接读出导线中的交流电流值。

（2）钳形电流表的使用方法和注意事项 被测导线夹入钳口后，钳口铁心的两个面应很好地吻合，不能让污垢留在钳夹表面。

钳形电流表的最小量程是5A，当测量较小电流时，显示误差会较大。为了能得到正确的读数，可将被测的通电导线在钳形铁心上绕几圈后再进行测量，然后将测出的读数再除以放入钳口内的导线根数。

钳形电流表在测量时，只能测量电路的一根导线，不可同时钳住同一电路的两根导线。因为这两根电线的电流虽然相等，但方向相反，所以它们的磁效应互相抵消，不能在电流互感器的铁心中产生磁力线，因此电流表的读数为零。

在使用钳形电流表时，要注意电路的电压，一般应在低压（400V）范围内使用。

每次测量完毕后，应将钳形电流表量程转换开关放在最大量程位置。

4. 兆欧表

兆欧表又称绝缘电阻表，它是一种简便、常用的测量高电阻的直读式电工仪表。一般用来测量电路、电动机绕组、电源线等的绝缘电阻。

（1）兆欧表的结构　兆欧表主要由高压直流电源和磁电系比率表两部分构成，如图 3-20 所示。兆欧表的高压直流电源由手摇交流发电机 F，整流二极管 VD_1、VD_2 和电容器 C_1、C_2 等元件组成。磁电系比率表是一种特殊形式的磁电系测量机构，是由固定的永久磁铁和可在磁场中转动的两个线圈组成。

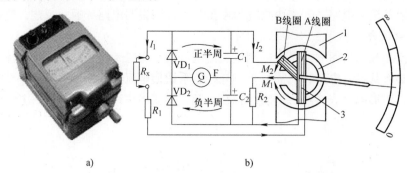

图 3-20　兆欧表
a）实物外形图　b）兆欧表的构造
1—极掌　2—铁心　3—线圈

交流发电机 F 转动时，交流电的正半周电流通过 VD_1 对 C_1 充电；负半周时，VD_1 不导通，交流电流通过 VD_2 对 C_2 充电。这样，在 C_1、C_2 串联电容的两端便形成了直流高电压。手摇发电机等产生的直流高电压，一路经 B 线圈和限流电阻 R_2 形成 I_2 电流，另一路经被测电阻 R_x、限流电阻 R_1 以及 A 线圈形成 I_1 电流。R_x 被测电阻未接上时，A 线圈中的电流为零，B 线圈中的电流 I_2 在永久磁铁磁场的作用下产生逆时针方向的转动力矩 M_2，转动到 C 形铁心的缺口处时停止，这时指针处于电阻刻度的无穷大处。当接上被测电阻 R_x 时，A 线圈中的电流 I_1 在永久磁铁磁场的作用下产生顺时针方向的转动力矩 M_1。当 M_1、M_2 两个转动力矩相等时，线圈停止转动，指针即指出被测电阻 R_x 的电阻值。磁电式流比计指针的偏转是由 A、B 线圈通过电流 I_1、I_2 所形成的。只要被测电阻 R_x 不变，I_1 和 I_2 电流的大小虽然与高电压的高低有关，但是 I_1 和 I_2 的比值不变。手摇发电机供给的电压稍有高低变化时，通过 A、B 线圈中的电流 I_1、I_2 将同时按比例增加或减少，致使指针的阻值读数仍维持不变。

（2）使用兆欧表前的准备工作

1）切断被测设备的电源，任何情况下都不准带电进行测量。

2）切断电源后，应对带电体进行放电，以确保操作者人身和设备的安全。

3）被测零件的表面应擦拭干净，以免被测零件的表面放电造成测量的误差。

4）用兆欧表测量被测零件前，应摇动兆欧表的摇把，使其发电机的转速达到额定转速，即 120r/min，兆欧表的指针应指在"∞"处，然后将"L"和"E"两测试棒短接，缓慢摇动兆欧表的摇把，兆欧表的指针应在"0"处。若达不到上述要求，说明兆欧表有故障，应作检修后才能使用。

5）使用兆欧表时应放置在平稳处，以免在摇动时出现不稳定的晃动。

（3）兆欧表的使用方法 兆欧表的外壳上一般设有三个接线柱，分别标有"L"线路、"E"接地、"G"保护线记号。"L"、"E"接线柱上分别接有测试棒。测量时，被测电路接L端，电器外壳、变压器铁心或电动机底座接E端。测量电缆芯与电缆外皮绝缘电阻时，将L端接缆芯，E端接电缆外皮，将芯、皮之间的绝缘材料接G端。在测量绝缘电阻以前，应先切断被测设备的电源，然后将其接地进行放电。测量时，兆欧表应水平放置，切断外部电源。转动兆欧表摇把，将转速保持在 90 ~ 150r/min。发现指针指零就停止摇动，以指针稳定时的读数为准确测量数据。

要求绝缘电阻等级不同的电器应选用不同规格的兆欧表进行测量。一般测量家用电冰箱、空调器等民用电器的绝缘性能时，可采用工作电压为 500V，测量范围为 0 ~ 2000MΩ 的兆欧表。

5. 电子温度计

电子温度计是用于制冷设备维修时测量电冰箱、空调器、冷库等制冷系统各部位温度的设备。电子温度计使用热敏电阻或半导体二极管作为温度传感元件，电子温度计的外形如图 3-21 所示。

电子温度计的使用要求如下：

图 3-21 电子温度计

1）使用前应对电子温度计的满度进行调整，测温区开关放在 0 ~ 30℃处，液晶屏显示出环境温度。按下校准旋钮，调整满度旋钮，使读数为 30℃。根据测量温区不同，校正时也可把量程开关放在 -30 ~ 0℃位置。

2）测量制冷系统表面温度时，应将温度计的传感器与被测位置紧密接触。若用于测量空气温度时，应将温度计的传感器放在空间的中间位置。

3）使用电子温度计时，要注意不要使其传感器与管道等部件相碰，以免造成损坏。

4）在使用电子温度计的过程中，若出现显示器字迹不清楚或满度不能校准时，应及时更换温度计的电池。

5）电子温度计不用时，应放在干燥、阴凉、通风处。

（六）维修常用工具及其使用方法

1. 活扳手

活扳手又称通用扳手。它由扳手体、固定钳口、活动钳口和调整螺母组成，如图 3-22 所示。

图 3-22 活扳手

活扳手的规格以扳手的长度和最大开口宽度来表示，其系列规格见表 3-3。

表 3-3 活扳手的规格

米制长度/mm	100	150	200	250	300	375	450	600
英制长度/in	4	6	8	10	12	15	18	24
最大开口宽度/mm	14	19	24	30	36	46	55	65

活扳手的开口宽度可以在一定的范围内进行调节，每种规格的活扳手适用于一定尺寸范围内外六角头、方头螺栓和螺母的调节。

使用时要注意：

1）使用时要握紧活扳手手柄部的后端，不可在使用时套上长管增加其力矩，以免造成扳手损坏。

2）使用时应使扳手开口的固定部分承受主要作用力，即把扳手开口的活动部分置于受压方向。

3）不能将扳手当做锤子用来砸楔东西，以免造成扳手零件的损坏。

4）使用活扳手时，其开口宽度应调整到与被紧固部件的尺寸一致，并紧紧卡牢。

2. 呆扳手

呆扳手分为单头和双头两种。图3-23所示为双头呆扳手。

图3-23　呆扳手

呆扳手的特点是其开口是固定的，使用时其开口的大小应与螺母或螺栓头部的对边距离相适应。常用的呆扳手一般为十件套双头，其规格系列为：5.5mm×7mm；8mm×10mm；9mm×11mm；12mm×14mm；14mm×17mm；17mm×19mm；19mm×22mm；22mm×24mm；24mm×27mm；30mm×32mm。

使用时一把双头呆扳手只适用于两种尺寸的外六角头、方头螺母或螺栓。

3. 整体扳手

整体扳手有正方形、六角形、十二角形等形式。其中，十二角形整体扳手就是平常所说的梅花扳手，如图3-24所示。

图3-24　整体扳手

4. 套筒扳手

套筒扳手如图3-25所示，多用于压缩机水泵等设备安装与维护的工作中。

5. 钩形扳手

钩形扳手如图3-26所示，钩形扳手有多种形式，多用来安装或拆卸圆螺母。使用时应根据不同的圆螺母，选择对应形式的钩形扳手。将其钩头或圆销插入圆螺母的长槽或圆形孔中，左手压住扳手的钩头或圆销端，右手用力沿顺时针或逆时针方向转动其手柄，即可旋紧或松开圆螺母。

图3-25　套筒扳手

图3-26　钩形扳手

6. 钢锯

钢锯是制冷设备维修时经常要用到的工具。钢锯的结构如图3-27所示。

使用钢锯前首先要将锯条安装好，要求是：要将锯齿的斜向方向朝向锯的前进方向，然后用锯弓上的蝴蝶扣将锯条拧紧，锯条拧紧的松紧度要适当，拧得过紧，使用过程中易崩断，拧得过松，使用过程中易产生

图3-27　钢锯

扭曲。

使用钢锯时，应在锯条上涂抹一层机油，以增加锯条运行时的润滑性。起锯压力要轻，动作要慢，推锯要稳。运锯时，向前推时要用力，往回拉时不要用力，锯口要由短逐渐变长。切锯圆管道时，要先锯透一段管壁，然后转动管子，沿管壁继续锯削，以免锯条被管壁夹住。

7. 锉刀

锉刀也是制冷设备维修时经常要用到的工具。在使用锉刀之前，应根据被加工金属材质和需加工的形状，选择平板锉、方锉、圆锉、三角锉或半圆锉（见图3-28），再根据加工程序选择粗、中、细锉齿。

使用锉刀加工工件时，要用右手的拇指压在锉刀的手柄上，用掌心顶住锉刀柄的端面，左手手掌轻压锉刀前部的上面。操作时用右手向前推，左手引导前进方向，用力要稳而有力，加工过程中锉刀往复的距离越长越好。

图3-28 锉刀

制冷设备维修时还会经常用到整形锉，使用时可根据加工表面的要求，用单手操作即可。

（七）制冷设备维修专用工具及其使用方法

1. 方榫扳手

方榫扳手是专门用于旋转各种制冷设备阀门调节杆的工具，其结构如图3-29所示。

方榫扳手的大头一端有可调方榫孔，其外圈为棘轮，棘轮下方有一个由弹簧支撑的撑牙，用以控制棘轮上板孔作顺撑牙所指方向带力，反方向转动侧为空转。方榫扳手的另一端有一大一小的两个固定方

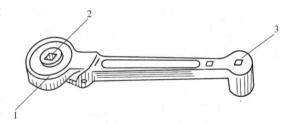

图3-29 方榫扳手
1—棘轮 2—可调方榫孔 3—固定方榫孔

榫孔，小榫孔用来调节膨胀阀的阀杆，从而调整膨胀阀的开启度大小。大榫孔可用来拧动小型活塞式压缩机上三通截止阀的螺塞等。

2. 胀管器

在电冰箱的维修工作中，要把两根铜管连接起来，可以采用焊接或接头连接的方法，这两种连接方法都需要对铜管进行胀口。

（1）胀套口 铜管焊接不能采用管口对管口的对焊法，因为这种方法易造成坡口强度变低，容易出现裂痕和形成焊堵故障。因此，一般要采用套接的方法，如图3-30所示。这样在焊接前就需要对作为套管的铜管进行胀套口。为了增加坡口的焊接强度，一般要使套管套口的内径大于被套管外径0.5mm左右，套口的长度应在10 mm左右，以便钎料熔液能够流入套口间隙中，形成能满足需要的焊接面。

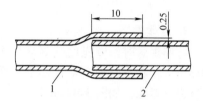

图3-30 铜管的套接
1—套管 2—被套管

胀套口又称扩杯形口，需要一个专门冲子和一个夹具。胀套口冲子分为三段，如

图 3-31a 所示。前段长 10mm，直径等于套管内径，作导向用，保证冲子在胀口操作中不歪斜。中段长约 10mm，直径为胀口后管的内径，作胀套管用。后段较粗，作冲子的手柄用。

夹具由两块夹板组成，用螺栓紧固，如图 3-31b 所示。夹具上有几个直径不同的孔，用来夹紧不同规格的铜管。

操作时，先把要胀的一端约 20mm 长的管头用焊枪火焰加热，在空气中自然冷却后，用夹具夹于相同直径的孔内，铜管露出高度要稍大于管径。铜管被夹紧后，把夹具夹持在台虎钳上，然后在冲子头上涂上一层冷冻油，将冲头插入管内后，用锤子轻轻敲击，每敲击一下，要将冲子转动一个角度，直到冲好为止。

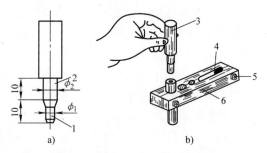

图 3-31　胀套口冲子和胀套过程
a）胀套口冲子　b）胀套过程
1、2—套口内径　3—冲子
4—夹扁用腭　5—紧固螺栓　6—夹具

（2）胀喇叭口　铜管活接时，为确保连接处的密封性，管口需要扩大成喇叭口形状。

胀喇叭口需要使用专用工具——扩管器，其外形结构如图 3-32a 所示。操作时，将已退火的铜管放入与管径相同孔径的夹具孔中，铜管露出的高度应为喇叭口深度的 1/3，如图 3-32b 所示。然后在扩管器的翻边锥头上涂上冷冻油，将锥头压紧在管口上，缓慢旋转螺杆，每转一下需稍微倒转一下再旋转，直到将螺杆旋紧为止。

扩出的喇叭口应是平整的 45°角，不能扩成带弧度的 45°喇叭口，如图 3-33 所示。喇叭口扩成后应圆整、平滑、无裂纹。

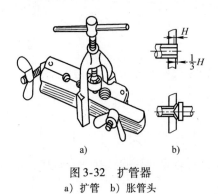

图 3-32　扩管器
a）扩管　b）胀管头

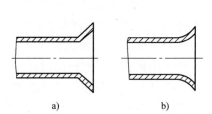

图 3-33　喇叭形状
a）正确　b）错误

3. 弯管器

弯曲铜管时，要先用气焊火焰把铜管加热退火，在空气中自然冷却后，采用弯管器进行弯曲，如图 3-34 所示。

不同管径的管子弯曲要选择不同规格的弯管器。为了不使管子弯曲时内侧的管壁凹瘪，各种管子弯曲半径应不小于管径的 5 倍，如图 3-35 所示。操作时，把已退

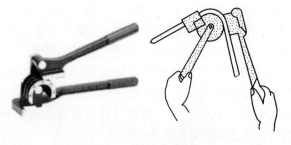

图 3-34　用弯管器弯曲管子

火的管子放入弯管器中，用搭扣扣住管子，慢慢旋转柄杆使管子弯曲，当管子弯曲到所需角度后，将弯管退出。

对于管径较小的铜管，在维修操作时，也可采用将弹簧套管套入铜管外，徒手直接弯曲的方法进行管子的弯曲。

4. 封口钳

制冷设备维修中为给管道封口，要经常用到封口钳。封口钳的结构如图3-36所示。

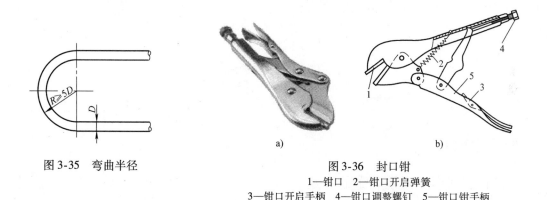

图3-35 弯曲半径

图3-36 封口钳
1—钳口 2—钳口开启弹簧
3—钳口开启手柄 4—钳口调整螺钉 5—钳口钳手柄

使用封口钳时要根据要封口的管道壁厚度调整封口钳柄部的钳口调整螺钉，使钳口的间隙小于铜管壁厚的两倍，间隙过大会造成封闭不严，过小易将铜管夹断。调整好后，将准备封口的铜管放在钳口中间，用力握住封口钳的两个手柄，用钳口将管道的管壁夹死，达到封闭管道的目的。达到封口要求后，按下钳口开启弹簧，封口便会自动打开。

（八）电子卤素检漏仪及其使用方法

电子卤素检漏仪是一种精密的检漏仪器，灵敏度可达5g/年以下，灵敏度高的电子检漏仪可检漏出0.5g/年左右的氟利昂的泄漏量。

电子卤素检漏仪的结构如图3-37所示。用铂丝做阴极、铂罩做阳极构成一个电场，通电后铂丝达到炽热状态，发射出电子和正离子，仪器的探头（吸管）借助微型风扇的作用，将探测处的空气吸入，并通过电场。如果被吸入的空气中含有卤素（如R12、R22、R134等），与炽热的铂丝接触即分解成卤化气体，电场中一旦出现卤化气体，铂丝（阴极）的离子放射量就要迅猛增加，所形成的离子流随着吸入空气中的卤素多少成比例地增减。因此，可根据离子电流的变化来确定泄漏量的多少。离子电流经过放大通过仪表显示出量值，同时发出音响信号。

由于电子检漏仪的灵敏度很高，要求使用时被测试环境没有卤素和其他烟雾污染，因此不宜在污染量超过允许值的电冰箱生产或维修车间内检测。用电子卤素检漏仪进行精确检漏时，必须在空气新鲜的场所进行。检漏仪的灵敏度是可调的，由粗检到精检分为几挡。在有一定污染的环境中检漏时，可选择适当挡次。

使用电子检漏仪检漏时，应使探头与制冷系统被检部位保持3~5mm的距离，探头移动的速度不应超过50mm/s。使用过程中应严防大量氟利昂气体吸入检漏仪，因为过量的氟利昂会对检漏仪的电极造成短时或永久性污染，使其探测的灵敏度大大降低。

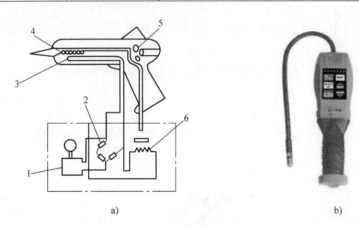

a)   b)

图 3-37　电子卤素检漏仪的结构

a）原理图　b）实物外形图

1—放大器　2—电桥　3—阳极　4—阴极　5—风扇　6—变压器

【拓展知识】

二、空气调节系统风量的测定

1. 空调系统管内风量的测定

空调系统管内的风量可在送风管道、回风管道、排风和新风管道及各分支管道上采用皮托管和微压计配合进行测量。

操作步骤如下：

1）选择测定断面。测定断面原则上应选择在气流均匀而稳定的直管段上，即尽量选在远离产生涡流的局部构件（如三通、风门、弯头、风口等）的地方。按气流方向，一般应选在离前一个产生涡流的部件 4 倍以上风管直径（或矩形管道的大边尺寸）、距后一个产生涡流的部件 1.5 倍以上风管直径（或矩形管道的大边尺寸）的地方为最好。若现场达不到上述要求，可适当降低，但也应使测定断面到前一个产生涡流部件的距离大于测定断面到后一个产生涡流部件的距离，同时应适当增加测定断面上测定点的数目。

2）确定测点。由于管道断面往往因为内壁对空气流动产生摩擦而引起风速分布不均匀，所以需要按一定的断面划分方法，在同一个断面布置多个测点，分别测得各点动压，求出风速，然后，各点风速相加除以测点数，得出平均风速。

从测量角度来看，测点越多，所得结果就越准确，但也不能太多，往往根据风管断面的形状和大小，划分成若干个相等的小截面，在每一个小截面的中心布置测点。

矩形风管测点位置如图 3-38 所示，一般要求各小截面面积不大于 0.05m² （即边长小于 200mm）。

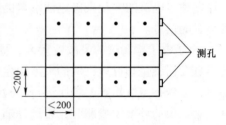

图 3-38　矩形风管的测点位置

圆形风管应根据风管直径的大小，将其划分为若干个面积相等的同心圆环。圆环数由直径大小决定，每一个圆环测 4 个点，并且 4 个测量点应在互相垂直测孔的两个直径上，测点位置如图 3-39

所示。

各测点距圆心的距离按下式计算：

$$R_n = R \sqrt{(2n-1)/(2m)}$$

式中　R_n——从风管中心到第 n 测点的距离（mm）；

　　　R——风管断面半径（mm）；

　　　n——从风管中心算起的测点顺序号；

　　　m——划分的圆环数。

圆形风管划分的圆环数见表 3-4。

3）计算平均风速 v_p。各个测点所测参数的算术平均值，可看做是测定断面的平均风速值，即

$$v_p = (v_1 + v_2 + \cdots + v_n)/n$$

式中　　　v_p——断面的平均风速值（m/s）；

v_1、v_2、$\cdots$、v_n——各测点的风速（m/s）；

　　　　　n——测点数。

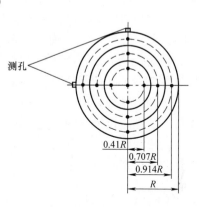

测孔

0.41R
0.707R
0.914R
R

图 3-39　圆形风管的测点位置

表 3-4　圆形风管划分的圆环数

圆形风管直径/mm	200 以下	200~400	400~700	700 以上
圆环个数	3	4	5	5~6

在风量测定中，用皮托管测出的空气动压值，实际上就是流动空气所具有的动能，即

$$p = 1/2\, v^2\rho$$

$$v = \sqrt{2/\rho}$$

式中　p——风管内气流的动压（N/m²）；

　　　ρ——风管内空气的密度，常温下 $\rho = 1.2\text{kg/m}^3$。

将 ρ 代入上式，则上式可简化为

$$v = 1.29 \sqrt{p}$$

利用上式求出每个测点的风速后，再求平均风速值 v_p。

4）计算风量 L。如果已知平均风速 v_p，便可计算出通过测量断面的风量。

风管内风量（单位：kg/h）的计算式为

$$L = 3600\rho A v_p$$

式中　ρ——风管内空气的密度，常温下 $\rho = 1.2\text{kg/m}^3$；

　　　A——风管测定断面的面积（m²）；

　　　v_p——风管测定断面上的平均风速（m/s）。

在实际测量中，测量断面可能处于气流不稳定区域。因此，在测量仪器使用正确的情况下，测量的动压可能出现负值，这表明某些测点产生了涡流。在一般工程测量中，遇到这种情况，可在计算平均动压时，近似假设负值为零，但测点数不能取消。

2. 送风口、回风口风量的测定

对于空调房间的风量或各个风口的风量，如果无法在各分支管上测定，可以在送、回风

口处直接测定风量，一般可采用热球式风速仪或叶轮风速仪。

当在送风口处测定风量时，由于该处气流比较复杂，通常采用加罩法测定，即在风口外直接加一个罩子，罩子与风口的接缝处不得漏风。这样使得气流稳定，便于准确测量。

在风口外加罩子会使气流阻力增加，造成所测风量小于实际风量，但对于风管系统阻力较大的场合（如风口加装高效过滤器的系统）影响较小。如果风管系统阻力不大，则应采用如图 3-40 所示的罩子。因为这种罩子对风量影响很小，使用简便，又能保证足够的准确性，故在风口风量的测定中常用此法。

由于回风口处气流均匀，所以可以直接在贴近回风口格栅或网格处用测量仪器测定风量。

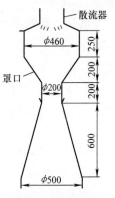

图 3-40　加罩法测定
送风口风量

【习题】

1. 使用液体温度计时有什么要求？
2. 使用双金属自记温度计时的操作步骤是什么？
3. 如何使用通风式干湿球温度计？
4. 使用热球风速仪时要注意哪些问题？
5. 使用指针式万用表时有什么要求？
6. 使用数字式万用表时有什么要求？
7. 使用钳形电流表时应注意些什么问题？
8. 使用兆欧表前应做哪些准备工作？
9. 用兆欧表测量时操作方法是什么？
10. 如何使用电子温度计？

课题二　冷源设备的安装与运行管理

【知识目标】

了解制冷机组安装和运行管理的基本要求和方法。

【能力目标】

掌握制冷机组运行管理的要求和操作方法。

【必备知识】

一、制冷机组安装前的开箱检查

1）制冷设备安装前，应对其包装箱进行检查，看包装是否完好，运输过程中的防水、防潮、房倒置措施是否完善，查看箱体外形有无损伤，核实箱号、箱数、机组型号、附件及收发单位等信息是否正确。

2）拆启包装箱时，一定要从箱体上方开始。打开包装箱后，应先找到随机附的装箱单，逐一核对箱内物品与装箱单是否相符。

3）检查机组型号是否与合同相符，随机文件是否齐全。

4）观察机组外观有无损伤，管路有无变形，仪表盘上仪表有无损坏，压力表是否显示压力，各阀门、附件外观有无损坏、锈蚀等。

二、制冷机组安装的基本要求和方法

1）准备工作。在机组安装前，应准备好安装时需要的工具和设备，如真空泵、氮气瓶、制冷剂钢瓶、U形水银压力计、检漏仪等。

2）检查机组的安装基础。机组安装基础由土建施工方按机组供货商提供的设备图样进行施工，安装前应按设计要求对基础进行检查，主要检查内容包括：外形尺寸、基础平面的水平度、中心线、标高和中心距离；混凝土内的附件是否符合设计要求及地脚螺栓的尺寸偏差是否在规定范围内。要求基础的外观不能有裂缝、蜂窝、空洞等。

3）检查合格后，按图样要求在基础上画出设备安装的横纵基准线。

4）用吊装设备将机组吊装到基础上。吊装的钢丝绳应设在冷凝器或蒸发器的筒体支座外侧，注意不要让钢丝绳碰到仪表盘等易损部件，并在钢丝绳与机组接触点上垫上木板。

5）机组找正。在用吊装设备将机组就位后，要检查机组的横纵中心线与基础上的中心线是否对正。若不正，可用撬杠等设备予以修正。

6）校平。设备就位后，用水平仪放在机组压缩机的进、排气口法兰端面上，对机组进行校平，要求机组的横、纵向水平度小于1/1000，不平处可用平垫铁进行垫平。

7）机组水系统的安装。机组冷媒水和冷却水的进、出口应安装软接头，各进出水管应加设调节阀、温度计、压力表；在机组冷媒水和冷却水管路上要安装过滤器；水管系统的最高处要设放空气管。

8）安装机组电气系统应注意：安装前对单体设备进行调试，使其达到调节的技术要求。

9）仪表与电气设备的连接导线应注明线号，并与接线端子牢固连接，整齐排列。

下面具体介绍几种常用的制冷压缩机的调试与运行管理要求和方法。

（一）活塞式制冷压缩机的调试与运行管理的要求和方法

1. 起动前的准备工作

起动前的准备工作主要有以下内容：

1）检查压缩机。

① 检查压缩机曲轴箱的油位是否合乎要求，油质是否清洁。

② 通过贮液器的液面指示器观察制冷剂的液位是否正常，一般要求液面高度应在视液镜的1/3～2/3处。

③ 开启压缩机的排气阀及高、低压系统中的有关阀门，但压缩机的吸气阀和贮液器上的出液阀可先暂不开启。

④ 检查制冷压缩机组周围及运转部件附近有无妨碍运转的因素或障碍物。对于开启式压缩机，可用手盘动联轴器数圈，检查有无异常。

⑤ 对具有手动卸载—能量调节的压缩机，应将能量调节阀的控制手柄放在最小能量

位置。

⑥ 接通电源，检查电源电压。

⑦ 开启冷却水泵（冷凝器冷却水、汽缸冷却水、润滑油冷却水等）。对于风冷式机组，开启风机运行。

⑧ 调整压缩机高、低压力继电器及温度控制器的设定值，使其指示值在所要求的范围内。压力继电器的压力设定值应根据系统所使用的制冷剂、运转工况和冷却方式而定，一般在使用 R12 为制冷剂时，高压设定范围为 1.3 ~ 1.5MPa；使用 R22 为制冷剂时，高压设定范围为 1.5 ~ 1.7MPa。

2）开启冷媒水泵，使蒸发器中的冷媒水循环起来。

3）检查制冷系统中所有管路系统，确认制冷管道无泄漏。水系统不允许有明显的漏水现象。

2. 起动操作

1）开启式压缩机起动准备工作结束以后，向压缩机电动机瞬时通、断电，点动压缩机运行 2 ~ 3 次，观察压缩机的电动机起动状态和转向，确认正常后，重新合闸正式起动压缩机。

2）压缩机正式起动后逐渐开启压缩机的吸气阀，注意防止出现"液击"的情况。

3）同时缓慢打开贮液器的出液阀，向系统供液，待压缩机起动过程完毕，运行正常时，将出液阀开至最大。

4）对于没有手动卸载—能量调节机构装置的压缩机，待压缩机运行稳定以后，应逐步调节卸载—能量调节机构，即每隔 15min 左右转换一个挡位，直到达到所要求的挡位为止。

5）在压缩机起动过程中应注意观察：压缩机运转时的振动情况是否正常；系统的高低压及油压是否正常；电磁阀、自动卸载—能量调节阀、膨胀阀等工作是否正常等。待这些项目都正常后，起动工作结束。

3. 活塞式制冷压缩机的运行管理

当压缩机投入正常运行后，必须随时注意系统中各有关参数的变化情况，如压缩机的油压，吸、排气压力，冷凝压力，排气温度，冷却水温度，冷媒水温度，润滑油温度，压缩机、电动机、水泵、风机电动机等的运行电流。同时，在运行管理中还应注意以下情况的管理和监测：

1）在运行过程中压缩机的运转声音是否正常，如发现不正常，应查明原因，及时处理。

2）在运行过程中，如发现气缸有冲击声，则说明有液态制冷剂进入压缩机的吸气腔，此时应将能量调节机构置于空挡位置，并立即关闭吸气阀，待吸入口的霜层融化，使压缩机运行大约 5 ~ 10min 后，再缓慢打开吸气阀，调整至压缩机吸气腔无液体吸入，且吸气管底部有结露状态时，可将吸气阀全部打开。

3）运行中应注意监测压缩机的排气压力和排气温度，对于使用 R12 或 R22 的制冷压缩机，其排气温度不应超过 130℃ 或 145℃。

4）运行中，压缩机的吸气温度一般应控制在比蒸发温度高 5 ~ 15℃ 的范围内。

5）压缩机在运转中各摩擦部件温度不得超过 70℃，如果发现其温度急剧升高或局部过热时，则应立即停机进行检查处理。

6）随时检测曲轴箱中的油位、油温。若发现异常情况，应及时采取措施处理。

7）压缩机运行中润滑油的补充。活塞式制冷压缩机在运行过程中，虽然大部分随排气被带走的冷冻润滑油在油气分离器的作用下会回到压缩机，但仍有一部分会随制冷剂的流动而进入整个系统，造成曲轴箱内冷冻润滑油减少，影响压缩机润滑系统的正常工作。因此，在运行中应注意观测油位的变化，随时进行补充。

冷冻润滑油的补充操作方法是：当曲轴箱中的油位低于油面指示器的下限时，可采用手动回油方法，观察油位能否回到正常位置。若仍不能回到正常位置，则应进行补充润滑油的工作。补油时应使用与压缩机曲轴箱中的润滑油同标号、同牌号的冷冻润滑油。加油时，用加氟管一端拧紧在曲轴箱上端的加油阀上，另一端用手捏住管口放入盛有冷冻润滑油的容器中。将压缩机的吸气阀关闭，待其吸气压力降低到0（表压）时，同时打开加油阀，并松开捏紧加油管的手，润滑油即可被吸入曲轴箱中，待从视液镜中观测油位达到要求后，关闭加油阀，然后缓慢打开吸气阀，使制冷系统逐渐恢复正常运行。

8）压缩机运行过程中的"排空"问题。制冷系统在运行过程中会因各种原因使空气混入系统中，由于系统混有空气，将会导致压缩机的排气压力和排气温度的升高，造成系统能耗的增加，甚至造成系统运行事故，因此，应在运行中及时排放系统中的空气。

制冷系统中混有空气后的特征为：压缩机在运行过程中，高压压力表的表针出现剧烈摆动，排气压力和排气温度都明显高于正常运行时的参数值。

对于氟利昂制冷系统，由于氟利昂制冷剂的密度大于空气的密度，因此，当氟利昂制冷系统中有空气存在时，一般会聚集在贮液器或冷凝器的上部。所以，氟利昂制冷系统的"排空"操作可按下述步骤进行：

① 关闭贮液器或冷凝器的出液阀（事先应将电气控制系统中的压力继电器短路，以防止它的动作导致压缩机无法运行），使压缩机继续运行，将系统中的制冷剂全部收集到贮液器或冷凝器中，在这一过程中让冷却水系统继续工作，将气态制冷剂冷却成为液态制冷剂。当压缩机的低压运行压力达到0（表压）时，停止压缩机运行。

② 在系统停机约1h后，拧松压缩机排气阀旁通孔的螺塞，调节排气阀至三通状态，使系统中的空气从旁通孔逸出。若在贮液器或冷凝器的上部设有排气阀时，可直接将排气阀打开进行"排空"。在放气过程中可将手背放在气流出口，感觉一下排气温度。若感觉到气体较热或为正常温度，则说明排出的基本上是空气；若感觉排出的气体较凉，则说明排出的是制冷剂，此时应立即关闭排气阀口，排气工作可基本告一段落。

③ 为检验"排空"效果，可在"排空"工作告一段落后，恢复制冷系统的运行（同时将压力继电器电路恢复正常），再观察一下运行状态。若高压压力表不再出现剧烈摆动，冷凝压力和冷凝温度在正常值范围内，可认为"排空"工作已达到目的。若还是混有空气，就应继续进行"排空"工作。

4. 活塞式压缩机运行中的调节

制冷系统在运行中的调节，主要是指对系统中蒸发温度和压力，冷凝温度和压力，吸、排气温度和压力及制冷剂液体的过冷度等进行调节，其中，最基本的调节参数是蒸发温度和蒸发压力、冷凝温度和冷凝压力。

（1）蒸发温度的调节　在制冷系统中，蒸发温度的确定应能满足空调系统运行的要求。若空调系统采用水冷式表面冷却器处理空气，当进入表面冷却器的水温要求为7℃时，则制冷系统中蒸发温度应为2℃左右。在制冷系统的运行中，一般是通过蒸发器上的压力表读数，根据所使用的制冷剂热力性质来确定其蒸发温度，因此对制冷系统中蒸发温度的调节，实质上是对其蒸发压力的调节。

蒸发温度和蒸发压力的调节是通过调节进入蒸发器中的液体制冷剂量来实现的。制冷系统中的节流阀开度过小，就会造成供液量的不足，则蒸发温度和蒸发压力下降。同时由于供液量的不足，则蒸发器上部空出部分蒸发空间，该部分空间面积将会成为蒸发气体的加热器，使气体过热，从而使压缩机的吸、排气温度升高。相反，如果节流阀开度过大，则系统供液量过多，蒸发器内充满制冷剂液体，则蒸发压力和蒸发温度都升高，压缩机就可能发生湿压缩。

因此，在空调制冷系统运行中，恰当和随时调节蒸发温度是保证系统正常运行、满足空调运行所需的经济合理的重要措施之一。

（2）冷凝温度的调节　在制冷系统运行中，一般应避免冷凝压力和冷凝温度过高，因为过高的冷凝压力和冷凝温度不但会降低系统的制冷量，还会过多地消耗电能。一般通过降低冷凝温度和冷凝压力来提高系统的制冷量，降低压缩机的功耗。

在实际的运行管理中，可采用增加冷却水量或降低冷却水温，或既增加冷却水量又降低冷却水温来实现冷凝温度和冷凝压力的降低。

在制冷系统中，冷凝温度一般并不是用温度计直接测量出来的，而是通过冷凝器上的压力表读数（在排气阻力较小时，也可用排气压力读数），由制冷剂热力性质表中查出。

（3）制冷压缩机的吸气温度　制冷压缩机的吸气温度一般从吸气阀前的温度计读出，它稍高于蒸发温度。吸气温度的变化主要与制冷系统中节流阀的开启大小及制冷剂循环量的多少有关，另外，吸气管路过长和保温效果较差也是吸气温度变化的因素。

制冷剂在一定压力下蒸发吸收冷媒的热量后成为蒸气，沿吸气管路而进入压缩机吸气腔。对压缩机而言，吸入干饱和蒸气（既无过热度，又无过湿度）是最为有利的，效率最高。但在实际的运行中，为了保证压缩机的安全运行，防止液压和吸气管路保温层的造价过高，一般要求吸气温度的过热度在3~5℃范围内较好。吸气温度过低说明液态制冷剂在蒸发器中汽化不充分，进入压缩机的湿蒸气就有造成液压缩的可能。

（4）压缩机的排气温度　制冷压缩机的排气温度与系统的吸气温度、冷凝温度、蒸发温度及制冷剂的性质有关。在冷凝温度一定时，蒸发温度越低，蒸发压力也越低，制冷压缩比 p_k/p_0 就越大，则排气温度就越高；若蒸发温度一定时，冷凝温度越高，其压缩比也越大，排气温度也越高；若蒸发温度与冷凝温度均保持不变，则因使用的制冷剂性质不同，其排气温度也不同。

为了保证运行的安全、可靠，各种型号的活塞式制冷压缩机都规定了各自的最高排气温度和压缩比。一般单级制冷压缩机的排气温度不超过145℃，如无资料可查时，单级制冷压缩机的排气温度可按下式计算（计算时 t_0、t_k 只取绝对值）：

$$t_p = (t_0 + t_k) \times 2.4$$

式中　t_0——蒸发温度；

　　　t_k——冷凝温度。

活塞式制冷机组在运行中，如果排气温度太高，会给制冷压缩机带来不良的后果，如耗油量增加。当排气温度接近润滑油的闪点温度时，将会使润滑油发生炭化，形成固体状而混入制冷系统中，影响阀片的正常工作，造成压缩机的吸、排气阀关闭不严密，直接影响压缩机的正常工作。同时也会使排气阀片、阀簧、安全压板弹簧等零件在高温状态下疲劳，加速老化，缩短使用寿命。

（5）液态制冷剂过冷度的调节　在制冷系统的运行中，为提高制冷循环的经济性和制冷剂的制冷系数，同时有利于制冷系统的稳定运行，对进入制冷压缩机吸气腔的低压蒸气进行过热，可以防止进入压缩机气缸中的低压蒸气携带液滴，避免液压缩现象的产生。通过换热器后制冷剂液体的过冷度与进入换热器的低温低压制冷剂气体的温度和蒸气量有直接关系，而经过换热器后进入压缩机吸气腔中气体的过热度与通过换热器盘管中液态制冷剂的温度和液体量有直接关系。因此，可用减小出换热器的液体制冷剂与气态制冷剂之间的温差来满足液态过冷度和气态过热度的要求。

（6）制冷压缩机产生湿行程时的调节　活塞式制冷压缩机在运行中发生湿行程是由大量制冷剂的液体进入气缸形成的。若不及时进行调整，将会导致压缩机毁坏。

活塞式制冷压缩机正常运行时发出轻而均匀的声音，而发生湿行程时，制冷压缩机的声音将会变得沉重且不均匀。

制冷压缩机在运行中发生湿行程的调节方法是：立即关闭制冷系统中的供液阀，关小压缩机的吸气阀。如果此时湿行程现象不能消除，可关闭压缩机的吸气阀，待压缩机排气温度上升，可再打开压缩机吸气阀，但必须注意运转声音与排气温度。

若在系统的回气管中存有液体制冷剂时，可采用压缩机间歇运行的办法来处理，同时注意吸气阀的开度大小，以避免"液击"的发生，使回气管道中的制冷剂液体不断汽化，以致最后完全排除。当排气温度上升达70℃以上后，再缓慢地、时开时停地打开压缩机吸气阀，恢复压缩机的正常运行。

若在处理湿行程的过程中，压缩机的油压和油温明显降低，使润滑油的粘度变大，润滑条件恶化，一般可加大曲轴箱中油冷却器内水的流量和温度，使进入曲轴箱的液态制冷剂迅速汽化，提高曲轴箱内油的温度，避免压缩机机件的严重磨损，防止油冷却器管组的冻裂。

5. 活塞式制冷压缩机的正常运行标志

1）压缩机在运行时，其油压应比吸气压力高0.1～0.3MPa。

2）曲轴箱上若有一个视油孔时，油位不得低于视油孔的1/2；若有两个视油孔时，油位不超过上视孔的1/2，不低于下视孔的1/2。

3）曲轴箱中的油温一般应保持在40～60℃，最高不得超过70℃。

4）压缩机轴封处的温度不得超过70℃。

5）压缩机的排气温度，视使用的制冷剂不同而不同。采用R12制冷剂时，不超过130℃，采用R22制冷剂时，不超过145℃。

6）压缩机的吸气温度比蒸发温度高5～15℃。

7）压缩机的运转声音清晰均匀，且又有节奏，无撞击声。

8）压缩机电动机的运行电流稳定，机温正常。

9）装有自动回油装置的油分离器能自动回油。

6. 氟利昂活塞式制冷压缩机的停机操作

对于装有自动控制系统的压缩机，氟利昂活塞式制冷压缩机的停机操作由自动控制系统来完成，对于手动控制系统，则可按下述程序进行：

1）在接到停止运行的指令后，首先关闭贮液器或冷凝器的出口阀（即供液阀）。

2）待压缩机的低压压力表的表压力接近于0，或略高于大气压力时（大约在供液阀关闭10～30min后，视制冷系统蒸发器的大小而定），关闭吸气阀，停止压缩机运转，同时关闭排气阀。如果由于停机时机掌握不当，而使停机后压缩机的低压压力低于0时，则应适当开启一下吸气阀，使低压压力表的压力上升至0，以避免停机后，由于曲轴箱密封不好而导致外界空气的渗入。

3）停冷媒水泵、回水泵等，使冷媒水系统停止运行。

4）在制冷压缩机停止运行10～30min后，关闭冷却水系统，停止冷却水泵、冷却塔风机工作，使冷却水系统停止运行。

5）关闭制冷系统上各阀门。

6）为防止冬季可能产生的冻裂故障，应将系统中残存的水放干净。

7. 制冷设备的紧急停机和故障停机的操作

（1）紧急停机　制冷设备在运行过程中，如遇下述情况，应做紧急停机处理：

1）突然停电的停机处理。制冷设备在正常运行中，当突然停电时，首先应立即关闭系统中的供液阀，停止向蒸发器供液，避免在恢复供电而重新起动压缩机时，造成"液击"故障。接着应迅速关闭压缩机的吸、排气阀。

恢复供电以后，可先保持供液阀为关闭状态，按正常程序起动压缩机，待蒸发压力下降到一定值时（略低于正常运行工况下的蒸发压力），可再打开供液阀，使系统恢复正常运行。

2）突然冷却水断水的停机处理。制冷系统在正常运行工况条件下，当因某种原因，突然造成冷却水供应中断时，应首先切断压缩机电动机的电源，停止压缩机的运行，以避免高温高压状态的制冷剂蒸气得不到冷却，而使系统管道或阀门出现爆裂事故。之后关闭供液阀，压缩机的吸、排气阀，然后再按正常停机程序关闭各种设备。

在冷却水恢复供应以后，当系统重新起动时，可按停电后恢复运行时的方法处理。但如果由于停水而使冷凝器上的安全阀动作过，就需对安全阀进行试压一次。

3）冷媒水突然断水的停机处理。制冷系统在正常运行工况条件下，当因某种原因，突然造成冷媒水供应中断时，应首先关闭供液阀（贮液器或冷凝器的出口控制阀）或节流阀，停止向蒸发器供液态制冷剂。关闭压缩机的吸气阀，使蒸发器内的液态制冷剂不再蒸发或蒸发压力高于0℃时制冷剂相对应的饱和压力。继续开动制冷压缩机，当曲轴箱内的压力接近或略高于0时，停止压缩机运行，然后再按正常停机程序处理。

当冷媒水系统恢复正常工作以后，可按突然停电后又恢复供电时的方法处理，恢复冷媒水系统正常运行。

4）火警时紧急停机。在制冷空调系统正常运行的情况下，当空调机房或相邻建筑发生火灾危及系统安全时，应首先切断电源，按突然停电的紧急处理措施使系统停止运行。同时向有关部门报警，并协助灭火工作。

当火警解除之后，可按突然停电后又恢复供电时的方法处理，恢复系统正常运行。

（2）故障停机　制冷设备在运行过程中，如遇下述情况，应做故障停机处理：

1）油压过低或油压升不上去。

2）油温超过允许温度值。

3）压缩机气缸中有敲击声。

4）压缩机轴封处制冷剂泄漏现象严重。

5）压缩机运行中出现较严重的液击现象。

6）排气压力和排气温度过高。

7）压缩机的能量调节机构动作失灵。

8）冷冻润滑油太脏或出现变质情况。

制冷装置在发生上述故障时，采取何种方式停机，可视具体情况而定，可采用紧急停机处理，或按正常停机方法处理。

（二）螺杆式制冷压缩机的调试与运行管理的要求和方法

1. 螺杆式制冷压缩机的充氟操作

当机组的真空度达到要求以后，可向机组内充灌制冷剂，其操作方法是：

1）打开机组冷凝器与蒸发器的进、出水阀门。

2）起动冷却水泵、冷媒水泵、冷却塔风机，使冷却水系统和冷媒水系统处于正常的工作状态。

3）将制冷剂钢瓶置于磅秤上称重，并记下总重量。

4）将加氟管一头拧紧在氟瓶上，另一头与机组的加液阀虚接，然后打开氟瓶瓶阀。当看到加液阀与加氟管虚接口处有氟雾喷出时，就说明加氟管中的空气已排净，应迅速拧紧虚接口。

5）打开冷凝器的出液阀、制冷剂注入阀、节流阀，关闭压缩机吸气阀，制冷剂在氟瓶与机组内压差的作用下进入机组中。当机组内压力升至 0.4MPa（表压）时，暂时将注入阀关闭，然后使用电子卤素检漏仪对机组的各个阀口和管道接口处进行检漏，在确认机组各处无泄漏点后，可将注入阀再次打开，继续向机组中充灌制冷剂。

6）当机组内制冷剂压力和氟瓶内制冷剂压力平衡以后，可将压缩机的吸气阀稍微打开一些，使制冷剂进入压缩机内，直至压力平衡。然后起动压缩机，按正常的开机程序，使机组处于正常的低负荷运行状态（此时应关闭冷凝器的出液阀），同时观察磅秤上的称量值。当达到充灌量后，将氟瓶瓶阀关闭，然后再将注入阀关闭，充灌制冷剂工作结束。

2. 螺杆式制冷压缩机的加油操作

向螺杆式制冷压缩机充灌冷冻润滑油的方法有两种情况：一种是机组内没有润滑油的首次加油方法；另一种是机组内已有一部分润滑油，需要补充润滑油的操作方法。

（1）机组首次充灌冷冻润滑油的操作　首次充灌冷冻润滑油有以下三种常用方法：

1）使用外油泵加油。将所使用的加油泵的油管一端接在机组油粗过滤器前的加油阀上，另一端放入盛装冷冻润滑油的容器内，同时，将机组的供油止回阀和喷油控制阀关闭，打开油冷却器的出口阀和加油阀，然后起动加油泵，使冷冻润滑油经加油阀进入机组的油冷却器内，冷冻润滑油充满油冷却器后，将自动流入油分离器内，达到给机组加油的目的。

2）使用机组本身油泵加油。操作时，将加油管的一端接在机组的加油阀上，另一端置于盛油容器内，开启加油阀及机组的喷油控制阀、供油止回阀，然后起动机组本身的油泵，将冷冻润滑油抽进系统内。

3）真空加油法。真空加油法是利用制冷压缩机机组内的真空将冷冻润滑油抽入机组内的方法。操作时，要先将机组抽成一定程度的真空，将加油管的一端接在加油阀上，另一端放入盛有冷冻润滑油的容器中，然后打开加油阀和喷油控制阀，冷冻润滑油在机组内、外压差作用下被吸入机组内。

机组加油工作结束后，可起动机组的油泵，通过调节油压调节阀来调节油压，使油压维持在0.3~0.5MPa（表压）范围。开启能量调节装置，检查能量调节在加载和减载时工作是否正常，确认正常后可将能量调节至零位，然后关闭油泵。

（2）机组的补油操作方法　机组在运行过程中，发现冷冻润滑油不足时的补油操作方法是：将氟利昂制冷剂全部抽至冷凝器中，使机组内压力与外界压力平衡，此时可利用机组本身的油泵向机组内补充冷冻润滑油。同时，应注意观察机组油分离器上的液面计，待油面达到标志线上端约2.5cm时，停止补油工作。

应当注意的是：在进行补油操作中，压缩机必须处于停机状态。如果想在机组运行过程中进行补油操作，可将机组上的压力控制器调到"抽空"位置，用软管连接吸气过滤器上的加油阀，将软管的另一端插入盛油容器的油面以下，但不得插到容器底部。然后关小吸气阀，使吸气压力至真空状态，此时，可将加油阀缓缓打开，使冷冻润滑油缓慢地流入机组，达到加油量后关闭加油阀，调节吸气阀，使机组进入正常工作状态。

3. 螺杆式制冷压缩机起动前的准备工作

（1）试机前的准备工作

1）将机组的高低压压力继电器的高压压力值调定到高于机组正常运行的压力值，低压压力值调定到低于机组正常运行的压力值；将压差继电器的调定值定到0.1MPa（表压），使其当油压与高压压差低于该值时自动停机，或机组的油过滤器前后压差大于该值时自动停机。

2）检查机组中各有关开关装置是否处于正常位置。

3）检查油位是否保持在视液镜的1/2~1/3的正常位置上。

4）检查机组中的吸气阀、加油阀、制冷剂注入阀、放空阀及所有的旁通阀是否处于关闭状态，机组中的其他阀门是否处于开启状态。应重点检查位于压缩机排气口至冷凝器之间管道上的各种阀门是否处于开启状态，油路系统应确保畅通。

5）检查冷凝器、蒸发器、油冷却器的冷却水和冷媒水路上的排污阀、排气阀是否处于关闭状态，而水系统中的其他阀门是否处于开启状态。

6）检查冷却水泵、冷媒水泵及其出口调节阀、止回阀是否能正常工作。

（2）机组的试运行起动程序及运转调整

1）起动冷却水泵、冷却塔风机，使冷却水系统正常循环。

2）起动冷媒水泵并调整水泵出口压力，使其正常循环。

3）对于开启式机组，应先起动油泵，待工作几分钟后再关闭，然后用手盘动联轴器，观察其转动是否轻松。若不轻松，应进行检查处理。

4）检查机组供电的电源电压是否符合要求。

5）检查系统中所有阀门所处的状态是否符合要求。

6）闭合控制电柜总开关，检查操作控制柜上的指示灯能否正常亮。若不亮，应查明原因及时排除。

7）起动油泵，调节油压使其达到0.5~0.6MPa，同时将手动四通阀的手柄分别转动到增载、停止、减载位置，以检验能量调节系统能否正常工作。

8）将能量调节手柄置于减载位置，使滑阀退到零位，然后检查机组油温。若低于30℃，就应起动电加热器进行加热，使温度升至30℃以上，然后停止电加热器，起动压缩机运行，同时缓慢打开吸气阀。

9）机组起动后检查油压，并根据情况调整油压，使它高于排气压力0.15～0.3MPa。

10）依次递进，进行增载试验，同时调节节流阀的开度，观察机组的吸气压力、排气压力、油温、油压、油位及运转声音是否正常。如无异常现象，就可对压缩机继续增载至满负荷运行状态。

（3）试机时的停机操作

1）机组第一次试运转时间一般以30min为宜。达到停机时间后，先进行机组的减载操作，使滑阀回到40%～50%的位置，关闭机组的供液阀，关小吸气阀，停止运行主电动机，然后再关闭吸气阀。

2）待机组滑阀退到零位时，停止运行油泵。

3）关闭冷却水泵和冷却塔风机。

4）待10min以后关闭冷媒水泵。

4. 螺杆式制冷压缩机的开机操作

螺杆式制冷压缩机在经过试运转操作，并对发现的问题进行处理后，即可进入正常运转操作程序。其操作方法是：

1）确认机组中各有关阀门所处的状态符合开机要求。

2）向机组电气控制装置供电，并打开电源开关，使电源控制指示灯亮。

3）起动冷却水泵、冷却塔风机和冷媒水泵，应能看到三者的运行指示灯亮。

4）检测润滑油油温是否达到30℃。若不到30℃，就应打开电加热器进行加热，同时可起动油泵，使润滑油循环，温度均匀升高。

5）起动油泵运行以后，将能量调节控制阀置于减载位置，并确定滑阀处于零位。

6）调节油压调节阀，使油压达到0.5～0.6MPa。

7）闭合压缩机，起动控制电源开关，打开压缩机吸气阀，经延时后起动压缩机运行，在压缩机运行以后进行润滑油压力的调整，使其高于排气压力0.15～0.3MPa。

8）闭合供液管路中的电磁阀控制电路，起动电磁阀，向蒸发器供液态制冷剂，将能量调节装置置于加载位置，并随着时间的推移，逐级增载，同时观察吸气压力，通过调节膨胀阀，使吸气压力稳定在0.36～0.56MPa（表压）范围内。

9）压缩机运行以后，当润滑油温度达到45℃时，断开电加热器的电源，同时打开油冷却器冷却水的进、出口阀，使压缩机在运行过程中，油温控制在40～55℃范围内。

10）若冷却水温较低，可暂时将冷却塔的风机关闭。

11）将喷油阀开启1/2～1圈，同时应使吸气阀和机组的出液阀处于全开位置。

12）将能量调节装置调节至100%的位置，同时调节膨胀阀，使吸气过热度保持在6℃以上。

13）做好螺杆式制冷压缩机的运行记录，螺杆式制冷压缩机的运行记录表格式样见表3-5。

5. 机组起动运行中的检查

机组起动完毕投入运行后，应注意对下述内容的检查，确保机组安全运行。

表 3-5   螺杆式冷水机组的运行记录   日期：   年   月   日

记录时间	蒸发器					冷凝器					主电动机										滑阀位置	记录人
	冷媒		水压		水温		冷媒		水压		水温		润滑油			电 流			电 压				
	压力	温度	进水	出水	进水	出水	压力	温度	进水	出水	进水	出水	油位	油温	油压差	A相	B相	C相	A相	B相	C相		
备注																							

注：压力单位为 MPa，温度单位为℃，电流单位为 A，电压单位为 V。

1）冷媒水泵、冷却水泵、冷却塔风机运行时的声音、振动情况，水泵的出口压力、水温等各项指标是否在正常工作参数范围内。

2）润滑油的油温是否在 60℃以下，油压是否高于排气压力 0.15~0.3MPa，油位是否正常。

3）压缩机处于满负荷运行时，吸气压力值是否在 0.36~0.56MPa 范围内。

4）压缩机的排气压力是否在 1.55MPa 以下，排气温度是否在 100℃以下。

5）压缩机运行过程中，电动机的运行电流是否在规定范围内。若电流过大，就应调节至减载运行，防止电动机由于运行电流过大而烧毁。

6）压缩机运行时的声音、振动情况是否正常。

上述各项中，若发现有不正常情况时，应立即停机，查明原因，排除故障后，再重新起动机组。切不可带着问题让机组运行，以免造成重大事故。

6. 螺杆式制冷压缩机运行中的管理

螺杆式压缩制冷系统在运行中，随着外部条件（如空调系统在运行中所需冷量的增大或减少，冷却水温度和压力的改变等）的变化，将引起制冷系统运行中有关参数的变化，如蒸发压力的升高或降低，冷凝压力的变化，油压、油温的波动等。要保证制冷系统安全、可靠地运行，必须根据系统运行中有关运行参数的变化，对系统进行必要的调节。

（1）机组在运行中油压和油温的调节

1）螺杆式压缩制冷机组运行中油压的调节。螺杆式压缩制冷系统运行中油压的调节是通过调节油压调节阀开度的大小来实现的。当机组运行中油压偏低时，可顺时针转动阀杆；当油压偏高时，可逆时针转动阀杆。

在系统运行中，油压调节阀调节润滑油的压力，保证油压高于排气压力 0.15~0.3MPa，使机组的有关部位得到良好的润滑，保证机组的正常运转，使过量的润滑油回到油冷却器中。

油压调节阀的阀体为一个筒形零件，来自油泵的高压油由端部的进油口进入，由侧面的出油口流出,阀头被一个弹簧压在阀口上,弹簧变形的大小决定了调节后油压的大小。当阀杆顺时针转动时,使弹簧受到压缩,油压上升;当阀杆逆时针转动时,使弹簧变形减小,阀头在油压力的作用下向右移动,油压降低。

2)油温的调整。螺杆式制冷压缩机组在运行中,规定了油温不得低于30℃,也不得高于60℃。其油温是通过调整油分离器中的电加热器和油冷却器来实现的。

如果油温偏低,可开启油分离器中的电加热器对其加热升温;如果油温过高,可加大进入油冷却器内的冷却水量或降低冷却水温度,或既加大冷却水量又降低冷却水温。

(2)机组制冷量的调整　螺杆式制冷压缩机组制冷量的调节是通过安装在制冷压缩机内的一个滑阀控制装置来实现的。滑阀的位置受油活塞位置控制。手动四通阀有增载、停止和减载三个手柄位置。

对于未装电磁四通阀或装有电磁四通阀但处于不工作状态的机组,当油压处于正常状态时,可将手动四通阀的手柄置于增载位置,此时能量指针指示为100%,工作腔的有效长度最大。

如果在增载过程中,根据需要将手动四通阀旋向中间定位位置,油活塞在前后腔压力相同,滑阀位置相应确定,从而实现能量的无级调节。

如果将手动四通阀旋向减载位置,此时工作腔的有效长度最短,相应的压缩机的能量为最小,为全负荷的15%,而指示针在表板上的指示为零位。

采用滑阀调节可使机组的制冷量在15%~100%之间无级调节。滑阀所在的位置可通过制冷量指示器上的指针或仪表箱上的制冷量指示仪表指示出来。当制冷量逐渐减少时,电动机的功率消耗也相应减少。但须注意,机组上能量指示百分比只代表滑阀的位置及制冷量大小的变化,而不等于制冷量的百分比。

(3)压缩机的内容积比调节　螺杆式制冷压缩机属于容积式压缩机,具有内压缩性,有一定的内压力比,而制冷机的工作范围较宽,其工作压力比(冷凝压力与蒸发压力之比)随运行工况而定,因此,螺杆式制冷压缩机的内压力比也随之变化,使螺杆式制冷压缩机的内压力比接近或等于外压力比。此时机组的运转效率最高,否则,机组的运转将会形成等容压缩过程或等容膨胀过程,使压缩机消耗的功率增加。内压力比与外压力比之差越大,多消耗的功率也越大。因此,为使机组能长期经济运转,必须对机组的内容积进行调节,使内压力比接近或等于外压力比。

内容积比调节的方法如下:

1)根据机组运行的工况计算外压力比。

$$外压力比 = \frac{冷凝压力}{蒸发压力} = \frac{排气压力 + 0.1MPa}{吸气压力 + 0.1MPa}$$

压力单位为:MPa。

2)开动油泵,将四通阀调至增载位置,使滑阀左移贴紧可调滑阀,此时可检查能量指示装置指针所指示的内压力比数值是否等于外压力比,如内压力比与外压力比不相等,则应进行调节。

3)将四通阀调至减载位置,使滑阀离开可调滑阀,当能量指针指向所需调定压力比时,可将四通阀旋向定位位置,然后卸下调节丝杠的密封帽,缓慢旋转调节丝杠,顺时针旋转时压力比减小,逆时针旋转时压力比增加,直至与可调滑阀相贴合。调节结束后,可将滑阀减载一部分后再次增载，使滑阀贴紧可调滑阀，此时检查能量指针指示数值与外压力比是否相等，如内外压力比不等，可再重复调节，直至相等为止。若可能，最好停车进行调节。

4）装上密封帽，内容积比调节结束之后可再按正常程序开车。

螺杆式制冷压缩机起动运行起来以后，应注意观测其运行中的主要工作参数，看其工作状态是否正常。

7. 螺杆式制冷压缩机正常运行的标志

1）压缩机排气压力为 $10.8 \times 10^5 \sim 14.7 \times 10^5$ Pa（表压）。

2）压缩机排气温度为 45～90℃，最高不得超过 105℃。

3）压缩机的油温为 40～55℃。

4）压缩机的油压为 $1.96 \times 10^5 \sim 2.94 \times 10^5$ Pa（表压）。

5）压缩机的运行电流在额定值范围内，以免因运行电流过大而造成压缩机电动机的烧毁。

6）压缩机运行过程中声音应均匀、平稳、无异常。

7）机组的冷凝温度应比冷却水温度高 3～5℃，冷凝温度一般应控制在 40℃ 左右，冷凝器进水温度应在 32℃ 以下。

8）机组的蒸发温度应比冷媒水的出水温度低 3～4℃，冷媒水出水温度一般为 5～7℃。

在正常运行管理过程中，如发现异常现象，为保护螺杆式制冷压缩机机组安全，就应实施紧急停机。其操作方法是：

1）停止压缩机运行。

2）关闭压缩机的吸气阀。

3）关闭机组供液管上的电磁阀及冷凝器的出液阀，停止向蒸发器供液。

4）停止油泵工作。

5）关闭油冷却器的冷却水进水阀。

6）停止冷媒水泵、冷却水泵和冷却塔风机。

7）切断总电源。

8. 螺杆式制冷压缩机的停机操作

（1）机组的自动停机　螺杆式制冷压缩机在运行过程中，若机组的压力、温度值超过规定值范围时，机组控制系统中的保护装置会发挥作用，自动停止压缩机工作，这种现象称为机组的自动停机。

机组自动停机时，其机组的电气控制板上相应的故障指示灯会点亮，以指示发生故障的部位。遇到此种情况时，主机停机后，其他部分的停机操作可按紧急停机方法处理。在完成停机操作后，应对机组进行检查，待排除故障后才可以按正常的起动程序进行重新起动运行。

（2）机组的长期停机　由于用于中央空调冷源的螺杆式制冷压缩机是季节性运行，因此，机组的停机时间较长。为保证机组的安全，在季节停机时，可按以下方法进行停机操作：

1）在机组正常运行时，关闭机组的出液阀，使机组减载运行，将机组中的制冷剂全部抽至冷凝器中。为使机组不会因吸气压力过低而停机，可将低压压力继电器的调定值调为0.15MPa。当吸气压力降至 0.15MPa 左右时，压缩机停机，当压缩机停机后，可将低压压力值再调回。

2）将停止运行后的油冷却器、冷凝器、蒸发器中的水卸掉，并把残存水放干净，以防冬季冻坏其内部的传热管。

3）关闭机组中的有关阀门，检查是否有泄漏现象。

4）每星期应起动润滑油油泵运行 10～20min，以使润滑油能长期均匀地分布到压缩机内的各个工作面，防止机组因长期停机而引起机件表面缺油，造成重新开机时的困难。

（三）离心式制冷压缩机的调试与运行管理的要求和方法

1. 起动前的准备工作

离心式制冷压缩机起动前的准备工作主要有以下几项：

（1）压力检漏试验 压力检漏是指将干燥的氮气充入离心式制冷压缩机的系统内，通过对其加压来进行检漏的方法。其具体操作方法是：

1）充入氮气前关闭所有通向大气的阀门。

2）打开所有连接管路、压力表、抽气回收装置的阀门。

3）向系统内充入氮气。充入氮气的过程可以分成两步进行：第一步，先充入氮气，至压力为 0.05～0.1MPa 时止，检查机组有无大的泄漏，确认无大的泄漏后，再加压；第二步，对于使用 R12、R22、R134a 为制冷剂的机组，可加压至 1.2MPa 左右（对于使用 R11、R123 制冷剂的机组，加压至 0.15MPa 左右为宜）。若机组装有防爆片装置，则氮气压力应小于防爆片的工作压力。

充入氮气工作结束后，可用肥皂水涂抹机组的各接合部位、法兰、填料盖、焊接处，检查有无泄漏，若有泄漏疑点，就应做好记号，以便维修时用。对于蒸发器和冷凝器的管板法兰处，应卸下水室端盖进行检查。

在检查中若发现有微漏现象，可向系统内充入少量氟利昂制冷剂，使氟利昂制冷剂与氮气充分混合后，再用电子检漏仪或卤素检漏灯进行确认性检漏。

在确认机组各检测部位无泄漏以后，应进行保压试漏工作，其要求是：在保压试漏的 24h 内，前 6h 机组的压力下降值应不超过 2%，其余 18h 应保持压力稳定。若考虑环境温度变化对压力值的影响，可按下式计算压力变化的波动值 Δp。

$$\Delta p = p_1 \frac{273 + t_2}{273 + t_1}$$

式中　p_1——试验开始时机组内的压力（Pa）；

　　　t_1——试验开始时的环境温度（℃）；

　　　t_2——试验结束时的环境温度（℃）。

（2）机组的干燥除湿 在压力检漏合格后，下一步工作是对机组进行干燥除湿。干燥除湿的方法有两种：一种为真空干燥法，另一种为干燥气体置换法。

真空干燥法的具体方法是：用高效真空泵将机组内的压力抽至 666.6～1333.2Pa 的绝对压力，此时水的沸点降至 1～10℃，远远低于当地温度，造成机组内残留的水分充分汽化，并被真空泵排出。

干燥气体置换法的具体方法是：利用高真空泵将机组抽成真空状态后，充入干燥氮气，促使机组内残留的水分汽化，通过观察 U 形水银压力计水银柱高度的增加状况，反复抽真空充氮气 2～3 次，以达到除湿的目的。

（3）真空检漏试验　根据 GB/T 18430.1—2007 标准中的规定，机组的真空度应保持在 0.033kPa 的水平。真空检漏试验的操作方法是：将机组内部抽成绝对压力为 2666Pa 的状态，停止真空泵的工作，关闭机组连通真空泵的波纹管阀，等待 1~2h 后，若机组内压力回升，可再次起动真空泵抽空至绝对压力 2666Pa 以下，以除去机组内部残留的水分或制冷剂蒸气。若如此反复多次后，机组内压力仍然上升，可怀疑机组某处存在泄漏，应重做压力检漏试验。

从停止真空泵最后一次运行开始计时，若 24h 后机组内压力不再升高，可认为机组基本上无泄漏，可再保持 24h。若再保持 24h 后，机组内真空度的下降总差值不超过 1333Pa，就可认为机组真空度合格。若机组内真空度的下降总差值超过 1333Pa，则需要继续做压力检漏试验，直到合格为止。

2. 离心式制冷压缩机的加油操作

在压力检漏和干燥处理工作完成以后，制冷剂充灌之前，离心式制冷压缩机应进行冷冻润滑油的充灌工作。其操作方法是：

1）将加油用的软管一端接油泵油箱（或油槽）上的润滑油充灌阀，另一端的端头用 300 号筛铜丝过滤网包扎好后，浸入油桶（罐）之中。开启充灌阀，靠机组内、外压力差将润滑油吸入机组中。

2）对使用 R134a（或 R123）的机组，初次充灌的润滑油油位标准是从视液镜上可以看到油面高度为 5~10mm。因为当制冷剂充入机组后，制冷剂在一定温度、压力下溶于油中，使油位上升。若机组中油位过高，就会淹没增速箱及齿轮，造成油溅，使油压剧烈波动，进而使机组无法正常运行。而对于使用 R22 的机组，由于润滑油与制冷剂互溶性差，所以可一次注满。

3）冷冻润滑油初次充灌工作完成后，应随即接通油槽下部的电加热器，加热油温至 50~60℃后，电加热器投入"自动"操作。润滑油被加热以后，溶入油中的制冷剂会逐渐逸出。当制冷剂全部逸出，油位处于平衡状态时，润滑油的油位应在视液镜刻度中线 ±5mm 的位置上。若油量不足，就应再接通油罐，进行补充。

4）进行补油操作时，由于机组中已有制冷剂，因此机组内压力大于大气压力，可采用润滑油充填泵进行加油操作。

3. 离心式制冷压缩机的充氟操作

离心式制冷压缩机在完成了充灌冷冻润滑油的工作后，下一步应进行制冷剂的充灌操作，其操作方法是：

1）用铜管或 PVC（聚氯乙烯）管的一端与蒸发器下部的加液阀相连，而另一端与制冷剂贮液罐顶部接头相连，并保证有好的密封性。

2）加氟管（铜管或 PVC 管）中间应加干燥器，以去除制冷剂中的水分。

3）充灌制冷剂前应对油槽中的润滑油进行加热（至 50~60℃）。

4）若在制冷压缩机处于停机状态时充灌制冷剂，可起动蒸发器的冷媒水泵（加快充灌速度及防止管内静水结冰）。初灌时，机组内应具有 0.866×10^5 Pa 以上的真空度。

5）随着充灌过程的进行，机组内的真空度下降，吸入困难（当制冷剂已浸没两排传热管以上）时，可起动冷却水泵运行，按正常起动操作程序运转压缩机（进口导叶开度为 15%~25%，避开喘振点，但开度又不宜过大），使机组内保持 0.4×10^5 Pa 的真空度，继续吸入制冷剂至规定值。

在充灌制冷剂的过程中，当机组内真空度减小，吸入困难时，也可采用吊高制冷剂钢瓶提高液位的办法继续充灌，或用温水加热钢瓶。但不可用明火对钢瓶进行加热。

6）充灌制冷剂的过程中应严格控制制冷剂的充灌量。各机组的充灌量均标明在《使用说明书》及《产品样本》上。机组首次充入量应约为额定值的 50% 左右。待机组投入正式运行时，根据制冷剂在蒸发器内的沸腾情况再作补充。

制冷剂一次充灌量过多，会引起压缩机内出现"带液"现象，造成主电动机功率超负荷和压缩机出口温度急剧下降；机组中制冷剂充灌量不足，在运行中会造成蒸发温度（或冷媒水出口温度）过低而自动停机。

4. 负荷试机

负荷试机前的准备工作包括：

1）检查主电源、控制电源、控制柜、起动柜之间的电气线路和控制管路，确认接线正确无误。

2）检查控制系统中各调节项目、保护项目、延时项目等的控制设定值，其应符合技术说明书上的要求，并且动作要灵活、正确。

3）检查机组油槽的油位，油面应处于视液镜的中央位置。

4）油槽底部的电加热器应处于自动调节油温位置；点动油泵使润滑油循环，润滑油循环后油温下降，此时应继续加热，使其温度保持在 $50 \sim 60℃$，应反复点动多次，使系统中的润滑油温超过 $40℃$。

5）开启油泵后调整油压至 $0.196 \sim 0.294MPa$。

6）检查蒸发器视液镜中的液位，看是否达到规定值。若达不到规定值，应补充润滑油，否则，不准开机。

7）起动抽气回收装置运行 $5 \sim 10min$，并观察其电动机转向。

8）检查蒸发器、冷凝器进出水管的连接是否正确，管路是否畅通，冷媒水、冷却水系统中的水是否灌满，冷却塔风机能否正常工作。

9）将压缩机的进口导叶调至全闭状态，能量调节阀调至"手动"状态。

10）起动蒸发器的冷媒水泵，调整冷媒水系统的水量和排除其中的空气。

11）起动冷凝器的冷却水泵，调整冷却水系统的水量和排除其中的空气。

12）检查控制柜上各仪表指示值是否正常，指示灯是否亮。

13）当抽气回收装置未投入运转或机组处于真空状态时，它与蒸发器、冷凝器顶部相通的两个波纹管阀门均应关闭。

14）检查润滑油系统，各阀门应处于规定的启闭状态，即高位油箱和油泵油箱的上部与压缩机进口处相通的气相平衡管应处于贯通状态，油引射装置两端波纹管阀应处于暂时关闭状态。

15）检查浮球阀是否处于全闭状态。

16）检查主电动机冷却供、回液管上的波纹管阀，抽气回收装置中供、回液管上各阀门是否处于开启状态。

17）检查各引压管线阀门、压缩机及主电动机气封引压阀门等是否处于全开状态。

负荷试机的开机操作程序如下：

1）起动冷却水泵和冷媒水泵。

2）打开主电动机和油冷却水阀，向主电动机冷却水套及油冷却器供水。

3）起动油泵，调节油压，使油压（表压）在 $19.6 \times 10^5 \sim 29.6 \times 10^5$ Pa 之间。

4）起动抽气回收装置。

5）检查导叶位置及各种仪表。

6）起动主电动机，开启导叶，达到正常运行。

在确认机组一切正常后，可停止负荷试机，以便为正式起动运行做准备。

负荷试机的停机操作程序如下：

1）停止主电动机工作，待主电动机完全停止运转后再停止油泵运行。

2）停止冷却水泵和冷媒水泵的运行，关闭供水阀。

3）根据需要接通油箱的电加热器或使其自动工作，保持油温在 $55 \sim 60℃$，以便为正式运行做准备。

5. 离心式制冷压缩机的开机操作

离心式压缩机的起动运行方式有"全自动"运行方式和"部分自动"（即手动起动）运行方式两种。离心式压缩机无论是全自动运行方式还是部分自动运行方式的操作，其起动连锁条件和操作程序都是相同的。制冷机组起动时，若起动连锁回路处于下述任何一项时，即使按下起动按钮，机组也不会起动。例如，导叶没有全部关闭；故障保护电路动作后没有复位；主电动机的起动器不处于起动位置上；按下起动开关后润滑油的压力虽然上升了，但升至正常油压的时间超过了 20s；机组停机后再起动的时间未达到 15min；冷媒水泵或冷却水泵没有运行或水量过少等。

当主机的起动运行方式选择"部分自动"控制时，主要是指冷量调节系统是人为控制的，而一般油温调节系统仍是自动控制，起动运行方式的选择对机组的负荷试机和调整都没有影响。

机组起动方式的选择原则是：新安装的机组及机组大修后进入负荷试机调整阶段，或者蒸发器运行工况需要频繁变化的情况下，常采用主机"部分自动"的运行方式，即相应的冷量调节系统选择"部分自动"的运行方式；当负荷试机阶段结束，或蒸发器运行的使用工况稳定以后，可选择"全自动"运行方式。

无论选择何种运行方式，机组开始起动时均由操作人员在主电动机起动过程结束达到正常转速后，逐渐地开大进口导叶开度，以降低蒸发器出水温度，直至达到要求值，然后将冷量调节系统转入"全自动"程序或仍保持"部分自动"的操作程序。

起动离心式制冷压缩机的操作方法如下：

1）起动操作。对就地控制机组（A型），按下"清除"按钮，检查除"油压过低"指示灯亮外，是否还有其他故障指示灯亮，若有，应查明原因，并予以排除。对集中控制机组（B型），待"允许起动"指示灯亮时，闭合操作盘（柜）上的开关至起动位置。

2）起动过程的监视与操作。在"全自动"状态下，油泵起动运转延时 20s 后，主电动机应起动。此时应监听压缩机运转中是否有异常情况，如发现有异常情况，应立即进行调整和处理，若不能马上调整和处理，应迅速停机处理后再重新起动。

当主电动机运转电流稳定后，迅速按下"导流叶片开大"按钮。每开启 5% ~ 10% 导叶角度，应稳定 3 ~ 5min，当供油压力值回升后，再继续开启导叶。当蒸发器出口冷媒水温度接近要求值时，对导叶的手动控制可改为温度自动控制。

起动过程中应注意的事项如下：

① 冷凝压力表上的读数不允许超过极限值 $0.78 \times 10^5 Pa$（表压），否则会停机。若压力过高，必要时可用"部分自动"起动方式运转抽气回收装置约 30min 或加大冷却水流量来降低冷凝压力。

② 压缩机进口导叶由关闭至额定制冷量工况的全开过程，供油压力表上的读数约下降 $(0.686 \sim 1.47) \times 10^5 Pa$（表压）。若下降幅度过大，就可在表压为 $1.57 \times 10^5 Pa$ 时稳定 30min，待机组工况平稳后，再将供油压力调至规定值 $(0.98 \sim 1.47) \times 10^5 Pa$（表压）的上限。

③ 要注意观察机组油槽油位的状况，因为过高的供油压力将会造成漏油故障。压缩机运行时，必须保证压缩机出口气压比轴承回油处的油压约高 $0.1 \times 10^5 MPa$，只有这样，才能使压缩机叶轮后充气密封、主电动机充气密封、增速箱箱体与主电动机回液（气）腔之间的充气密封起到封油的作用。

④ 油槽油位的高度反映了润滑油系统循环油量的大小。机组起动之前，制冷剂可能较多地溶解于油中，造成油槽视液镜中的油位上升。随着进口导叶开度的加大、轴承回油温度的上升及油槽油温的稳定，在油槽油面及内部聚集着大量的制冷剂气泡，若此时油压指示值稳定，则这些气泡属于机组起动及运行初期的正常现象。待机组稳定运行 $3 \sim 4h$ 后，气泡即慢慢消失，此时油槽中的油位才是真实油位。

⑤ 在机组起动时，由于油槽中有大量的气泡产生，供油压力会呈缓慢下降的趋势，此时，应严密监视油压的变化。当油压降到机组最低供油压力值（如表压 $0.78 \times 10^5 Pa$）时，应做紧急停机处理，以免造成机组的严重损坏。

3）机组起动及运行过程中，油槽中的油温应严格控制在 $50 \sim 60℃$。若油槽中油温过高，可切断电加热器或加大油冷却器供液量，使油温下降。

4）供油油温应严格控制在 $35 \sim 50℃$ 之间，与油槽油温同时调节，方法相同。

5）机组轴承中，叶轮轴上的推力轴承温度最高，应严格控制各轴承温度不大于 $65℃$。

6）机组在起动过程中还需注意以下几个问题：

① 压缩机进口导叶关至零位。

② 油槽中的油温需大于或等于 $40℃$。

③ 供油压力需大于 250kPa。

④ 冷媒水和冷却水供应正常。

⑤ 两次开机时间间隔大于 20min。

若上述五项中任何一项不具备，则主电动机就不能起动。

离心式压缩机运行的正常操作参数见表3-6。

7）机组运行记录表应妥善保存，以备分析检查之用。

6. 离心式制冷压缩机运行中的管理

离心式压缩机的起动运行以后，应注意检测机组机械部分运转是否正常，主要工作内容是：

1）注意监听压缩机转子、齿轮啮合、油泵、主电动机径向轴承等部分，是否有金属撞击声、摩擦声或其他异常声响，并判断压缩机在出现异常声响后是否停机。

表3-6 离心式压缩机运行的正常操作参数

操作参数	正常值	操作参数	正常值
油槽油位	油槽视液镜水平中线±5mm	冷凝压力（表压）	<0.076MPa（R123机组）
油槽油温	55~65℃（19DK/DM机组为60~65℃）	蒸发器冷水出水温度	(7±0.3)℃
轴承供油温度	35~50℃	冷凝器冷却水进水温度	(32±0.3)℃
轴承温度①	≤70℃（不低于45℃）	冷凝器与回收冷凝器压差	0.0137~0.027MPa
机壳顶部轴承位振动	≤0.03mm（双振幅）	主电动机电流	因机组的不同容量而异
轴承供油压力（表压）	0.1~0.2MPa（19DK/DM机组为0.138~0.172MPa）	压缩机进口导叶开度	100%
主电动机端盖轴承部位振动	≤0.03mm（双振幅）	蒸发器中制冷剂液位	视液镜水平中线±10mm

① 19DK/DM型机组运行时，要求轴承回油温度应在66~80℃。

2）监视供油压力表、油槽油位、控制柜上电流表、制冷剂液位等的摆动与波动情况，并判断发生强烈振动的原因，决定是否停机。

3）若需用"部分自动"方法停机时，应记录（或自动打印出）停机时运行的各主要参数的瞬时读数值，供判断分析故障用。

4）检查机组外表面是否有过热状况，包括主电动机外壳、蜗壳出气管、供回油管、冷凝器筒体等位置。

5）冷凝器出水温度一般应在18℃以上。为确保主电动机的冷却效果，冷凝器的进水温度与蒸发器的出水温度之差应大于20℃。

6）轴承回油温度与供油温度之差应小于20℃，且应在运行过程中保持稳定。

7）做好离心式冷水机组运行检测记录，离心式冷水机组运行检测记录见表3-7。

表3-7 离心式冷水机组运行检测记录   机组编号：   日期： 年 月 日

记录时间	蒸发器					冷凝器					导叶开度(%)	轴承温度	润滑油			主电动机						记录人
	冷冻水				冷媒水	冷却水				冷媒水						电流			电压			
	温度		压力		压力	温度	温度		压力		压力		油位	油温	油压差	百分比	A相	B相	C相	A相	B相	C相	
	进水	出水	进水	出水	温度	进水	出水	进水	出水	压力	温度											
备注																						

注：温度单位为℃，压力单位为MPa，电流单位为A，电压单位为V。

离心式制冷压缩机正常运行的标志如下：

1）压缩机吸气口温度应比蒸发温度高1~2℃或2~3℃。蒸发温度一般在0~10℃，一般机组多控制在 0 ~ 5℃ 。

2）压缩机排气温度一般不超过 70℃ 。如果排气温度过高，会引起冷却水水质的变化，杂质分解增多，使设备被腐蚀损坏的可能性增加。

3）油温应控制在 43℃ 以上，油压差应在 0.15 ~ 0.2MPa 。润滑油泵轴承温度应为 60 ~ 74℃ 。如果润滑油泵运转时轴承温度高于 83℃ ，就会引起机组停机。

4）冷却水通过冷凝器时的压力降低范围应为 0.06 ~ 0.07MPa ，冷媒水通过蒸发器时的压力降低范围应为 0.05 ~ 0.06MPa 。如果超出要求的范围，就应通过调节水泵出口阀门及冷凝器、蒸发器的进水阀门进行调整，将压力控制在要求的范围内。

5）冷凝器下部液体制冷剂的温度，应比冷凝压力对应的饱和温度低 2℃ 左右。

6）从电动机制冷剂冷却管道的含水量指示器上，应能看到制冷剂液体的流动及干燥情况在合格范围内。

7）机组的冷凝温度应比冷却水的出水温度高 2 ~ 4℃ ，冷凝温度一般控制在 40℃ 左右，冷凝器进水温度要求在 32℃ 以下。

8）机组的蒸发温度比冷媒水出水温度低 2 ~ 4℃ ，冷媒水出水温度一般为 5 ~ 7℃ 。

9）控制盘上电流表的读数小于或等于规定的额定电流值。

10）机组运行声音均匀、平稳，听不到喘振现象或其他异常声响。机组的故障停机是指机组在运行过程中某部位出现故障，电气控制系统中保护装置动作，实现机组正常自动保护的停机。

机组运行出现问题时，应进行故障停机操作。在出现故障时，机组控制装置会有报警（声、光）显示，操作人员可先按机组运行说明书中的提示，先消除报警的声响，再按下控制屏上的显示按钮，故障内容会以代码或汉字显示。按照提示，操作人员即可进行故障排除。若停机后按下显示按钮时，控制屏上无显示，则表示故障已被控制系统自动排除，应在机组停机 30min 后再按正常起动程序重新起动机组。

7. 离心式制冷压缩机运行中的调节

（1）离心式制冷压缩机的基本调节方法　离心式制冷压缩机常用的调节方法为进口节流调节、转速调节和进口导叶调节三种方式。

1）离心式制冷压缩机的进口节流调节。这种调节方法是在离心式制冷压缩机的进气管路上安装节流阀，通过改变节流阀的开度，改变压缩机运行的特性曲线和机组的运行工况，从而适应空调负荷的变化。

这种进口节流调节方法一般用于离心式制冷压缩所配电动机转速无法改变的小制冷量的机组上，方法简单，操作方便。

2）离心式制冷压缩机的转速调节。离心式制冷压缩机的转速调节是一种经济的调节方法，它可以避免其他任何调节方法所带来的附加损失。在采用转速调节时，随着压缩机转速的下降，其对应压力下的压缩机喘振流量点向小流量方向逐渐移动。如果转速增加，效果则相反。离心式制冷机组在采用等制冷量调节时（即蒸发温度 t_0 一定），一般是通过改变冷凝器冷却水的进水温度来进行调节的。

3）离心式制冷压缩机的进口导叶调节。目前，空调用离心式制冷压缩机基本上都是采用这种调节方法来进行系统能量调节的。这是由于离心式制冷压缩机采用轴向或径向进口导叶调节的，所以调节方法简单，调节工况范围较宽。在导叶角度接近全闭时进口导叶调节类似于进口节流情况，其余角度调节的经济性均优于进口节流调节的方法。

离心式压缩机运行时采用进口导叶调节制冷负荷时应注意以下几点：

① 对于空调用离心式制冷压缩机，进口导叶开度在70%时，压缩机效率最高，但开度在70%~100%时，负荷制冷量调节性较差，约为3.6%。当开度小于30%时，随着导叶开度的减小，进口导叶的节流作用增加，气流的冲击损失增加，效率急剧下降，因此应尽量避免导叶开度在30%以下运行。

② 当采用手动方式调节进口导叶开度时，必须缓慢均匀。每次加大角度以5°~10°为宜，切忌猛开和猛闭。这是因为水温的变化需要有一段缓慢上升或缓慢下降的过程才能稳定，而且这个过程比手动调节导叶的开闭速度要慢得多。例如，需减少制冷量而关小进口导叶角度时，如果关小导叶的幅度和速度过大，压缩机吸入的气体流量突然减小，但此时冷水的出水温度较低，因而压缩机将在小流量、高压比区运行，容易发生喘振。同样，需增大制冷量而开大导叶角度时，如果开大导叶的幅度和速度过大，压缩机吸入的气体流量会突然增大，但此时水温高，因而造成压缩机在大流量、低压比区运行，容易发生堵塞现象（堵塞的状态与喘振相似），故影响机组的正常运行。

(2) 离心式制冷压缩机的喘振与防喘振调节　离心式制冷机组在运行中发生喘振时，压缩机内的气流大约每秒发生一次脉动。小制冷量机组的脉动频率比大型机组高，但振幅小些（反之则频率低，振幅大）。机组发生喘振时，在产生刺耳噪声的同时，压缩机将产生剧烈的振动并且轴承温度急剧上升（尤其是压缩机转子上的推力轴承）。同时由于压缩机气流出口产生反复倒灌、吐出、来回撞击，使主电动机交替出现空载和满载，主电动机运行电流表指针和压缩机出口压力计（如U形水银压力计）的水银面产生大幅度无规律的强烈摆动和跳动。压缩机的转子在机内轴向发生来回窜动，并伴有金属的摩擦和撞击声。

离心式制冷压缩机在运行中产生喘振的原因，主要是压缩机叶轮内气流流量减少，其运行工况点将向高压缩比方向移动，进入压缩机的制冷剂气流方向发生变化，从而使气流在叶轮入口处产生较大的正冲角，因而叶轮上叶片的非工作面产生严重的气流"脱离"现象，气动损失增大，在叶轮的出口处产生负压区，这样就使冷凝器或蜗壳内原有正压气流沿压降方向倒灌，这股倒灌的气流退回叶轮内，又使叶轮内的混合流量增大，叶轮又可以正常工作。如果此时的运转仍未脱离喘振点（区），又反复出现气流的负压区和"倒灌"，气流这种周期性的往返脉动，正是压缩机出现喘振的根本原因。压缩机的运行工况进入喘振并不是突然发生的，喘振的程度随着工况运行点向小流量方向深入到喘振区内越来越加剧。由于压缩机的喘振现象破坏性较大，因此运行中应力求避免此现象的产生，一旦产生，应采取紧急措施迅速排除。

离心式制冷压缩机的防喘振调节一般有两种方法。一种方法是将冷凝器顶部与蒸发器顶部（或压缩机进气管段）连接成旁通回路，且在回路上设置旁通调节阀。此种方式防喘振的工作原理是：使压缩机的部分排气不参加制冷循环而直接回到压缩机入口，补充可能出现的最小喘振流量，从而使压缩机的运行点脱离喘振区。制冷量越小，进入压缩机喘振区越远，这时，进行防喘振调节的旁通回路中的调节阀开度应越大，反之，开度应越小。另一种方法是对制冷压缩机的进口导叶开度限位，即设置防止制冷压缩机运行时产生喘振的进口导叶最低位置。

制冷压缩机的堵塞是指其工作流量达到最大值，即达到了叶轮流道喉部所能允许通过的

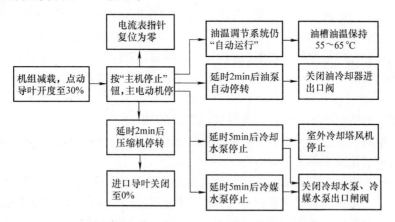

最大流量数值，也就是压缩机流道中某个最小截面处的气流速度达到了音速。叶轮对气体所做的功全部用来克服流动损失，而气体的压力并未升高（压缩比为无限小），机组就会在大制冷量运行区域出现与喘振类似的堵塞现象，堵塞时的流量为机组的极限流量。

8. 离心式制冷压缩机运行中的停机操作

离心式制冷压缩机运行中的正常停机操作一般采用手动方式，基本上可以按正常起动过程的逆过程进行。

正常停机的程序如图 3-41 所示。

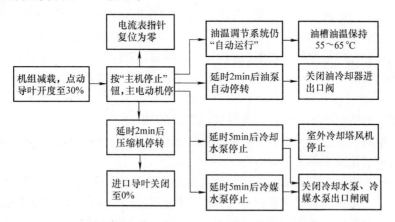

图 3-41　离心式制冷机组正常停机的操作程序

机组正常停机过程中应注意以下几个问题：

1）停机后，油槽油温应继续维持在 50～60℃，以防止制冷剂大量溶入冷冻润滑油中。

2）压缩机停止运转后，冷媒水泵应继续运行一段时间，保持蒸发器中制冷剂的温度在 2℃以上，防止冷媒水产生冻结。

3）在停机过程中要注意主电动机有无反转现象，以免造成事故。主电动机反转是由于在停机过程中，压缩机的增压作用突然消失，蜗壳及冷凝器中的高压制冷剂气体倒灌所致的。因此，在保证安全的前提下，压缩机停机前应尽可能关小导叶角度，降低压缩机出口压力。

4）停机后，抽气回收装置与冷凝器、蒸发器相通的波纹管阀、小活塞压缩机的加油阀、主电动机、回收冷凝器、油冷却器等的供应制冷剂的液阀，以及抽气装置上的冷却水阀等应全部关闭。

5）停机后仍应保持主电动机的供油、回油的管路畅通，油路系统中的各阀一律不得关闭。

6）停机后除向油槽进行加热的供电和控制电路外，机组的其他电路应一律切断，以保证停机安全。

7）检查蒸发器内制冷剂液位高度，与机组运行前比较，应略低或基本相同。

8）再检查一下导叶的关闭情况，必须确认处于全关闭状态。

（四）溴化锂制冷机的调试与运行管理的要求和方法

1. 起动前的准备工作

溴化锂制冷机运行前的准备工作主要有以下内容：

（1）机组的气密性检查　无论溴化锂制冷机组是新机组还是已使用过的旧机组，在每次运行前都应进行气密性检查。其操作方法是：向机组的真空系统内充入 0.08～0.1MPa（表压）压力的氮气或干燥无油的压缩空气，然后在机组的各焊缝、法兰等连接处涂抹肥皂水，并仔细进行检查。若发现有肥皂泡连续出现的部位，即为泄漏点，发现泄漏点后要做好记号，将机组中试漏气体放出后，再进行维修。

补漏的方法是：焊接处有砂眼、裂纹时，可用焊接方法修补；传热管胀口泄漏，可重新扩胀口进行维修；管壁破裂可焊补或更换；真空隔膜阀的胶垫或阀体泄漏时，则应更换。

如因视液镜法兰的衬垫发生断裂、破损而造成泄漏时，就应采用与原衬垫相同材料的衬垫进行更换。在更换衬垫时可在其表面涂真空脂，然后再与设备压紧，即可不再泄漏。一般所使用的衬垫材料有耐热橡胶、高温石棉纸、聚四氟乙烯等。

若机组有的裂痕或砂眼不太好进行焊接时，将铁粉与 102 粘合剂进行混合后涂抹到裂痕处即可。

在修补机组后应重做压力试验，直到确认无泄漏时为止。

为检验机组的密封性能，可在确认无泄漏后进行保压 24h 的试验。考虑到环境因素，一般要求 24h 后机组压降不得大于 66.65Pa。

通过上述试验确认机组无泄漏以后，放掉试漏用的气体再做真空检漏试验。在进行真空检漏试验时，可采用真空泵对机组进行抽真空。抽真空操作时应注意：为防止真空泵因长时间工作造成泵体内温度过高而影响其工作性能，可采取间歇抽真空操作。当真空泵过热时，应及时更换机体内已经乳化了的泵油，并注意真空泵体表面不应出现凝露现象，若有凝露现象，应使用热气将其除去。

当机组内压力达到 65Pa 以下，保压 24h 后，其压力回升值在 5～10Pa 范围内为合格。否则，应继续进行检漏、修补和真空试验，直到合格为止。

进行真空检漏时，常用的真空测量仪表有 U 形管绝对压力计和旋转式真空计等（见图 3-42、图 3-43）。这两种测量仪表均可直接读出机内的绝对压力。

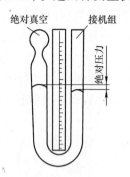

图 3-42　U 形管绝对压力计

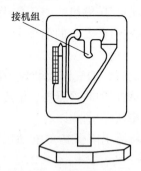

图 3-43　旋转式真空计

绝对压力值与测量时的温度有关。考虑温度对绝对压力的影响时，机组内绝对压力升高值 Δp 应按下式计算：

$$\Delta p = (p_2 - p_1)\frac{273 + t_2}{273 + t_1}$$

式中　p_1、t_1——开始试验时机内的绝对压力（Pa）和温度（℃）；

p_2、t_2——试验结束时机内的绝对压力（Pa）和温度（℃）。

（2）其他方面的检查

1）电器、仪表的检查。检查的内容包括电源供电电压是否正常，控制箱动作是否可靠，温度与压力继电器的指示值是否符合要求，调节阀的设定值是否正确，动作是否灵敏，流量计与温度计等测量仪表是否达到精度要求。

2）检查各阀门位置是否符合要求。

3）检查真空泵的油位与动作。真空泵油位应在视液镜中部。观察泵润滑油的颜色，若呈乳白色，就应更换新油。用手转动皮带盘，检查转动是否灵活，转向是否正确。

4）检查屏蔽泵电动机的绝缘电阻值是否符合要求。

5）检查蒸汽凝结水系统、冷却水系统和冷媒水系统的管路。若冷却水和冷媒水系统均为循环水时，还要检查水池水位。水位不足时，要添加补充水。

（3）机组的清洗　开机前的溴化锂机组在经过严格的气密性检验后，必须进行清洗。清洗的目的包括：一是检查屏蔽泵的转向和运转性能，二是清洗内部系统中的污垢，三是检查冷剂和溶液循环管路是否畅通。

清洗时最好选用蒸馏水。若没有蒸馏水，也可以使用符合表 3-8 水质要求的自来水。清洗的操作方法是：

表 3-8　清洗用水质要求

不纯物	容许限度	不纯物	容许限度
pH	7	Na^+，K^+	50×10^{-6} 以下
硬度（Ca、Mg）	20×10^{-6} 以下	Fe^{2+}	5×10^{-6} 以下
油分	0	HN_4^+	少
Cl^{2-}	10×10^{-6} 以下	Cu^{2+}	5×10^{-6} 以下
SO_4^{2-}	50×10^{-6} 以下		

1）将蒸馏水或符合要求的自来水充入机组内，充灌量可略大于机组所需的溴化锂溶液量。

2）分别起动发生器泵和吸收器泵，并注意观察运行电流是否正常，泵内有无"喀喀"声。若有"喀喀"声，则说明泵的转向接反了，应及时调整。

3）起动冷却水泵和冷媒水泵。

4）向机组内送入表压为 0.1~0.3MPa 的蒸汽，连续运转 30min 左右。

5）观察蒸发器视孔有无积水产生。如有积水产生，可起动蒸发器泵，间断地将蒸发器内的水旁通至吸收器内；若无积水产生，说明管道有堵塞，应及时处理。

6）清洗后将所有对外的阀门打开放气、放水。如果机体内过脏，应反复进行上述过程，直至放出的水透明度良好为止。

7）清洗工作结束后，可向机组内充入氮气，将机组内的存水压出、吹净。

8）完成以上各项操作后，起动真空泵运行，抽气至相应温度下水的饱和蒸汽压力状态。

2. 溴化锂溶液充加操作

溴化锂吸收式制冷机所使用的溴化锂溶液，目前都是以溶液状态供应的，其质量分数一般在50%左右。虽然溶液浓度较低，但在机组调试过程中可以进行调整，使其达到正常运行所需要的浓度要求。

市场供应的溴化锂溶液一般已加入0.15%~0.25%（质量分数）的缓蚀剂（铬酸锂）。溶液的pH值已调至9.0~10.5，可以直接加入机组中。其操作方法是：

1）检查机组内的绝对压力，使其保持在6Pa以下，若机组内有残余水分，则应保持与当时气温相应的饱和蒸汽压力。

2）充灌溶液时，一般可把溶液倒入事先准备好的溶液桶内，然后用橡胶管（硬橡胶管）与灌注瓶相连，从溶液灌注瓶上引出一根橡胶管与溶液注入阀相连。溶液充灌示意图如图3-44所示。溶液灌注瓶与橡胶管内应充满溴化锂溶液，以排除管内的空气，而溶液桶与溶液灌注瓶之间的连接管不用注入溶液。

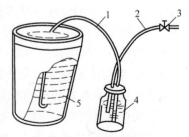

图3-44　溶液充灌示意图
1、2—软管　3—溶液注入阀
4—溶液灌注瓶　5—溶液桶

3）由于此时机组内真空度很高，因此打开溶液注入阀后，溴化锂溶液便会由溶液桶经橡胶管进入溶液灌注瓶中，然后再经橡胶管进入机组中。通过调节注入阀的开启度，可以控制注入速度，以便溶液灌注瓶中的液位基本稳定。

充灌过程中应注意使橡胶管中充满溶液，并始终插入溶液中，以防止空气进入机组内。此外，还应注意使橡胶管的端口与桶底或瓶底保持30~50mm的距离，以免桶底或瓶底的异物被吸入机组内。

4）当预定的溶液量充灌完毕后，关闭注入阀，起动发生器泵，观察发生器和吸收器中的液位。若发生器的液位高于最高一排传热管10~20mm，吸收器的液位也在抽气管下部与液囊上部之间，则可认为充灌的溶液量基本合适。否则，可停止发生器泵工作，继续进行充灌，直到满足要求为止。

3. 冷剂水的加入和取出操作

（1）溴化锂吸收式制冷机冷剂水的加入操作　溴化锂吸收式制冷机中使用的冷剂水一般为蒸馏水或离子交换水（软水）。冷剂水的注入方法与溴化锂溶液的注入方法相同，其水质要求见表3-8。

冷剂水的充注量与溴化锂溶液的质量分数有关。对于质量分数为50%的溶液，可先不加入冷剂水，而是通过机组运行时的浓缩来产生冷剂水。如冷剂水量不足时，再进行补充。机组中溴化锂溶液与冷剂水量是随着运转工况的变化而变化的。在高质量分数下运行时（如加热蒸汽压力较高，冷却水进口温度较高，冷媒水出口温度较低），溴化锂溶液量会减少，而冷剂水量会增加。反之，低质量分数下运行时（如加热蒸汽压力较低，冷却水进口温度较低，冷媒水出口温度较高），溴化锂溶液量会增加，而冷剂水量会减少。因此，在运行中应注意作适当的调整。

（2）溴化锂吸收式制冷机冷剂水的取出操作　在溴化锂机组的运行过程中，若产生的冷剂水量过多，就会影响机组的正常运行。只有排出一部分冷剂水，才能将溴化锂溶液的浓度调整到所需要的范围。冷剂水取出的操作方法是：

1）在蒸馏水瓶的橡胶塞上打两个直径为6~8mm的孔，然后插入两根铜管，将两根铜管分别套紧抽气管和取水管。

2）按图 3-45 所示的方法，将蒸馏水瓶与真空泵和机组的冷剂水取样阀连接好。

3）起动真空泵，对蒸馏水瓶进行抽真空运行 10 ~ 20min，然后再关闭真空泵。

4）起动冷剂水泵，运行 10 ~ 20min 后，打开冷剂水取样阀，冷剂水会自动流入瓶中。当一瓶水灌满后，应关闭取样阀，拔出瓶塞，记录水量。然后可数次重复上述过程，直到冷剂水量符合要求时为止。

图 3-45　排出冷剂水
的接管示意图
1—接真空泵　2—软管
3—冷剂水取样阀　4—玻璃容器

4. 溴化锂制冷机的开机操作

溴化锂制冷机在完成了开机前的准备工作以后，就可以转入起动运行了。现以蒸汽双效型机组（并联流程）为例，分析一下溴化锂制冷机的开机操作方法。

机组的起动有自动和手动两种方式。一般机组起动时，为保证安全，多采用手动方式起动，待机组运行正常后再转入自动控制。

手动起动的操作方法如图 3-46 所示。

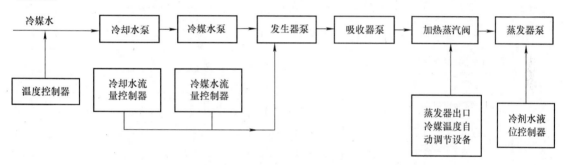

图 3-46　溴化锂冷水机组的操作程序

溴化锂制冷机组起动过程中应注意以下几个问题：

1）起动冷却水泵和冷媒水泵后，要慢慢地打开两泵的排出阀，并逐步调整流量至规定值，通水前应将封头箱上的放气旋塞打开，以排除空气。

2）起动发生器泵后，调节送往发生器的两阀门的开度，从而分别调节送往高压发生器、低压发生器中溴化锂溶液的流量，使高、低压发生器的液位保持一定。在采用混合溶液喷淋的两泵系统中，可调节送往引射器的溶液量，引射由溶液热交换器出来的浓溶液，使喷淋在吸收器管族上的溶液具有良好的喷淋效果。

3）在专设吸收器溶液泵的系统中，起动吸收器泵后，打开泵的出口阀门，使溶液喷淋在吸收器的管族上。根据喷淋情况，调整吸收器的喷淋溶液量（采用浓溶液直接喷淋的系统，可以省略这一调节步骤）。

4）打开加热蒸汽阀时，应先打开凝结水放泄阀，排除蒸汽管道中的凝结水，然后再慢慢地打开蒸汽截止阀，向高压发生器供汽。对装有调节阀的机组，缓慢打开调节阀，按 0.05MPa、0.1MPa、0.125MPa（表压）的递增顺序提高压力至规定值。在初始运行的 20 ~

30min 内，蒸汽压力不宜超过 0.2～0.3MPa（表压），以免引起严重的汽水冲击。

5）当蒸发器液囊中的冷剂水液位达到规定值（一般以蒸发器视液镜浸没且水位上升速度较快为准）时，起动冷剂泵（蒸发器泵），调整泵出口的喷淋阀门，使被吸收掉的蒸汽与从冷凝器流下来的冷剂水相平衡，机组至此也完成了起动过程，逐渐转入正常运转状态。

6）机组进入正常运行后，可在工作蒸汽压力为 0.2～0.3MPa（表压）的工况下，起动真空泵运行，抽出机组中残余的不凝性气体。抽气工作可分若干次进行，每次 5～10min。

7）溴化锂制冷机运行机组投入运行以后，要做好运行管理记录，现以双效溴化锂制冷机运行记录表为例，了解溴化锂制冷机运行记录的内容。双效溴化锂制冷机运行记录表式样见表 3-9。

表 3-9 双效溴化锂制冷机运行记录　　日期：　　年　　月　　日

部件	参	数	单位	8时	9时	10时	11时	12时	13时	14时	15时	16时	17时
高压发生器	加热蒸汽	压力	MPa										
		温度	℃										
		流量	kg/h										
蒸发器	蒸发温度		℃										
	冷媒水	进水温度	℃										
		出水温度	℃										
		流量	kg/h										
低压发生器	冷剂加热蒸汽温度		℃										
	冷剂蒸汽凝结水温度												
	稀溶液进口温度												
	浓溶液出口温度												
冷凝器	冷凝温度		℃										
	冷却水	进水温度	℃										
		出水温度	℃										
		流量	kg/h										
吸收器	喷淋溶液温度		℃										
	冷却水	进水温度	℃										
		出水温度	℃										
		流量	kg/h										
高温热交换器	浓溶液	进口温度	℃										
		出口温度												
	稀溶液	进口温度												
		出口温度												
低温热交换器	浓溶液	进口温度	℃										
		出口温度												
	稀溶液	进口温度												
		出口温度												

（续）

部件	参　数		单位	8时	9时	10时	11时	12时	13时	14时	15时	16时	17时
凝水加热器	凝水	进水温度	℃										
		出水温度											
	稀溶液	进口温度											
		出口温度											
屏蔽泵	发生器泵	电流	A										
	吸收器泵												
	蒸发器泵												
	记录人												
备　注													

注：上述运行检测记录表格实例均是按记录一台机组运行数据单独编制的，当实际运行机组多于一台时，也可以参照相应表格形式将数台机组运行按机组编号排序进行记录。

5. 溴化锂制冷机正常运行中的操作和管理

机组转入正常运行后，操作人员应做好以下工作：

（1）溶液浓度的测定与调整　溴化锂制冷机运转初期，当外界条件（如加热蒸汽压力、冷却水进口温度和流量、冷媒水出口温度和流量等）基本达到要求后，应对进入高、低压发生器的溶液循环量进行调整，以便获得较好的运行效果。如果溶液循环量过小，不仅会影响机组的制冷量，而且可能因为溶液量过小而产生冷剂蒸汽过多，使溶液浓度过高而引起结晶，影响机组的正常运转。反之，溶液循环量过大，也会引起制冷量降低，严重时，还会因发生器中液位过高而引起冷剂水污染，同样影响机组的正常工作。因此，调节溶液循环量，是溴化锂制冷机运转初期的一项重要工作。

溶液循环量是否合适，可通过测量吸收器出口稀溶液的浓度和高、低压发生器出口浓溶液的浓度来判断。测量稀溶液浓度的方法比较简单，只要打开发生器泵出口阀用量筒取样即可。取样后，用浓度计可直接测出其浓度值。而浓溶液的浓度取样就比较困难。这是因为浓溶液取样部分处于真空状态，不能直接取出，必须借助于图3-47所示的取样器，通过抽真空的方式对浓溶液取样，把取样器取出的溶液倒入量杯，通过图3-48所示的浓度测量装置来测量溶液的密度和温度，然后从溴化锂溶液的密度图表中查出相应的浓度。

通常高、低压发生器的放气范围为4%～5%，通过调节进入高、低压发生器的溶液循环量，可调整两个发生器的放气范围，直至达到要求为止。

（2）冷剂水相对密度的测量　冷剂水相对密度（比重）正常是溴化锂制冷机正常运行的重要标志之一。测量时可按前面所述的方法抽取冷剂水，然后用比重计直接进行测定。

一般冷剂水的相对密度小于1.04属于正常运行。若冷剂水的相对密度大于1.04，则说明冷剂水中已混有溴化锂溶液，冷剂水已被污染。这时应查出原因，及时予以排除。同时，应对已污染的水进行再生处理，直到相对密度接近1.0为止。

冷剂水的再生处理方法是：关闭冷剂泵出口阀，打开冷剂水旁通阀，使蒸发器液囊中的冷剂水全部旁通入吸收器中。冷剂水旁通后，关闭旁通阀，停止冷剂泵运行。待冷剂水重新在冷剂水液囊中聚集到一定量后，再重新起动冷剂泵运行。如果一次旁通不理想，可重复2～3次，直到冷剂水的密度合格为止。

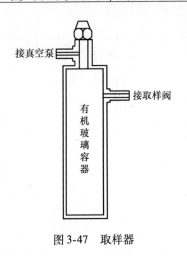

图 3-47　取样器

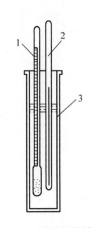

图 3-48　浓度测量装置
1—比重计　2—温度计　3—量筒

（3）溶液参数的调整　机组运行初期，溶液中铬酸锂含量因生成保护膜会逐渐下降。此外，如果机组内含有空气，即使是极微量的，也会引起化学反应，溶液的 pH 值增加，甚至会引起机组内部的腐蚀。因此，机组运行一段时间后，应取样分析铬酸锂的含量、pH 值，以及铁离子、铜离子、氯离子等杂质的含量。

当铬酸锂的质量分数低于 0.1% 时，应及时添加至 0.3% 左右；pH 值应保持在 9.0 ~ 10.5 之间（9.0 为最合适值，10.5 为最大允许值）。若 pH 值过高，可用加入氢溴酸（HBr）的方法调整；若 pH 值过低，可用加入氢氧化锂（LiOH）的方法调整。添加氢溴酸时，浓度不能太高，添加速度也不能太快，否则，将会使筒体内侧形成的保护膜脱落，引起铜管、喷嘴的化学反应，以及焊接部位的点蚀。氢溴酸的添加方法是：从机内取出一部分溶液放在容器中，缓慢加入用 5 倍以上蒸馏水稀释的适当浓度的氢溴酸（质量分数为 4%），待完全混合后，再注入机组内。添加氢氧化锂的方法与添加氢溴酸的方法相同。

一般情况下，机组初投入运行时应对溶液取样，用万能纸测试其 pH 值，并做好记录，取出的样品应密封保存，作为运行中溶液定期检查时的对比参考。

6. 停机操作

溴化锂制冷机的停机操作有手动停机和自动停机两种方式。

（1）手动停机　手动停机通常按下列程序进行：

1）关闭加热蒸汽截止阀，停止对发生器或高压发生器供应蒸汽。

2）关闭加热蒸汽后，让溶液泵、冷却水泵、冷媒水泵再继续运行一段时间，使稀溶液和浓溶液充分混合 15 ~ 20min 后，再依次停止溶液泵、发生器、冷却水泵、冷媒水泵和冷却塔风机的运行。若停机时外界温度较低，而测得的溶液浓度较高时，为防止停机后结晶，应打开冷剂水旁通阀，把一部分冷剂水通入吸收器，使溶液充分稀释后再停机。

3）当停机时间较长或环境温度较低时，一般应将蒸发器中的冷剂水全部旁通入吸收器中，使溶液经过充分混合、稀释，确定溶液不会在停机期间结晶后方可停泵。

4）停止各泵运行后，切断电源总开关。

5）检查机组各阀门的密封情况，防止停机期间空气漏入机组内。

6）停机期间，若外界温度低于 0℃，应将高压发生器、吸收器、冷凝器和蒸发器传热管及封头内的积水排除干净，以防冻裂。

7）在长期停机期间，应派人每天专职检查机组的真空情况，保证机组的真空度。有自动抽气装置的机组可不派人专职管理，但不能切断机组和真空泵的电源，以保证真空泵的自动运行。

（2）自动停止　溴化锂吸收式制冷机自动停机的操作方法如下：

1）通知锅炉房停止送气。

2）按下"停止"按钮，机组控制机构自动切断蒸汽调节阀，机组转入自动稀释运行。

3）发生泵、溶液泵以及冷剂水泵稀释运行大约 15min 之后，其温度继电器动作，溶液泵、发生泵和冷剂泵自动停止。

4）切断电气开关箱上的电源开关，切断冷却水泵、冷媒水泵、冷却塔风机的电源，记录下蒸发器与吸收器液面高度，记录下停机时间，但应注意，不能切断真空泵自动启停的电源。

5）若需要长期停机，在按"停止"按钮之前，应打开冷剂水再生阀，让冷剂水全部导向吸收器，使溶液全部稀释。并将机组内的残存冷却水、冷媒水放净，防止冬季冻裂管道。

（3）溴化锂吸收式制冷机的紧急停车　在溴化锂吸收式制冷机运行过程中，由于断水、断电等原因致使机组被动停机时，应做以下紧急处理：

1）立即关闭蒸汽阀门。

2）打开凝结水疏水的旁通阀。

3）将冷剂水旁通至吸收器。

（五）真空泵在运行中应注意的问题

在溴化锂制冷机组的运行中，正确使用真空泵是保证机组安全有效运行的一个重要工作。真空泵在运行管理中应注意：

（1）正确起动真空泵　真空泵在起动前必须向泵体内加入适量的真空泵油，采用水冷式的真空泵应接好水系统，盖好排气罩盖，关闭旁通抽气阀，起动真空泵运行 1～2min。当用手感觉排气口，发现无气体排出，并能听到泵腔内排气阀片有清脆的跳动声时，应立即打开抽气阀进行抽空运行，直到机组内达到要求的真空度时为止。

当机组内真空度达到要求后，关闭机组的抽气阀，打开旁通抽气阀，即可停止真空泵的运行。

（2）检测真空泵性能　真空泵性能的检测分为两部分：一是运转性能。真空泵在运转中应使油位适中，传动带的松紧度合适。传动带与防护罩之间不能有摩擦现象，固定应稳固，泵体不得有跳动现象，排气阀片跳动声清脆而有节奏。二是抽气性能。检查抽气性能的方法是：关闭机组抽气阀或卸下抽气管段至真空泵吸气口，在吸气口接上麦氏真空计，起动真空泵抽气至最高极限，测量绝对压力极限值。如果真空计中测得的数值与真空泵标定的极限值一致，则说明抽气性能良好。

（3）使用真空泵的要求　溴化锂制冷机使用真空泵的要求如下：

1）真空泵抽气的适应气压在 0.2～0.3MPa（表压）范围内。

2）吸收器内溶液的液位应以不淹没抽气管为准。

3）应在机组运行工况稳定时抽气。

4）机组在调整溶液的循环量及吸收器的喷淋量时不得进行抽真空。

5）抽气位置应在自动抽气装置（辅助吸收器）部位，而不应在冷凝器部位直接抽气。

（4）真空泵抽入溶液后的处理　在使用真空泵的过程中，如果由于使用不当而造成溴化锂溶液进入泵体时，可按下述方法处理：

1）立即放出被污染的真空泵油，且在真空泵空车运行中连续多次换油，以稀释泵体内溶液的浓度，达到缓解腐蚀的效果。

2）拆洗真空泵，修理或更换被损坏的真空泵零部件并组装后，重新检测其性能。

3）在进行真空泵单机运转实验时，应堵住吸气口，盖上排气罩盖，以防止喷油。

（5）真空泵的保养　当真空泵油内出现凝结水珠时，其极限抽空能力由不大于 6×10^{-2} Pa 下降到 5.7×10^{-2} Pa，若此时发现真空泵油出现浮化，应立即更换新油。将油排放到一个大容器内，待油水分离后可再用一次。

真空泵停止使用时要进行净缸处理，方法是：起动真空泵运行 3～5min 后停泵，打开放油口把油彻底放干净，最后再注入纯净的真空泵油进行保养。

若在操作真空泵中出现失误，溴化锂溶液有可能被抽入泵腔内，而发出"啪啪"声响，这时应立即停泵，将真空泵拆开进行彻底清洗，并用高压气体将润滑油孔道吹干净。重新组装完毕后，再充灌适量的再生真空泵油，运转 10min 后将油放掉，如此反复 2～3 次，即可避免泵腔因接触溴化锂溶液而产生的腐蚀。

真空泵内进入溴化锂溶液后，应及时进行维修保养，若让溴化锂溶液在真空泵中停留 10 天以上，将会使真空泵受到严重的损坏。

真空泵应每年进行一次彻底的检修，其主要内容是：

1）滚动轴承的检查和更换。真空泵上滚动轴承的损坏率很高，应每年按水泵检修标准检修一次。

2）滑动轴承的检修和更换。真空泵高低压腔隔板上装有滑动轴承。滑动轴承在真空泵中兼有支撑转子和密封压腔的双重作用。滑动轴承的标准配合间隙应小于 0.05mm，如配合间隙大于 0.1mm，应更换滑动轴承。

3）轴封的检修。真空泵的轴封是个橡胶密封件。检查的重点应是轴封的弹性变形、锁紧弹簧胀力以及轴与轴封的配合松紧程度等。若发现轴封有损坏部位，应更换新轴封。

4）真空泵性能试验。

【拓展知识】

三、溴化锂溶液的酸碱度和铬酸锂含量的测定及其调整

由于溴化锂溶液具有很强的腐蚀性，因此应在溶液中添加缓蚀剂。缓蚀剂以铬酸锂的应用最广泛。溶液加铬酸锂后，应检测酸碱度和铬酸锂的含量。

调试初期溶液的铬酸锂质量分数为 0.3% 左右，酸碱度（pH 值）为 10.0 左右。运行初期，由于溶液流通使器壁上形成保护膜，加上有空气腐蚀的缘故，铬酸锂含量会减少，即使用一段时间后溶液由金黄色变成暗黄直至黑黄色。因此，需随时对铬酸锂的含量进行调整。

溶液的碱度会随机组运行时间的延长而增大。机组气密性越差，碱度的增长越快，从化学反应方程式中可看出：

$$3Fe + 2Li_2CrO_4 + 2H_2O \longrightarrow 3FeO + Cr_2O_3 + 4LiOH$$

碱度大会引起碱性腐蚀，因此应将 pH 值控制在 10.5 以下。

机组中的主要传热管为纯铜管。钢耐碱不耐酸，因此，pH 值不应小于 9.0，应控制在偏碱度为宜，即 pH 值为 9.5 ~ 10.5。

1. 液样的选定

对开机前的混合溶液可直接取液样。但机组在运行中，将形成几个不同的溶液浓度：发生器流出的浓溶液，进发生器的稀溶液，吸收泵喷淋的中间浓度溶液。由于稀溶液为主体，故溶液样品以稀溶液为准。

2. 溶液 pH 值和铬酸锂含量的测定

（1）pH 值的测定　称取 10g 混合液，加入 90mL 蒸馏水稀释摇匀，放入烧杯中用酸度计或万能 pH 试纸测定，即可直接取得结果。

（2）铬酸锂质量分数的测定　取 15g 混合样品，称准至 0.0001g；置于 250mL 碘量瓶中；加入 25mL 蒸馏水、2g 碘化钾和 10mL 物质的量浓度为 2mol/L 的硫酸，摇匀，于暗处放置 10min；加 150mL 蒸馏水（不超过 10℃），用物质的量与浓度为 0.1 的硫代硫酸钠标准溶液滴定，接近终点时加 3mL 质量分数为 0.5% 的淀粉指示液，继续滴定至溶液由蓝色变为亮绿色，同时做空白试验。测得铬酸锂在溴化锂溶液中的质量分数为

$$w = \frac{0.0433(V_1 - V_2)c}{m}$$

式中　w——铬酸锂在溴化锂溶液中的质量分数（%）；

　　　V_1——硫代硫酸钠标准溶液用量（mL）；

　　　V_2——空白试验硫代硫酸钠标准溶液用量（mL）；

　　　c——硫代硫酸钠标准溶液物质的量浓度（mol/L）；

　　　m——样品的质量（g）；

0.0433——铬酸锂的摩尔质量（g/mmol）。

3. pH 值的调整和铬酸锂的添加

当溶液的 pH 值和铬酸锂质量分数超出应用范围时，应予以调整或添加。

国产铬酸锂为液状，质量分数约为 34%，紫红色，pH 值为 1.0。在加入铬酸锂的同时还要添加一部分氢氧化锂，以调整溶液的 pH 值。氢氧化锂为强碱，呈白色的颗粒状，进入机组前应进行稀释。

调整 pH 值和铬酸锂含量的要求是：

1）铬酸锂和氢氧化锂必须用蒸馏水稀释方可添加，但需空车运行。

2）试剂的注入口应设在溶液进吸收器的管段。

3）试剂的添加应分几次完成，每次均应取样测定，测定间隔时间应在 24h 以上。

4）调整铬酸锂含量和 pH 值可同时进行。先以调整铬酸锂含量为主，然后调整溶液 pH 值。

5）如需添加氢溴酸（HBr），绝不能直接注入机组。要从机组内取出相当重量的溶液（或全部放出）注入容器中，慢慢加入用 5 倍以上蒸馏水稀释后的氢溴酸溶液（质量分数约为 4%），待完全混合后，方能注入机组内。

4. 空车运行时添加铬酸锂及调整 pH 值的操作

1）将定量的铬酸锂放入容器中，加定量的蒸馏水均匀搅拌稀释。

2）加入少量的氢氧化锂水溶液。

3）测定混合液的 pH 值，使其达到 9.0。

4）将混合液注入机组并运行溶液泵。

5）起动真空泵，抽出可能带入的空气及预膜过程产生的不凝性气体。

6）空车运行 24h 后，取样测定铬酸锂的质量分数。

7）继续重复 1）~6）的操作过程，直至铬酸锂的质量分数达到 0.2%~0.3% 为止。

8）用添加铬酸锂的方法注入氢氧化锂水溶液，隔 1~2h 测定、调整，使 pH 值达到要求。

添加各种助剂需注意两点：

1）在注入添加剂的全过程中，应连续运行溶液泵，让溶液与添加剂充分混合，形成均匀的保护膜，并防止产生凝胶质，使喷嘴和溶液热交换器传热管的肋片阻塞或引起点蚀。

2）在机组运行初期，由于添加剂的加入会引起新的化合与分解反应，有可能减少制冷量，但经过一段时间的运行，此种现象随着溶液的充分混合会自然消失。

在机组运行过程中，因各种原因溶液中的缓蚀剂会消耗很大，为保证机组安全运行，应随时监视机组中溶液的颜色变化，并根据颜色变化来判定缓蚀剂的消耗情况，及时调整缓蚀剂的加入量。溶液颜色与缓蚀剂的消耗情况见表 3-10。

表 3-10　溶液颜色与缓蚀剂的消耗情况

项　目	状　态	判　断
颜色	淡黄色	缓蚀剂消耗大
	无色	缓蚀剂消耗过大
	黑色	氧化铁多，缓蚀剂消耗大
	绿色	铜析出
浮游物	极少	无问题
	有铁锈	氧化铁多
沉淀物	大量	氧化铁多

注：1. 除判断沉淀物多少外，均应在取样后立刻检验。
　　2. 检查沉淀物和观察颜色时，试样应静置数小时。

在溴化锂制冷机组的运行中，为了提高机组的性能，一般都要在溶液中加入一种能量增强剂——辛醇。辛醇的添加量一般为溶液量的 0.1%~0.3%（质量分数），加入方法与加入氢溴酸的方法相同。机组在运行过程中，一部分辛醇会漂浮在冷剂水的表面，或在真空泵排气时，随同机组内的不凝性气体被一同排出机外，使机组内辛醇循环量减少。判别辛醇是否需要补充的简单办法是：在机组的正常运行中，可在低负荷运行时，将冷剂水旁通至吸收器中，当抽出的气体中辛辣味较淡时，可适当补充辛醇。

【习题】

1. 制冷机组安装前的开箱检查主要内容有哪些？
2. 制冷机组安装的基本要求有哪些？
3. 活塞式制冷压缩机起动前准备工作的主要内容是什么？
4. 活塞式制冷压缩机在运行管理中要进行哪些项目的管理和监测？

5. 活塞式制冷压缩机运行过程中如何进行"排空"操作？

6. 活塞式制冷压缩机产生湿行程时如何调节？

7. 活塞式制冷压缩机的正常运行标志是什么？

8. 活塞式制冷压缩机停机的操作程序是什么？

9. 螺杆式制冷压缩机的充氟操作程序是什么？

10. 螺杆式制冷压缩机的加油操作程序是什么？

11. 螺杆式制冷压缩机正常运转的操作程序是什么？

12. 螺杆式制冷压缩机组运行中要做哪些常规性的检查？

13. 螺杆式制冷压缩机组运行中如何进行油压和油温的调节？

14. 螺杆式制冷压缩机正常运行的标志是什么？

15. 螺杆式制冷压缩机长期停机的处理方法是什么？

16. 离心式制冷压缩机起动前要做哪些准备工作？

17. 离心式制冷压缩机开机前怎样进行加注润滑油的操作？

18. 离心式制冷压缩机开机前怎样进行充氟操作？

19. 离心式制冷压缩机在起动过程中应注意监测哪些事项？

20. 离心式制冷压缩机运行中如何确认机械部分运转是否正常？

21. 离心式压缩机正常运行的标志是什么？

22. 离心式制冷压缩机的运行中有哪几种基本的调节方法？

23. 离心式制冷压缩机的运行中为什么会出现"喘振"？如何进行防喘振调节？

24. 溴化锂制冷机运行前的准备工作有哪些？

25. 溴化锂制冷机组开机前如何进行内部清洗？

26. 溴化锂制冷机组开机前如何进行溴化锂溶液的充加操作？

27. 溴化锂制冷机组开机前如何进行冷剂水的充加操作？

28. 溴化锂制冷机组起动过程中应注意哪些问题？

29. 溴化锂制冷机组正常运行后，操作人员应做好哪些工作？

30. 溴化锂制冷机组手动停机应如何操作？

31. 溴化锂溶液的 pH 值和铬酸锂含量如何进行测定？

32. 如何向溴化锂制冷机组添加铬酸锂？

33. 如何调整溴化锂制冷机组的 pH 值？

34. 溴化锂制冷机使用真空泵的要求是什么？

课题三 中央空调系统设备的安装

【知识目标】

了解并熟悉中央空调系统设备的安装要求和方法。

【能力目标】

掌握中央空调系统设备的安装基本要求和安装工艺。

【必备知识】

一、空气处理箱的安装与起动要求

1. 空气处理箱的安装

（1）对空气处理箱基础的要求　空气处理箱应采用混凝土平台基础，基础的长度及宽度应按照设备的外形尺寸向外加大 100mm，高度应不小于 100mm，基础的平面必须水平，对角线的水平误差不要超过 5mm。若将空气处理箱直接放置在地上，应在其下面垫 3~5mm 的橡胶板，或可放置在垫有橡胶板的工字钢或槽钢上。

（2）空气处理箱的组装　在施工现场组装各段空气处理箱时，应注意将各段的安装位置找正、找平，各段连接处要严密牢固可靠，喷淋段不得渗水、漏水，凝结水应排放流畅。管道中必须设有水封，试验时不能出现凝结水外溢的情况。

喷淋段的安装应以水泵的基础为准，先安装喷淋段，然后再从左右两边分组同时进行其他段的安装。

对于风扇电动机单独运输的设备，应先安装风机段的空段体，然后再将风机装入段体内。

空气处理箱的安装过程中要确保各部件的完好性，发现严重损坏者，应予以更换，轻微损坏者，应予以修复后再进行安装。

表面换热器安装完毕后应做水压试验，以确保安装质量。其试验压力应等于冷媒水系统最高工作压力的 1.5 倍，最低不得低于 0.4MPa，试验时间为 2~3min，试验时间内压力不得下降。

表面换热器与周围结构之间的缝隙，以及表面换热器之间的缝隙，应采用耐热材料封堵严实，防止出现漏风情况。

表面换热器的冷热媒管道既可以并联安装，也可以串联安装。安装时应依照设计图样要求进行。使用蒸汽进行加热的表面换热器管道只能采取并联安装，这一点在安装时要特别予以注意。

（3）粗、中效空气过滤器的安装　在进行粗、中效空气过滤器的安装时，除应根据各种空气过滤器自身的特点及安装设计图样的要求外，还应使过滤器与其安装框架之间保持严密，便于空气过滤器的拆卸和更换滤料。

（4）高效过滤器的安装　高效过滤器主要用于洁净室内空调系统，因此，高效过滤器的安装必须在空调系统全部安装完毕，空气处理箱、高效过滤器箱、风管机洁净房间经过清扫，空调系统各单体设备试运转，以及风道内吹出的灰尘稳定后才能进行。安装高效过滤器时应先检查过滤器密封框架的安装质量是否达到密封要求。安装时应保证气流方向与其外框上的箭头方向一致。用波纹板组装的高效过滤器在竖向安装时，必须保证波纹板垂直于地面。在安装高效过滤器的过程中，要轻拿轻放，不能弄脏滤纸，也不能用脏手触摸高效过滤器，更不能用工具敲打高效过滤器。

安装高效过滤器时的密封方法一般采用顶紧法和压紧法。操作的基本方法是：用闭孔海绵橡胶或氯丁橡胶板做密封垫，将过滤器与框架紧压在一起，以达到密封效果。必要时，也可以用硅橡胶涂抹进行密封。

2. 空调系统的起动要求

空调系统的起动就是起动风机、水泵、电加热器和其他空调系统的辅助设备,使空调系统运行,向空调房间送风。起动前,要根据冬夏季节的不同特点,确定起动方法。

(1) 空调系统的起动方法　夏季时,空调系统应首先起动风机,然后再起动其他设备。为防止风机起动时其电动机超负荷,在起动风机前,最好先关闭风道阀门,待风机运行起来后再逐步开启。在起动过程中,只能在一台风机电动机运行速度正常后才能再起动另一台,以防供电线路因起动电流太大而跳闸。风机起动的顺序是先开送风机,后开回风机,以防空调房间内出现负压。风机起动完毕后,再开其他设备。全部设备起动完毕后,应仔细巡视一次,观察各种设备运转是否正常。

冬季时,起动空调系统时应先开启蒸气引入阀或热水阀,接通加热器,然后再起动风机,最后开启加湿器以及泄水阀和凝水阀。

(2) 风机起动前的准备工作

1) 场地清洁的检查。风机开机前要认真检查风机周围有无异物,防止开机后异物被吸入风机和风道。

2) 检查风机、电动机的型号、规格等技术参数是否符合系统设计要求。

3) 用直尺检查风机、电动机的带轮是否在一个水平面上,检查风机、电动机联轴器的中心是否在一条直线上,调整好地脚螺栓的松紧度。

4) 检查风机进出口柔性接头的密封性是否良好,若有破损,应及时予以修补。

5) 检查用手盘动风机的带轮或联轴器,检查风机叶轮是否有卡住和摩擦现象;检查风机、电动机之间的传动带松紧程度是否合适,传动带的滑动系数应调到 1.05 左右 (即电动机转数×槽轮直径与风机转数×槽轮直径之比)。

6) 检查风机轴承中的润滑油是否充足,如不足,应加足。

7) 用通电点动方式检查盘动风机叶轮的转动方向是否正确。

8) 检查风机调节阀门启闭是否灵活,定位装置是否牢靠。并将风机的入口阀关闭,以减轻风机起动负荷。

9) 检查电器控制装置、开关等是否正常,接地是否可靠。

(3) 风机起动时对风门位置的要求　在中央空调系统中的风机起动前,要检查一下中央空调系统的风阀位置,应将中央空调系统的出风阀调整到全开位置,打开主干管、支干管、支管上的风量调节阀门,把系统中的三通调节阀调至中间位置,将回风阀及新风阀调至全关位置,以减小中央空调系统风机起动过程中的风机电动机的负荷。在风机运行稳定后,再依次打开送、回风口的调节阀门和新风入口、一二次回风口并将加热器前的调节阀开至最大位置,同时将回风管的防火阀放在开启位置。

(4) 风机起动过程中应注意的问题　在大型中央空调系统中,一般有多个分支系统,且采取多种控制方法。因此,在中央空调系统的风机起动过程中应该采用就地起动方式,因为就地起动可及时发现起动过程中所出现的问题,以避免设备事故的发生。

1) 在风机起动过程中,若出现风机叶轮倒转的情况时,应立即切断风机的电源,调整风机电源的相序,在风机叶轮完全停止转动后,才能再次起动风机。

2) 风机起动后应检查风机负荷阀(如风机入口阀或风机出口阀)是否在开启位置,否则应进行处理,使之达到正常运行状态。

3）风机起动后，应以钳形电流表测量电动机电流值，若超过额定电流值，可逐步关小总管风量调节阀，直至额定值为止。

4）风机运转一段时间后，用点温计测量风机轴承的温度。一般风机滑动轴承允许最高温度为70℃，最高温升35℃，滚动轴承允许最高温度为80℃，温升40℃。特殊风机按技术文件规定检查，如发现超过规定值，应停机检查。

二、风机盘管的安装要求和方法

1. 风机盘管的安装

安装前应核对产品说明书和技术文件，对照进行验收，重点是型号及进出水方向。安装时要做到：

1）风机盘管要采取独立支、吊架，与风道的连接要采用橡胶板，以保证接口的密封性。

2）风机盘管进出水管与外管路连接时必须对准，最好采取软接头进行连接。

3）风机盘管与热媒水管道连接前，应对其管道进行清洗排污。有条件时，应在管道上设过滤器，防止其出现脏堵。

4）风机盘管的冷媒水管道要做好保温措施，防止产生凝结水，污染空调房间的顶棚。凝结水排水管道应设计不小于0.003的坡度，以利于凝结水的排放。

5）在风机盘管的水系统上应设计膨胀水箱。

6）为维修方便，应在风机盘管机组周边预留250mm以上的活动空间，其间不得设有龙骨。

2. 风机盘管机组起动前的准备工作

1）检查空调冷媒水系统的供水温度及水质，要求机组夏季供给冷媒水的温度应不低于7℃，冬季供给的热媒水温度应不高于65℃，水质要清洁、软化。

2）风机盘管机组的回水管上备有手动放气阀，运行前需要将放气阀打开，然后开机，待机组盘管及系统管路内的空气排干净后再关闭放气阀。

3）通电，点动风机盘管机组中的风扇电动机运行，听一下风机的运行声音是否正常，若出现异常，要检查是因轴承缺油造成异常声响，还是因风机扇叶变形造成的声响，并予以针对性的排除。一般情况下，风机采用双面防尘盖滚珠轴承，组装时轴承已加好润滑脂，因此，使用过程中不需要定期加润滑脂。

4）风机盘管表面要用吸尘器进行吸尘处理，使其保持清洁，以保证其具有良好的传热性能。

5）对装有过滤网的机组，应将过滤网清洗干净。

6）对装有温度控制器的机组，夏季使用时，应将控制开关调整至夏季控制位置，而在冬季使用时，再调至冬季控制位置。

三、冷却塔的安装要求和方法

1. 冷却塔安装前的准备工作

1）冷却塔的安装应选择通风良好的位置，要与建筑物保持一定的距离，避免冷却塔出风与进风出现回流情况。

2）冷却塔的安装位置应远离锅炉房、变电所和粉尘过多的场所。

3）冷却塔安装基础的位置应符合设计要求，其强度达到承重要求。

4）冷却塔安装基础中预埋的钢板或预留的地脚螺栓孔洞的位置应正确。

5）冷却塔安装的基础标高应符合设计要求，其允许偏差为 ±20mm。

6）冷却塔的部件现场验收合格。

7）冷却塔进风口与相邻建筑物之间的距离最短不小于 1.5 倍塔高。

8）冷却塔安装位置附近不得有腐蚀性气体。

2. 冷却塔的安装

冷却塔的安装分为高位安装和低位安装。高位安装是指将冷却塔安装在建筑物的屋顶，低位安装是指将冷却塔安装在机组附近的地面上。冷却塔的安装分为整体安装和现场拼装两种。

冷却塔整体安装比较简单，即用起吊设备将整个塔体吊装到基础上，紧固好地脚螺栓，连接好进出水管道及电气控制系统即可。

冷却塔现场拼装是大多数冷却塔的安装方式，操作起来比较复杂一些，安装过程一般分为三部分，即主体的拼装、填料的填充和附属部件的安装等。

（1）冷却塔主体的拼装　冷却塔主体的拼装包括支架、托架的安装和上、下塔体的拼装。其操作过程为：

1）冷却塔主体柱脚与安装基础中预埋的钢板或预留的地脚螺栓紧固好，并找平，使其达到牢固。

2）冷却塔各连接部位的紧固件应采用热镀锌或不锈钢螺栓、螺母。

3）冷却塔各连接部位紧固件的紧固程度应一致，达到接缝严密，表面平整。

4）集水盘拼接缝处应加密封垫片，以保证密封严密无渗漏。

5）冷却塔单台的水平度、垂直度允许偏差为 2/1000。

6）冷却塔钢构件在安装过程中的所有焊接处应做防腐处理。

7）冷却塔钢构件在安装过程中的所有焊接必须在填料装入前完成，装入填料后，严禁焊接操作，以免引起火灾。

（2）填料的填充

1）要求填料片亲水性好，安装方便，不易阻塞，不易燃烧。在使用塑料填料片时，宜采用阻燃性良好的改性聚乙烯材料。

2）安装填料片时要求其间隙均匀，上表面平整，无塌落和叠片现象，填料片不能穿孔或破裂。填料片与塔体最外层内壁紧贴，之间无空隙。

（3）附属部件的安装　冷却塔附属部件包括布水装置、通风设备、收水器和消声装置等。

1）冷却塔布水装置安装的总体要求是：有效布水、均匀布水。布水系统的水平管路安装应保持水平，连接的喷嘴支管应垂直向下，并保证喷嘴底面在同一水平面内。

采用旋转布水器布水时，应使布水器旋转正常，布水管端与塔体内壁间隙应为 50mm，布水器的布水管与填料之间的距离不小于 20mm，布水器喷口应光滑，旋转时不能有抖动现象。喷嘴在喷水时不能出现"中空"现象。横流冷却塔采用池式布水，要求其配水槽水平，孔口应光滑，最小积水深度为 50mm。

2）冷却塔通风设备安装的总体要求是：轴流风扇安装应保证风筒的圆度和喉部尺寸，在安装风扇的齿轮箱和电动机前应检查其有无外观上的损坏，各部分的连接件、密封件不得有松动现象，可调整角度的叶片，其角度必须一致，叶片顶端与风筒内壁的间隙应均匀一致。

3. 冷却塔起动前的准备工作

1）开启冷却塔集水盘的排污阀门，用清水冲洗冷却塔的集水盘及整个冷却塔内部。

2）检查风扇带轮、电动机带轮的平直度及传动带的松紧度是否合适，若不合适，应适当调整；调整风扇扇叶的角度，使其一致，并使风扇扇叶与塔体外壳的间隙保持一致。

3）用手盘动塔体内部的转动部件，检查其运转是否灵活。

4）检查冷却塔布水器上的喷头是否堵塞，若发现堵塞，要逐个拆下进行清洗，以确保每个喷头都能正常工作。

5）用兆欧表测一下风扇电动机的绝缘情况，若小于 $2M\Omega$，应予更换；同时还应检查风扇电动机的防潮措施是否合乎要求，若有不到位的情况应予以及时排除。

6）检查冷却塔内填料的安装是否合乎要求，对存在的问题应予以及时排除。

7）向冷却塔中注入冷却水，调整浮球阀的控制位置，使集水盘中的水位保持在溢水口以下20mm。

8）测试冷却塔中冷却水的水质是否合乎要求，同时向冷却水中加入适量的阻垢剂。

4. 水泵的安装

水泵的安装分为无隔振要求和有隔振要求两种方式。

1）无隔振要求水泵的安装方法。在安装过程中主要是对安装基础找平、找正，在达到要求后将水泵就位即可。

2）有隔振要求水泵的安装方法。常用的隔振装置有两种，即橡胶隔振垫和减振器。

橡胶隔振垫一般由丁腈橡胶制成，具有耐油、耐腐蚀、抗老化等特点。安装橡胶隔振垫时，应注意以下几个问题：

① 水泵的基础台面应平整，以保证安装的水平度。

② 水泵采取锚固方法时，应根据水泵的螺钉孔位预留孔洞或预埋钢板，使地脚螺栓固定尺寸准确。

③ 水泵就位前，将隔振垫按设计要求的支承点摆放在基础台面上。

④ 隔振垫应为偶数，按水泵的中轴线对应布置在基座的四角或周边，应保证各支承点载荷均匀。

⑤ 同一台水泵的隔振垫采用的面积、硬度和层数应一致。

安装减振器时，要求其基础平整，各组减振器承受载荷的压缩量应均匀，不得出现偏心。安装过程中应采取保护措施，如安装与减振器高度相同的垫块，以保护减振器在施工过程中不承受载荷，待水泵的配管装配完成后再予以拆除。

3）水泵的吊装。吊装水泵可以用三脚架和倒链进行。起吊时，绳索应系在水泵体和电动机体的吊环上，不能系在轴承座或轴上，以免损伤轴承座或使轴出现变形。操作时，在基础上放好垫块，将整体水泵吊装在垫板上，套上地脚螺栓和螺母，调整底座位置，使底座上的中心线和基础上的中心线一致。泵体的纵向中心线是指泵轴中心线，横向中心线应符合图样设计要求，其偏差在±5mm范围之内，实现与其他设备的良好连接。

4）水泵的找正。安装时将水泵上位到规定位置，使水泵的纵横中心线与基础上的中心线对正。水泵的标高和平面位置的偏差应符合规范要求。泵体的水平允许偏差一般为 0.3 ～ 0.5mm/m。用钢直尺检查水泵中心线的标高，以保证水泵能在允许的吸水高度内工作。

5）水泵的调平。水泵调平的测量方法如下：

① 在水泵的轴上用水平仪测轴向水平度。

② 在水泵的底座加工面或出口法兰上用水平仪测纵、横水平度。

③ 用吊线测量水泵进口法兰垂直面与垂线的平行度。

在水泵调平中，如采用无隔振安装方式，应采用垫铁进行调平；如采用有隔振安装方式，应对基础平面的水平度进行严格的检查，达到要求后才能安装。

当水泵找正、调平以后，可向其地脚螺栓孔和基础与水泵底座之间的空隙内灌注混凝土，待凝固后再拧紧地脚螺栓，并对水泵的位置和水平度进行复查，以防在灌注混凝土、拧紧地脚螺栓的过程中发生位移。

5. 管道的保温与防腐处理

空调系统的管道保温材料应具有热导率小、密度一般在 450kg/m³ 以下、吸湿率低、抗水蒸气渗透性强、耐热、不燃烧、无毒、无臭味、不腐蚀金属、不易被鼠咬虫蛀、不易腐烂、经久耐用、施工方便、价格便宜等特点。

空调管道保温工程中常用的保温材料主要有岩棉、玻璃棉、矿渣棉、珍珠岩、石棉、炭化软木、聚苯乙烯泡沫塑料及聚氨酯泡沫塑料等。

空调系统的管道保温结构由防锈层、保温层、防潮层、保护层、防腐层等组成。

在具体施工中，用于冷媒水管道的保温层与用于热媒水管道的保温层的做法有着一定的区别。用于冷媒水管道的保温层外必须设防潮层，用于热媒水管道的保温层外不用设防潮层。

空调系统管道防潮层的主要作用是防止水蒸气或雨水渗入管道的保温层，防潮层设置在保温层的外面，一般常用的材料有沥青、沥青油毡、玻璃丝布、聚乙烯薄膜、铝箔等。

空调系统管道保护层的主要作用是保护防潮层，使防潮层不受机械损伤，改善保温效果。保护层设置在防潮层外面。管道保护层的常用材料有石棉石膏、石棉水泥、玻璃布及金属薄板等。

【习题】

1. 对空气处理箱的基础有什么要求？

2. 组装空气处理箱的过程中要注意哪些问题？

3. 对高效过滤器的安装有什么要求？

4. 风机起动前要做哪些准备工作？

5. 风机起动时对风门位置有什么要求？

6. 风机起动过程中应注意哪些问题？

7. 风机盘管的安装要注意什么问题？

8. 风机盘管机组起动前的准备工作有哪些？

9. 安装冷却塔前应做哪些准备工作？

10. 现场拼装冷却塔的技术要求有哪些？

11. 冷却塔起动前要做哪些准备工作？

12. 对冷却塔中的填料有哪些要求？

13. 安装水泵橡胶隔振垫的要求是什么？

14. 对管道的保温与防腐处理的要求是什么？

课题四 冷却塔的常见故障与排除

【知识目标】

了解冷却塔维护保养的工作内容，掌握冷却塔常见故障的处理方法。

【能力目标】

掌握冷却塔定期保养的工作内容和冷却塔常见故障的排除方法。

【必备知识】

一、冷却塔的使用及维护保养要求

1. 冷却塔运行中的检查工作

1）观察圆形塔布水装置的转速是否稳定、均匀。如果不稳定，可能是管道内有空气存在而使水量供应产生变化所致，为此，要设法排除空气。

2）观察圆形塔布水装置的转速是否减慢或是有部分出水孔不出水。这可能是因为管内有污垢或微生物附着，从而减少了水的流量或堵塞了出水孔，要及时做好清洁工作。

3）浮球阀开关是否灵敏，集水盘（槽）中的水位是否合适。若有问题，要及时调整或修理浮球阀。

4）对于矩形塔，要经常检查配水槽（又称为散水槽）内是否有杂物堵塞散水孔，如果有堵塞现象，要及时清除。要求槽内积水深度不能小于50mm。

5）塔内各部位是否有污垢形成或微生物繁殖，特别是填料和集水盘（槽）里，如果有污垢或微生物附着，要分析原因，并相应做好水质处理和清洁工作。

6）注意倾听冷却塔工作时的声音，是否有异常噪声和振动声。如果有，则要迅速查明原因，消除隐患。

7）检查布水装置、各管道的连接部位、阀门是否漏水。如果有漏水现象，要查明原因，采取相应措施堵漏。

8）对使用齿轮减速装置的冷却塔风机，要注意齿轮箱是否漏油。如果有漏油现象，要查明原因，采取相应措施堵漏。

9）注意检查风机轴承的温升情况，一般不大于35℃，最高温度低于70℃。当温升过大或温度高于70℃时，要迅速查明原因，降低风机轴承的温升。

10）查看有无明显的飘水现象，如果有，要及时查明原因，予以消除。

2. 冷却塔的清洁工作

冷却塔的清洁工作，特别是其内部和布水装置的定期清洁工作，是冷却塔能否正常发挥冷却效能的基本保证，不能忽视。

（1）外壳的清洁　目前常用的圆形和矩形冷却塔，包括那些在出风口和进风口加装了消声装置的冷却塔，其外壳都是采用玻璃钢或高级 PVC 材料制成的，能抗太阳紫外线和化学物质的侵蚀，密实耐久，不易褪色，表面光亮，不需另外涂装做保护层。因此，当其外观不洁时，只需用水或清洁剂清洗即可恢复光亮。

（2）填料的清洁　填料作为空气与水在冷却塔内进行充分热湿交换的媒介体，通常由高级 PVC 材料加工而成，属于塑料，很容易清洁。当发现其有污垢或微生物附着时，用水或清洁剂加压冲洗或从塔中拆出分片刷洗即可恢复原貌。

（3）集水盘（槽）的清洁　积存在集水盘（槽）中的污垢或微生物可以采用刷洗的方法予以清除干净。清洗前要堵住冷却塔的出水口，清洗时打开排水阀，让清洗的脏水从排水口排出，避免清洗时的脏水进入冷却水回水管。此种操作方法在清洗布水装置、配水槽、填料时都可以使用。

此外，可以在集水盘（槽）的出水口处加设一个过滤网，用以挡住大块杂物（如树叶、纸屑、填料碎片等）随水流进入冷却水回水管道系统。

（4）圆形塔布水装置的清洁　圆形塔布水装置清洁工作的重点应放在有众多出水孔的几根支管上，要把支管从旋转头上拆卸下来仔细清洗。

（5）矩形冷却塔配水槽的清洁　当矩形冷却塔的配水槽需要清洁时，采用刷洗的方法即可。

（6）吸声垫的清洗　由于吸声垫是疏松纤维型的，长期浸泡在集水盘中，很容易附着污物，所以清洗吸声垫时可以用清洁剂配以高压水进行冲洗。

冷却塔上述各部分的清洁工作，除了外壳可以不停机清洁外，其他各项清洗工作都要停机后才能进行。

3. 冷却塔定期维护保养工作

为了使冷却塔能安全正常地使用得尽量长一些时间，除了日常要做好上述检查工作和清洁工作外，还需定期做好以下几项维护保养工作：

1）对使用传动带减速装置的冷却塔，每两周停机检查一次传动带的松紧度，不合适时要调整。如果几根传动带松紧程度不同则要全套更换；如果冷却塔长时间不运行，则最好将传动带取下来保存。

2）对使用齿轮减速装置的冷却塔，每一个月停机检查一次齿轮箱中的油位。油量不够时要补加到位。此外，冷却塔每运行六个月要检查一次油的颜色和粘度，达不到要求必须全部更换。当冷却塔累计使用 5000h 后，不论油质情况如何，都必须对齿轮箱做彻底清洗，并更换润滑油。齿轮减速装置采用的润滑油一般多为 30 号或 40 号机械油。

3）由于冷却塔风机的电动机长期在湿热环境下工作，为了保证其绝缘性能，不发生电动机烧毁事故，每年必须做一次电动机绝缘情况测试。如果达不到要求，要及时进行维修或更换电动机。

4）要随时注意检查冷却塔的填料是否有损坏部分，若有，要及时修补或更换。

5）冷却塔风机系统所有轴承的润滑脂一般一年更换一次。

6）当采用化学药剂进行冷却水的处理时，要注意风机叶片的腐蚀问题。为了减缓腐蚀，每年清除一次叶片上的腐蚀物，均匀涂刷防锈漆和酚醛漆各一道，或者在叶片上涂刷一层 0.2mm 厚的环氧树脂，其防腐性能一般可维持 2 ~ 3 年。

7）在冬季冷却塔停止使用期间，有可能因积雪而使风机叶片变形，这时可以采取两种办法避免：一是停机后将叶片旋转到垂直于地面的角度紧固，二是将叶片或连轮毂一起拆下放到室内保存。

8）在冬季冷却塔停止使用期间发生冰冻现象时，要将冷却塔集水盘（槽）和室外部分冷却水系统中的水全部放光，以免冻坏设备和管道。

9）冷却塔的支架、风机系统的结构架以及爬梯通常采用镀锌钢件，一般不需要涂装。如果发现生锈，再进行去锈涂装工作。

二、冷却塔常见故障的排除方法

冷却塔在运行过程中经常出现的问题或故障，其原因分析与解决方法可参见表3-11。

表3-11　冷却塔常见问题和故障的分析与解决方法

问题或故障	原因分析	解决方法
出水温度过高	冷却塔循环水量过小	调整水系统阀门开度或调整水泵电动机转速
	冷却塔布水管（配水槽）部分出水孔堵塞，造成偏流	清除水管中的堵塞物
	进出冷却塔空气不畅或短路	清除冷却塔进风口处的堵塞物
	冷却塔通风量不足	调整通风机的转速或风机带轮的直径
	冷却塔进水温度过高	检查冷水机组的工作状态，进行调整
	冷却塔吸、排空气短路	改善冷却塔周围空气循环流动的条件
	冷却塔填料部分堵塞造成偏流	清除冷却塔填料上的堵塞物
	冷却塔室外湿球温度过高	减小冷却塔冷却水量的流量
通风量不足	传动带松弛，轴承润滑不良，造成风机转速降低	调整电动机的地脚螺栓位置或更换传动带，补充润滑油，更换轴承
	风机叶片角度不合适	调整风机叶片角度至合适位置
	风机叶片破损	更换风机叶片
	填料部分堵塞	清除填料上的堵塞物
集水盘（槽）溢水	集水盘（槽）出水口（滤网）堵塞	清除堵塞物
	浮球阀失灵，不能自动关闭	修理浮球阀的调节杆
	冷却塔循环水量超过冷却塔额定容量	减少循环水量或更换与容量匹配的水泵
集水盘（槽）中水位偏低	浮球阀开度偏小，造成补水量小	调整浮球阀的调节杆，使开度合适
	补水压力不足，造成补水量小	修理补水阀门，或提高水压，加大管径
	管道系统有漏水的地方	找出漏水处，进行堵漏
	冷却塔循环水失水过多	调整风扇电动机转速或挡水板角度
	冷却塔循环水补水管径偏小	更换冷却塔循环水的补水管
有明显飘水现象	冷却塔循环水漂损量过大	调整风扇电动机转速或挡水板角度
	冷却塔通风量过大	降低风机转速或调整风机叶片角度
	填料中有偏流现象	重新码排填料，使其均流
	布水装置转速过快	调整水压，使布水装置转速合适
	挡水板安装位置不当	重新调整挡水板安装角度

（续）

问题或故障	原因分析	解决方法
布（配）水不均匀	布水管（配水槽）部分出水孔堵塞	清除布水管出水孔中的堵塞物
	冷却循环水量过小	开大循环水阀门或调整水泵电动机转速
配水槽中有水溢出	配水槽的出水孔堵塞	清除配水槽的出水孔堵塞物
	冷却循环水供水量过大	关小循环水阀门或调整水泵电动机转速
有异常噪声或振动	风机转速过高，通风量过大	降低风机转速或调整风机叶片角度
	风机轴承缺油或损坏	给风机轴承加油或更换轴承
	风机叶片与其他部件碰撞	调整风机叶片与其他部件的间隙
	风机部件紧固螺栓、螺母松动	拧紧风机部件紧固螺栓、螺母
	风机叶片螺钉松动	拧紧风机叶片螺钉
	传动带与防护罩摩擦	张紧传动带，紧固好防护罩的固定螺栓
	齿轮箱缺油或齿轮组磨损	补充润滑油或更换齿轮组
滴水声过大	填料回水偏流	重新码排填料，使其均流
	冷却水量过大	在集水盘中加装吸声垫或换成将填料埋入集水盘中的机型

【拓展知识】

三、冷却塔部件的维护和保养

1. 布水器喷嘴的维护和保养

布水器喷嘴的维护和保养有两种方法：一是手工操作法，维护保养时，将布水器喷嘴拆开，把堵塞喷嘴的杂物清理出来，用清水清洗干净后，重新组装好即可；二是化学清洗法，将布水器喷嘴从设备上拆卸下来以后，放到配好的质量分数为 20%～30% 的硫酸溶液中，浸泡 60min，然后用清水冲洗，将残留在喷嘴中的硫酸溶液清洗干净后，将喷嘴浸泡到清水中，用试纸测试其 pH 值，达到 7 时为合格。

2. 布水器喷淋管的维护和保养

每年停止冷却塔运行后，在维护喷嘴的同时，要对布水器喷淋管进行维护和保养。其做法是：对其进行除锈、刷防锈漆，对喷淋管上与喷嘴装配的丝头，可用灰色防锈漆涂刷，做防锈处理。

3. 冷却塔风扇叶轮、叶片的维护和保养

每年冷却塔停止运行后，应将冷却塔风扇叶轮、叶片拆下，用手工方法清除腐蚀物。做好静平衡校验后，均匀地涂刷防锈漆和酚醛漆各一次，然后将冷却塔风扇叶轮、叶片装回原位，以防变形。

为防止大直径的玻璃钢冷却塔风扇叶片受积雪重压变形，可将叶片角度旋转 90°，使其垂直于地面。若欲将叶片分解保存，应放平，不可堆砌放置。

【习题】

1. 冷却塔运行中检查工作的内容主要有哪些？

2. 冷却塔清洁工作的主要内容是什么？

3. 冷却塔定期维护保养要做哪些工作？

4. 维护和保养冷却塔布水器喷嘴的方法是什么？

5. 冷却塔停止使用后，应如何保养冷却塔风扇叶片？

课题五　风机的常见故障与排除

【知识目标】

了解中央空调系统中风机的常见故障现象及形成原因。

【能力目标】

掌握中央空调系统中风机常见故障的排除方法。

【必备知识】

一、风机的使用及维护保养要求

中央空调系统的送、回风机在使用中只有经常进行检查和维护保养才能保证其正常工作。

风机的检查分为停机检查和运行检查，检查时风机的状态不同，检查内容也不同。风机的维护保养工作一般是在停机时进行的。

1. 停机检查及维护保养工作

风机停机可分为日常停机（如白天使用，夜晚停机）或季节性停机（如每年 4～11 月份使用，12 月至次年 3 月份停机）。从维护保养的角度出发，停机（特别是日常停机）时主要应做好以下几方面的工作：

（1）传动带松紧度检查　对于连续运行的风机，必须定期（一般一个月）停机检查调整一次；对于间歇运行（如一般写字楼的中央空调系统一天运行 10h 左右）的风机，则在停机时进行检查调整工作，一般也是一个月进行一次。

（2）各联接螺栓、螺母紧固情况的检查　在做上述传动带松紧度检查时，同时进行风机与基础或机架、风机与电动机，以及风机自身各部分（主要是外部）联接螺栓、螺母是否松动的检查紧固工作。

（3）减振装置受力情况检查　在日常运行值班时，要注意检查减振装置是否发挥了作用，是否工作正常。主要检查各减振装置是否受力均匀，压缩或拉伸的距离是否都在允许范围内，有问题要及时调整和更换。

（4）轴承润滑情况检查　风机如果常年运行，轴承的润滑脂应半年左右更换一次；如果只是季节性使用，则一年更换一次。

2. 运行检查工作

经常用看、听、摸、测检查风机及其相关设备，如电动机的温升情况、风机轴承温升情况（不能超过 60℃）、轴承润滑情况、噪声情况、振动情况、转速情况及其风机与风道软接头情况。

二、风机常见故障的排除方法

中央空调系统的送、回风机在工作中的常见问题、故障原因分析与解决方法参见表 3-12。

表 3-12　风机常见问题、故障原因分析与解决方法

问题或故障	原因分析	解决方法
电动机温升过高	流量超过额定值	关小阀门
	电动机或电源方面有问题	查找电动机和电源方面的原因
轴承温升过高	润滑油（脂）不够	适量补充润滑油（脂）
	润滑油（脂）质量不好	清洗轴承后更换合格润滑油（脂）
	风机轴与电动机轴不同心	调整风机轴与电动机轴的同心度
	风机的轴承损坏	更换风机的轴承
	风机的两轴承不同心	调整风机两轴承的同心度
传动带方面的问题	传动带过松（跳动）或过紧	调整电动机的地脚螺栓位置，夹紧或放松传动带
	多条传动带传动时，各传动带松紧不一	调整或全部更换成新的传动带
	传动带经常自动脱落	调整电动机和风机两带轮的平直度
	传动带擦碰传动带保护罩	张紧传动带或调整传动带的保护罩
	传动带磨损严重或脏污	更换传动带
噪声过大	叶轮与进风口或机壳摩擦	调整风机叶轮与进风口、机壳间的位置
	轴承部件磨损，造成间隙过大	更换轴承及其附属部件
	风机转速过高	降低风扇电动机转速或更换风机传动带轮直径
振动过大	风机地脚螺栓或其他联接螺栓、螺母松动	拧紧风机地脚螺栓或其他联接螺栓、螺母
	风机轴承磨损或松动	更换风机轴承或调整轴承与轴承座的间隙
	风机轴与电动机轴不同心	调整风机轴与电动机轴的同心度
	风机叶轮与轴的连接松动	紧固风机叶轮与轴的松紧度
	风机叶片重量不对称或部分叶片磨损、腐蚀	调整平衡或更换叶片或叶轮
	风机叶片上附有不均匀的附着物	清除风机叶片上的附着物
	风机叶轮上的平衡块重量或位置不对	重新校正平衡块重量或安装位置
	风机与电动机两带轮的轴不平衡	调整风机与电动机两带轮的轴平衡
叶轮与进风口或机壳摩擦	轴承在轴承座中松动	紧固轴承与轴承座的配合
	风扇叶轮中心未在进风口中心	调整风扇叶轮中心至进风口中心
	风扇叶轮与轴的连接松动	紧固风扇叶轮与轴的连接
	风扇叶轮变形	更换新的风扇叶轮
出风量偏小	叶轮旋转方向反了	调换电动机任意两根接线位置
	风道的阀门开度过小	将风道的阀门开度调至合适开度
	风机与电动机两带轮间的传动带过松	调整电动机的地脚螺栓位置，夹紧或放松传动带
	风机转速达不到要求	检查电源电压是否欠电压或轴承是否损坏，予以排除
	进风口或出风口、管道中堵塞	清除进风口或出风口、管道中的堵塞物
	风扇叶轮与轴的连接松动	紧固风扇叶轮与轴的连接

【习题】

1. 风机日常停机时主要应做哪些方面的检查？
2. 风机运行中应随时做哪些检查工作？
3. 风机运行中轴承温升过高的原因是什么？应如何处理？
4. 风机运行中传动带松弛的原因是什么？应如何处理？
5. 风机运行中振动过大的原因是什么？应如何处理？

课题六 水泵的常见故障与排除

【知识目标】

了解水泵使用维护保养的要求及常见故障产生的原因与处理方法。

【能力目标】

掌握水泵常见故障的排除方法。

【必备知识】

一、水泵的使用及维护保养要求

中央空调水系统的水泵在使用中只有经常进行检查和维护保养，才能保证其正常工作。

水泵在运行时与水长期接触，由于水质的影响，使得水泵的工作条件较差，因此其检查与维护保养的工作难度会较大。

1. 水泵运行中的检查工作

水泵有些故障在停机状态或短时间运行时是不会产生的，必须运行较长时间才能产生。

水泵运行中应做以下检查工作：

1）电动机不能有过高的温升，无异味产生。
2）轴承温度不得超过周围环境温度 35~40℃，轴承的最高温度不得高于 70℃。
3）轴封处（除规定要滴水的形式外）、管接头均无漏水现象。
4）无异常噪声和振动。
5）地脚螺栓和其他各联接螺栓、螺母无松动。
6）基础台下的减振装置受力均匀，进、出水管处的软接头无明显变形，都起到了减振和隔振作用。
7）电流在正常范围内。
8）压力表指示正常且稳定，无剧烈抖动。

2. 定期维护保养工作

为了使水泵能安全、正常地运行，为整个中央空调系统的正常运行提供基本保证，除了要做好其起动前、起动以及运行中的检查工作，保证水泵有一个良好的工作状态，发现问题能及时解决，出现故障能及时排除以外，还需要定期做好以下几方面的维护保养工作：

（1）加油 轴承采用润滑油润滑的，在水泵使用期间，每天都要观察油位是否在视液镜标示范围内。油不够就要通过注油杯加油，并且要一年清洗换油一次。根据工作环境温度情况，润滑油可以采用 20 号或 30 号机械油。

轴承采用润滑脂（俗称黄油）润滑的，在水泵使用期间，每工作 2000h 换油一次。润滑脂最好使用钙基脂，也可以采用 7019 号高级轴承脂。

（2）更换轴封 由于填料用一段时间就会磨损，当发现漏水或漏水滴数（mL/h）超标时，就要考虑是否需要压紧或更换轴封。对于采用普通填料的轴封，泄漏量一般不得大于 30 ~ 60mL/h，而机械密封的泄漏量则一般不得大于 10mL/h。

（3）解体检修 一般每年应对水泵进行一次解体检修，内容包括清洗和检查。清洗主要是指刮去叶轮内外表面的水垢，特别是叶轮流道内的水垢，因为它对水泵的流量和效率影响很大。此外还要注意清洗泵壳的内表面以及轴承。在清洗过程中，应对水泵的各个部件进行详细认真的检查，以便确定是否需要修理或更换，特别是叶轮、密封环、轴承、填料等部件要重点检查。

（4）除锈涂装 水泵在使用时，通常都处于潮湿的空气环境中，有些没有进行保温处理的冷冻水泵，在运行时泵体表面更是被水覆盖（结露所致），长期这样，泵体的部分表面就会生锈。为此，每年应对没有进行保温处理的冷冻水泵的泵体表面进行一次除锈涂装作业。

（5）放水防冻 水泵停用期间，如果环境温度低于 0℃，就要将泵内的水全部放干净，以免水的冻胀作用胀裂泵体。特别是安装在室外工作的水泵（包括水管），尤其不能忽视。如果不注意做好这方面的工作，会带来重大损坏。

二、水泵常见故障的排除方法

水泵在起动后及运行中经常出现的问题和故障，及其原因分析与解决方法见表 3-13。

表 3-13 水泵常见问题和故障的原因分析与解决方法

问题或故障	原因分析	解决方法
起动后出水管不出水	进水管和泵内的水严重不足	将进水管和泵内的水充满
	水泵叶轮旋转方向反了	调换水泵电动机任意两根接线位置
	进水和出水阀门未打开	进水和出水阀门开至最大
	进水管部分或叶轮内有异物堵塞	清除进水管部分或叶轮内的异物
起动后出水压力表有显示，但回水管道系统末端无水	水泵转速未达到额定值，填料压得过紧	检查电压是否偏低，调整水泵装配，重新码放填料
	管道系统阻力过大	更换合适的水泵或加大管径，减少管道弯道
起动后出水压力表和进水真空表指针剧烈摆动	有空气从进水管随水流进泵内	查明空气进入渠道，放出水系统中的空气
起动后一开始出水，但立刻停止	进水管中有大量空气积存	查明空气进入渠道，放出水系统中的空气
	水系统中有大量空气吸入	检查、做好进水管口和轴封的密封性

（续）

问题或故障	原因分析	解决方法
在运行中突然停止出水	水系统进水管口被堵塞	清除水系统进水管口堵塞物
	水系统有大量空气吸入	检查、做好进水管口和轴封的密封性
	水泵叶轮严重损坏	更换水泵叶轮
轴承过热	水泵润滑油不足	立即补充润滑油
	润滑油（脂）老化或油质不佳	清洗后更换合格的润滑油（脂）
	轴承安装不正确或间隙不合适	调整安装位置或间隙
	水泵与电动机轴不同心	调整水泵与电动机轴的同心度
填料函漏水过多	水泵填料压得不够紧	拧紧水泵填料的压盖或补加一层填料
	水泵填料磨损	更换水泵填料
	填料缠法错误	重新正确缠放水泵填料
	水泵轴有弯曲或摆动	校正或更换水泵轴
泵内声音异常	有空气吸入，发生气蚀	查明空气进入渠道，放出水系统中的空气
	水泵内有固体异物	拆开水泵，清除异物
泵振动	水泵地脚螺栓或各联接螺栓、螺母有松动	拧紧水泵地脚螺栓或各联接螺栓、螺母
	有空气吸入，发生气蚀	查明空气进入渠道，放出水系统中的空气
	水泵的轴承磨损	更换水泵的轴承
	水泵的叶轮破损	更换水泵的叶轮
	水泵的叶轮局部有堵塞	清除水泵叶轮局部堵塞物
	水泵与电动机的轴不同心	调整水泵与电动机轴的同心度
	水泵的轴弯曲	校正或更换水泵轴
流量达不到额定值	水泵转速未达到额定值	检查水泵电动机的电压及填料、轴承的状态
	水系统阀门开度不够	将水系统阀门开到适宜的开度
	输水管道过长或过高	缩短输水距离或更换大功率的水泵
	输水管管道系统管径偏小	更换大管径或更换大功率的水泵
	水系统中有空气吸入	查明空气进入渠道，放出水系统中的空气
	进水管或叶轮内有异物堵塞	清除进水管或叶轮内的堵塞物
	水泵密封环磨损过多	更换水泵的密封环
	水泵叶轮磨损严重	更换水泵的叶轮
耗用功率过大	水泵转速过高	检查调整水泵电动机的工作电压、电流
	在高于额定流量和扬程的状态下运行	调节出水管阀门开度
	水泵填料压得过紧	适当放松水泵填料压紧程度
	水中混有泥沙或其他异物	拆下水过滤器，倒出泥沙或其他异物
	水泵与电动机的轴不同心	调整水泵与电动机轴的同心度
	水泵叶轮与蜗壳摩擦	调整水泵叶轮与蜗壳之间的间距

【拓展知识】

三、水泵填料函严重漏水的维修方法

水泵密封填料俗称高压盘根，它将石棉绳编织成 6mm × 6mm、8mm × 8mm、10mm × 10mm 等规格。水泵填料函严重漏水时，先用套筒扳手将水泵压盖上的螺栓松开取下，然后用螺钉旋具将压盖撬开，用尖嘴钳将细钢丝弯个钩，将水泵填料函中损坏的填料取出，最后用清水将水泵填料函清洗干净。选用与原水泵密封填料相同规格的水泵密封填料沿水泵轴顺时针缠绕，厚度要略大于原水泵密封填料厚度，然后用压盖压紧水泵密封填料，用螺栓紧固压盖，将水泵密封填料压进填料函。旋紧螺栓时应成对角压紧，边旋紧螺栓，边旋转泵轴，直到泵轴旋转灵活、实验时漏水量合乎要求为止。

水泵叶轮与密封环的配合间隙，对吸水管径为 100mm 以下的水泵为 1.5mm，管径为 220mm 以下的为 2mm。维护时若发现超过规定，说明磨损严重，必须予以更换。

【习题】

1. 水泵运行中要做哪些检查工作？
2. 水泵定期维护保养要做哪些工作？
3. 如何更换水泵的水泵密封填料？
4. 水泵叶轮与密封环的配合间隙的要求是什么？

课题七　活塞式制冷压缩机的常见故障与排除

【知识目标】

学习制冷机组运行中故障的确定方法，掌握活塞式制冷压缩机的常见故障与排除方法。

【能力目标】

掌握活塞式制冷压缩机的常见故障及排除方法。

【必备知识】

一、活塞式制冷机组运行中故障的快速确定方法

为了保证制冷机组安全、高效、经济地长期正常运转，在运行管理和维修中可以通过看、摸、听、测对制冷机组运行中的故障进行分析和判断。

1. 看

看制冷机组运行中高、低压力值的大小，油压的大小，冷却水和冷媒水进出口水压的高低等参数，这些参数值以满足设定运行工况要求为正常，偏离工况要求为异常，每一个异常的工况参数都可能包含着一定的故障因素。此外，还要注意看制冷机组的一些外观表象，例如，出现压缩机吸气管结霜这样的现象，就表示制冷机组制冷量过大，蒸发温度过低，压缩

机吸气过热度小，吸气压力低。这对于活塞式制冷机组将会引起"液击"，对于离心式冷水机组则会引起喘振。

2. 摸

在全面观察各部分运行参数的基础上，进一步体验各部分的温度情况。用手触摸冷水机组各部分及管道（包括气管、液管、水管、油管等），感觉压缩机工作温度及振动、冷凝器和蒸发器的进出口温度、管道接头处的油迹及分布情况等。正常情况下，压缩机运转平稳，吸、排气温差大，机体温升不高；蒸发温度低，冷冻水进、出口温差大；冷凝温度高，冷却水进、出口温差大；各管道接头处无制冷剂泄漏、无油污等。任何与上述情况相反的表现，都意味着相应的部位存在着故障因素。

用手摸物体对温度的感觉特征见表3-14。

表 3-14 触摸物体测温的感觉特征

温度/℃	手感特征	温度/℃	手感特征
35	低于体温	65	强烫灼感，触3s缩回
40	稍高于体温，舒服	70	剧烫灼感，手指触3s缩回
45	温和而稍带热感	75	手指触有针刺感，1~2s缩回
50	稍热但可长时间承受	80	有烧灼感，手一触即回，稍停留则有轻度灼伤
55	有较强热感，产生回避意识	85	有辐射热，焦灼感，触及烫伤
60	有烫灼感，触4s缩回	90	极热，有畏缩感，不可触及

用手触摸物体测温，只是一种体验性的近似测温方法，要准确测定制冷压缩机的温度，应使用点温计或远红外线测温仪等仪器，从而迅速准确地判断故障。

3. 听

通过分析运行中冷水机组的异常声响来判断故障发生的性状和位置。除了听冷水机组运行时总的声响是否符合正常工作的声响规律外，重点要听压缩机、润滑油泵及离心式冷水机组抽气回收装置的小型压缩机、系统的电磁阀、节流阀等设备有无异常声响。例如，运转中听到活塞式或离心式压缩机发出轻微的"嚓，嚓，嚓"声或连续均匀轻微的"嚯，嚯"声，说明压缩机运转正常；若听到的是"咚，咚，咚"声或叶轮时快时慢的旋转声，或者有不正常的振动声音，表明压缩机发生了液击或喘振。

4. 测

在看、听、摸等感性认识的基础上，使用万用表、钳形电流表、兆欧表、点温计或远红外线测温仪等仪器仪表，对机组的绝缘、运行电流、电压、温度等进行测量，从而准确找出故障的原因，及其发生的部位，迅速予以排除。

二、活塞式制冷压缩机的常见故障及排除方法

以开启式压缩机为例，活塞式制冷压缩机的维护，一般应根据运行时间来决定。正常运行情况下，压缩机累计运行1000h以后应进行小修；压缩机累计运行2000h以后应进行中修；压缩机累计运行3000h以后应进行大修。

活塞式制冷压缩机大修、中修、小修的内容见表3-15。

表 3-15 活塞式制冷压缩机的检修内容

主要部件	小 修	中 修	大 修
排气阀组,安全弹簧与阀	检查和清洗阀片、内外阀座,更换已损坏的阀片及弹簧,调整其开启度,试验其密封性	检查安全弹簧是否有斑痕或裂纹现象;检查余隙,并进行调整;修理或更换不严密的阀	检查、修理和校检控制阀、安全阀,更换阀的填料,重浇合金阀座或更换塑料密封圈
气缸套与活塞	检查气缸套与吸气阀片接触密封面及阀座面是否良好,检查气缸壁的表面粗糙度,并清洗污垢	检查活塞环与油环的锁口间隙,环与槽的高度、深度间隙,以及弹力是否符合要求。否则,应更换新的。检查活塞销与销座的间隙及磨损情况	测量气缸套与活塞的间隙,以及气缸套与活塞的磨损情况。若超过极限尺寸,应更换气缸套或活塞(包括活塞环和油环)
连杆体和连杆大头轴瓦	检查连杆螺栓和开口销或防松铅丝有无松脱及折断现象	检查连杆大头轴瓦径向和轴向间隙,以及小头衬套的径向间隙和磨损情况。若超过极限尺寸,应更换新的	依照修复后的曲拐轴配大头轴瓦,或重浇轴承合金;以修复后的连杆大头孔来配大头轴瓦;测量活塞销的椭圆度和圆锥度以及磨损情况;测量连杆大头与小头孔两个方向的平行度,以确定连杆是否弯曲
曲轴和主轴承	—	测量各轴承的径向和轴向间隙,需要时应修整	测量曲轴主轴颈与曲拐轴径的平行度,或各轴颈的磨损度(椭圆度和圆锥度),以便修整或更换曲轴;修整主轴承或重浇轴承合金
轴封	—	检查调整轴封的各零件配合情况。若密封性良好,待大修时进行拆卸	检查静环和动环的密封面是否良好,内、外弹性圈是否老化,弹簧性能是否符合要求。否则,应更换新的
润滑系统	清洗曲轴箱及粗过滤器,更换润滑油	检查和清洗油三通阀以及润滑系统;检查卸载装置是否良好,否则,进行修理或更换新的	检查油泵齿轮的配合间隙,或更换齿轮和泵轴轴衬;检查和清洗精过滤器;检查和清洗油分配阀,如弹性圈老化,就应更换新的
其他	检查卸载装置的灵活性,查看油冷却器是否有漏水现象,清除污垢,检查和清洗吸气过滤器	检查电动机与压缩机传动装置的倾斜度和轴的同心度;检查压缩机基础螺栓和联轴器的紧固情况,以及活塞销或橡胶套的磨损情况	检查和校验压缩机的压力表、控制仪表和安全装置;检查和清洗回油浮球阀,或进行修理;清洗气缸盖水套的污垢

活塞式制冷压缩机的常见故障及排除方法见表 3-16。

表 3-16 活塞式制冷压缩机的常见故障及排除方法

故障现象	故障原因	排除方法
压缩机不运转	电气线路故障,熔丝熔断,热继电器动作	找出断电原因,换熔丝或揿复位按钮
	电动机绕组烧毁或匝间短路	测量各相电阻及绝缘电阻,修理电动机
	活塞卡住或抱轴	打开机盖,检查修理
	压力继电器动作	检查油压、温度、压力继电器,找出故障,修复后揿复位按钮
压缩机不能正常起动	线路电压过低或接触不良	检查线路电压过低的原因及其电动机连接的起动元件
	排气阀片漏气,造成曲轴箱内压力过高	修理研磨阀片与阀座的密封线
	温度控制器失灵	校验调整温度控制器
	压力控制器失灵	校验调整压力控制器

（续）

故障现象	故障原因	排除方法
压缩机起动、停机频繁	温度继电器幅差太小	调整温度继电器的控制温度
	排气压力过高，高压继电器动作	检查冷凝器的供水情况
压缩机不停机	制冷剂不足或泄漏	检漏、补充制冷剂
	温控器、压力继电器或电磁阀失灵	检查后修复或更换
压缩机起动后没有油压	供油管路或油过滤器堵塞	疏通清洗油管和油过滤器
	油压调节阀开启过大或阀芯损坏	调整油压调节阀，使油压调至需要数值，或修复阀芯
	曲轴箱内有氟液，油泵不上油	打开加热器，加热曲轴箱中的液体，驱除氟液
油压过高	油压调节阀未开或开启过小	调整油压达到要求值
	油压调节阀阀芯卡住	修理油压调节阀
油压不稳	油泵吸入带有泡沫的油	排除油起泡沫的原因
	油路不畅通	检查疏通油路
油温过高	曲轴箱油冷却器缺水	检查水阀及供水管路
	主轴承装配间隙太小	调整装配间隙，使之符合技术要求
	轴封摩擦环装配过紧或摩擦环拉毛	检查修理轴封
	润滑油不清洁	清洗油过滤器，换上新油
油泵不上油	油泵严重磨损，间隙过大	检修更换零件
	油泵装配不当	拆卸检查，重新装配
	油管堵塞	清洗过滤器和油管
曲轴箱中润滑油起泡沫	油中混有大量氟液，压力降低时，由于氟液蒸发引起泡沫	将曲轴箱中氟液抽空，换上新油
	曲轴箱中油太多，连杆大头搅动油引起泡沫	从曲轴箱中放油，降到规定的油面
压缩机耗油量过多	油环严重磨损，装配间隙过大	更换油环
	油环装反，环的锁口在一条线上	重新装配
	活塞与气缸间隙过大	调整活塞环，必要时更换活塞或缸套
	油分离器自动回油阀失灵	检修自动回油阀，使油及时返回曲轴箱
曲轴箱压力升高	活塞环密封不严，高低压窜气	检查修理
	排气阀片关闭不严	检修阀片密封线
	缸套与机座不密封	清洗或更换垫片
	氟液进入曲轴箱蒸发所致	抽空曲轴箱氟液
能量调节机构失灵	油压过低	调整油压
	油管堵塞	清洗油管
	油活塞卡住	检查原因，重新装配
	拉杆与转动环卡住	检修拉杆与转动环，重新装配
	油分配阀安装不合适	用通气法检查各工作位置是否适当

（续）

故障现象	故障原因	排除方法
排气温度过高	冷凝温度太高	加大冷却水量，放空气
	吸气温度太低	调整供液量或向系统加氟
	回气温度过热	按吸气温度过热处理
	活塞上止点余隙过大	按设备技术要求调整余隙
回气过热度过高	蒸发器中供液太少或系统缺氟	调整供液量，或向系统加氟
	吸气阀片漏气或破损	检查、研磨或更换阀片
	吸气管道隔热失效	检查、更换隔热材料
压缩机排气压力比冷凝压力高	排气管道中的阀门未全开	开足排气管道中的阀门
	排气管道内局部堵塞	检查去污，清理堵塞物
	排气管道管径太小	通过验算，更换管径
吸气压力比正常蒸发压力低	制冷量大于蒸发器的热负荷，进入蒸发器的氟液未来得及蒸发吸热即被压缩机吸入	调整压缩机，使制冷量与蒸发器的热负荷相一致
压力表指针跳动剧烈	系统内有空气	放空气
	压力表失灵	检修或更换压力表
气缸中有敲击声	活塞上止点余隙过小	按要求重新调整余隙
	活塞销与连杆小头孔间隙过大	更换磨损严重的零件
	吸排气阀固定螺栓松动	紧固螺栓
	安全弹簧变形，丧失弹性	更换弹簧
	活塞与气缸间隙过大	检修或更换活塞环与缸套
	阀片破碎，碎片落入气缸内	停机检查，更换阀片
	润滑油中残渣过多	清洗，换油
	气缸中心线与曲轴连杆中心线不对正	检查，修理
	氟液进入气缸产生液击	调整操作
曲轴箱有敲击声	连杆大头轴瓦与曲拐轴颈的间隙过大	调整或换上新轴瓦
	主轴承与主轴颈间隙过大	修理或换上新轴瓦
	开口销断裂，连杆螺母松动	更换开口销，紧固螺母
	联轴器中心不正或联轴器键槽松动	调整联轴器或检修键槽
	主轴滚动轴承的轴承架断裂或钢珠磨损	更换轴承
气缸拉毛	活塞与气缸间隙过小，活塞环锁口尺寸不正确	按要求间隙重新装配
	排气温度过高，引起油的粘度降低	调整操作，降低排气温度
	吸气中含有杂质	检查吸气过滤器，清洗或换新
	润滑油粘度太低，含有杂质	更换润滑油
	连杆中心与曲轴颈不垂直，活塞走偏	检修校正
阀片变形或断裂	压缩机液击	调整操作，避免压缩机严重来霜
	阀片装配不正确	细心、正确地装配阀片
	阀片质量差	换上合格阀片

(续)

故障现象	故障原因	排除方法
轴封严重漏油	装配不良	正确装配
	动环与静环摩擦面拉毛	检查、校验密封面
	橡胶密封圈变形	更换密封圈
	轴封弹簧变形，弹力减弱	更换弹簧
	曲轴箱压力过高	检修排气阀泄漏，停机前使曲轴箱降压
轴封油温过高	动环与静环摩擦面比压过大	调整弹簧强度
	主轴承装配间隙过小	调整间隙达到配合要求
	填料压盖过紧	适当紧固压盖螺母
	润滑油含杂质多或油量不足	检查油质，更换油或清理油路油泵
压缩机主轴承发热	润滑油不足或缺油	检查油泵、油路，补充新油
	主轴承径向间隙过小	检修主轴承径向间隙，使之达到要求
	主轴瓦拉毛	检修或更换主轴瓦
	油冷却器冷却水不畅	检修油冷却器管路，保证供水畅通
连杆大头轴瓦熔化	大头轴瓦缺油，形成干摩擦	检修清洗油泵，换上新轴瓦
	大头轴瓦装配间隙过小	按间隙要求重新装配
	曲轴油孔堵塞	检查清洗曲轴油孔
	润滑油含杂质太多，造成轴瓦拉毛发热熔化	换上新油和新轴瓦
活塞在气缸中卡住	气缸缺油	疏通油路，检修油泵
	活塞环搭口间隙太少	按要求调整装配间隙
	气缸温度变化剧烈	调整操作，避免气缸温度剧烈变化
	油含杂质多，质量差	换上合理的润滑油

【拓展知识】

三、活塞式制冷机组故障分析的基本程序

对制冷机组故障的处理必须严格遵循科学的程序，切忌在情况不清、故障不明、心中无数时就盲目行动，随意拆卸，使故障扩大化，或引发新故障。一般制冷机组故障处理的基本程序如图 3-49 所示。

1. 调查了解故障产生的经过

1）认真进行现场考察，了解故障发生时制冷机组各部分的工作状况，发生故障的部位，危害的严重程度。

2）认真听取操作人员介绍故障发生的经过及所采取的紧急措施。必要时应对虽有故障，但还可以在短时间内运转不会使故障进一步恶化的制冷机组或辅助装置进行起动操作，为正确分析故障原因掌握准确的认识依据。

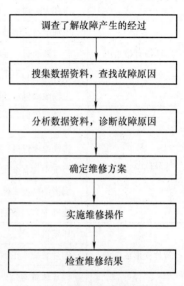

图 3-49　故障处理的基本程序

3）检查制冷机组运行记录表，特别要重视记录表中不同常态的运行数据和发生过的问题，以及更换和修理过的零件的运转时间和可靠性，了解因任何原因引起的安全保护停机等情况。与故障发生直接有关的情况，尤其不能忽视。

4）向有关人员提出询问，寻求其对故障的认识和看法。必要时要求操作人员讲述和演示自己的操作方法。

2. 搜集数据资料，查找故障原因

1）详细阅读制冷机组的《使用操作手册》是了解制冷机组各种数据的一个重要来源。《使用操作手册》能提供制冷机组的各种参数（如机组制冷能力，压缩机形式，电动机功率、转速、电压与电流大小，制冷剂种类与充注量，润滑油量与油位，制造日期与机号等），列出各种故障的可能原因。将《使用操作手册》提供的参数与制冷机组运行记录表的数据综合对比，为正确诊断故障提供重要依据。

2）对制冷机组进行故障检查应按照电系统（包括动力和控制系统）、水系统（包括冷却水和冷冻水系统）、油系统和制冷系统（包括压缩机、冷凝器、节流阀、蒸发器及管道）四大部分依次进行，要注意查找引起故障的复合因素，保证稳、准、快地排除故障。

3. 分析数据资料，诊断故障原因

1）结合制冷循环基本理论，对所收集的数据和资料进行分析，把制冷循环正常状况的各种参数作为对所采集的数据进行比较分析的重要依据。例如，根据制冷原理分析冷水机组的压缩机吸气压力过高，引起制冷剂循环量增大，导致主电动机超载。而压缩机吸气压力过高的原因与制冷剂充注量过多、热力膨胀阀和浮球阀开度过大、冷凝压力过高、蒸发器负荷过大等因素有关。若收集到的资料发现制冷系统中吸气压力高于理论循环规定的吸气压力值或电动机过载，则可以从制冷剂充注量、蒸发器负荷、冷凝器传热效果、冷却水温度等方面去检查造成上述故障的原因。

2）运用实际工作经验进行数据和资料的分析。在掌握了制冷机组正常运转的各方面表现后，一旦实际发生的情况与所积累的经验之间产生差异，便马上可以从这一差异中找到故障的原因。例如，活塞式制冷机组在正常起动时，是不会产生"液击"现象的，当实际起动过程中发生了"液击"，而且视液镜油位并未表现出润滑油泡化现象，则可以判定被活塞式压缩机吸入的液态制冷剂并不是来源于曲轴箱内的润滑油，而是来源于蒸发器。在活塞式制冷机组中，停车期间蒸发器内的液态制冷剂只能来源于高压部分，也就是说，高压液态制冷剂经电磁阀和热力膨胀阀进入了蒸发器。膨胀阀由感温包控制，制冷机组停机后，蒸发器出口端温度升高，膨胀阀芯自动开大属正常现象。因此，冷水机组停机时，使高压液态制冷剂进入蒸发器的只有电磁阀关闭不严一个因素。由此分析可知是电磁阀出现了故障，排除此故障后上述"液击"现象就会自动消除。可见，将实际经验与理论分析结合起来，剖析所收集到的数据和资料，有利于透过一切现象，抓住故障发生的本质，并能准确、迅速地予以排除。

3）根据制冷机组技术故障的逻辑关系进行数据和资料的分析。制冷机组技术故障的逻辑关系及检查方法是用于分析和检验各种故障现象原因的有效措施。把各种实际采集到的数据与这一逻辑关系联系起来，可以大大提高判断故障原因的准确性和维修工作进展的速度。通常把制冷机组运转中出现的故障分为三类：机组不起动；机组运转但制冷效果不佳；机组频繁开停。制冷机组各类故障的逻辑关系如图3-50所示。

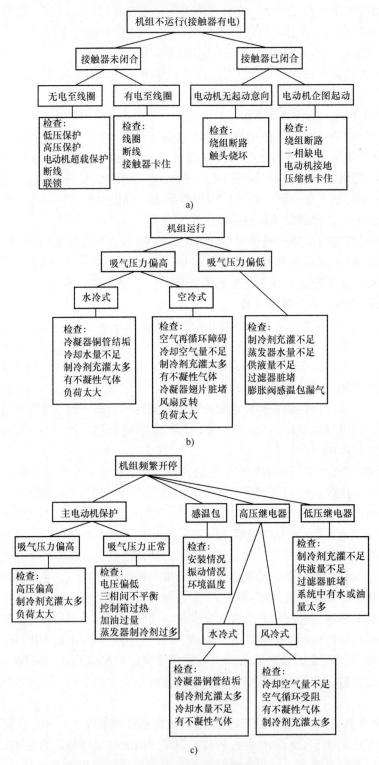

图 3-50　制冷机组故障的逻辑关系
a）机组不起动的故障逻辑关系　b）机组运转但制冷效果不佳的故障逻辑关系
c）机组频繁开停的故障逻辑关系

4. 确定维修方案

1）从可行性角度考虑维修方案。首先要考虑的是如何以最省的经费（包括材料、备件、人工、停机等）来完成维修任务，经费应控制在计划的维修经费数额以内。当总修理费用接近或超过新购整机费用的 1/2 时，应将旧机作报废处理。

2）从可靠性角度考虑维修方案。通常冷水机组故障的处理和维修方案不是单一的。从制冷机组维修后所起的作用来看，可分为临时性、过渡性和长期三种情况，各种维修方案在经费的投入、人员的投入、维修工艺的要求、维修时间的长短、使用备件的多少与质量的优劣等方面，均有明显的差别，应根据具体情况确定合适的方案。

3）选用对周围环境干扰和影响最小的维修方案。维修过程中对建筑物结构及居民产生安全及噪声伤害和环境污染的方案，都应极力避免采用。

4）在认真分析各方面的条件后，找出适合现场实际情况的维修方案。一般这些维修方案适用于进行调整、修改、修理或更换失效组件等内容中的一项或数项的综合行动。

5. 实施维修操作

1）根据所定维修方案的要求，准备必要的配件、工具、材料等，做到质量好，数量足，供应及时。

2）排除故障时，检查程序应按制冷系统、油路系统、水路系统、电力控制系统的先后顺序进行，以避免因故障交叉而发生维修返工的现象，节省维修时间，保证维修质量。

3）正确运用制冷和机械维修等方面的知识进行操作，如压缩机的分解与装配、制冷系统的清洗与维护、控制系统设备及元器件的调试与维修、钎焊、电焊、机组试压、检漏、抽真空、除湿、制冷剂和润滑油的充注和排出等操作。

4）分解的零件必须排列整齐，做好标记，以便识别，防止丢失。

5）重新装配或更换零部件时，应对零部件逐一进行性能检查，防止不合格的零件装入机组，造成返工损失。

6. 检查维修结果

1）检查维修结果的目的在于考察维修后的制冷机组是否已经恢复到故障发生前的技术性能。采取在不同工况条件下运转机组的方法，全面考核是否因经过修理给机组带来了新的问题。发现问题应立即予以纠正。

2）对冷水机组进行必要的验收试验，应按照先气密性试验、后真空试验，先分项试验、后整机试验的原则进行。不允许用制冷机组本身的压缩机代替真空泵进行真空试验，以免损坏压缩机。

3）除检查制冷机组的技术性能外，还要注意保护好机组整洁的外观和工作现场的清洁卫生。工作现场要打扫干净，擦掉溅出的油污，清除换下的零件和垃圾，最后清理工具和配件，不能将工具或配件遗忘在冷水机组内或工作现场。

4）由于操作人员失误造成故障的制冷机组，维修人员应与操作人员一起进行故障排除或修复。事后一起进行机组试运行检查，并讨论适合该机组特点的操作方法，改变不良操作习惯，避免同类故障再度发生。

【习题】

1. 简述用看、听、摸、测快速确定制冷机组运行中故障的方法。

2. 活塞式制冷压缩机大、中、小检修在机组运行时间上是如何规定的？

3. 活塞式制冷压缩机运行时高压表针剧烈摆动的原因是什么？如何排除？

4. 活塞式制冷压缩机运行时气缸中有敲击声的原因是什么？如何排除？

5. 活塞式制冷压缩机运行时轴封油温过高的原因是什么？如何排除？

6. 活塞式制冷压缩机运行时耗油量过多的原因是什么？如何排除？

7. 活塞式制冷压缩机运行时轴封严重漏油的原因是什么？如何排除？

8. 活塞式制冷压缩机运行时活塞在气缸中卡住的原因是什么？如何排除？

课题八　螺杆式制冷压缩机的常见故障与排除

【知识目标】

学习螺杆式制冷压缩机一般常见故障的原因，掌握螺杆式制冷压缩机的常见故障与排除方法。

【能力目标】

掌握螺杆式制冷压缩机的常见故障与排除方法。

【必备知识】

一、螺杆式制冷压缩机一般常见的故障

1. 泄漏故障

螺杆式冷水机组氟利昂泄漏可分为内漏和外漏两种。内漏是指各个阀门（如供液阀、吸排气阀）关不死，氟利昂在机组系统内部泄漏，影响机组的操作和制冷效果。外漏是指机组系统内氟利昂向外界环境（即大气）的泄漏，它使机组无法运行并产生严重的经济损失。相对而言，机组外漏的概率较高，其原因可能是：

1）机组一些铸件在铸造中由于型砂质量较差或铸造工艺不好，形成砂眼和裂纹，而机组管理人员在检漏时重点放在密封连接处，常忽略对铸件机体的检漏，从而发生氟利昂外漏。

2）密封件磨损或破裂，如吸排气阀阀杆和阀体的O形环老化、磨损导致密封失效，轴封内动环擦伤，静环破裂。

3）换热器内泄漏，蒸发器由于低压过低（低压控制器失灵）或冷冻水循环不畅，使得蒸发温度低于0℃，冻裂蒸发器传热管，氟利昂从冷冻水系统中漏掉。蒸发器和冷凝器的传热管与管板胀管未胀紧，也可导致氟利昂漏出。

当机组出现外漏时，将外漏点前后阀门关死，整个机组内氟利昂即可保住。若既有外漏又有内漏而不及时处理，机组内氟利昂可能全部漏光。

2. 石墨环破裂

螺杆式冷水机组的螺杆是高速旋转的机械，它的轴端采用机械密封，其动环和静环（石墨环）密封面经常会由于操作不当发生裂纹。

1）冷却水断水。当冷却水系统中混入空气或者冷却水循环不畅时，冷凝器内氟利昂冷凝困难，压缩机高压端排气压力骤然上升，动环和静环密封油膜被击破，出现半干摩擦或干摩擦，在摩擦应力作用下，石墨环产生裂纹。起动压缩机时加载过快，高压突然增大同样会使石墨环破裂。

2）轴封的弹簧及压盖安装不当，使石墨环受力不均，造成石墨环破裂。

3）轴封润滑油的压力和粘度影响密封动压液膜的形成，也是石墨环损坏的重要因素。

3. 电器控制元件失灵

电器控制元件不稳定有下述几种原因：

1）电器控制元件质量有问题。

2）电器控制元件安装技术存在缺陷。

3）电器控制元件使用空间内部湿度太大，使电器控制元件生锈、腐蚀。

二、螺杆式制冷压缩机常见故障的分析及处理方法

螺杆式制冷压缩机在日常运行过程中的常见故障分析及其处理方法见表3-17。

表3-17　螺杆式制冷压缩机常见故障的分析和处理方法

故障现象	故障分析	处理方法
起动负荷大，不能起动或起动后立即停车	能量调节未至零位	减载至零位
	压缩机与电动机不同轴度过大	重新校正同轴度
	压缩机内充满油或液体制冷剂	盘动压缩机联轴器，将机腔内积液排出
	压缩机内磨损烧伤	拆卸检修
	电源断电或电压过低（低于额定值10%以上）	排除电路故障，按要求正常供电
	压力控制器或温度控制器调节不当，使触头常开	按要求调整触头
	压差控制器或热继电器断开后未复位	按下复位键
	电动机绕组烧毁或短路	检修
	变位器、接触器、中间继电器线圈烧毁或触头接触不良	拆卸检查，修复
	温度控制器调整不当或出故障不能打开电磁阀	调整温度控制器的调定值或更换温度控制器
	电控柜或仪表箱电路接线有误	检查，改正
压缩机在运转中突然停车	吸气压力低于低压继电器调定值	查明原因，排除故障
	排气压力过高，使高压继电器动作	查明原因，排除故障
	温度控制器调得过小或失灵	调大控制范围，更换温度控制器
	电动机超载，使热继电器动作或熔丝烧毁	排除故障，更换熔丝
	油压过低使压差控制器动作	查明原因，排除故障
	油精过滤器压差控制器动作或失灵	拆洗精过滤器，压差继电器调到规定值，更换压差控制器
	控制电路故障	查明原因，排除故障
	仪表箱接线端松动，接触不良	查明后上紧
	油温过高，油温继电器动作	增加油冷却器冷却水量

（续）

故障现象	故障分析	处理方法
机组振动过大	机组地脚螺栓未紧固	塞紧调整垫铁，拧紧地脚螺栓
	压缩机与电动机不同轴度过大	重新校正同轴度
	机组与管道固有振动频率相近而共振	改变管道支撑点位置
	吸入过量的润滑油或液体制冷剂	停机，盘动联轴器将液体排出
运行中有异常声音	压缩机内有异物	检修压缩机及吸气过滤器
	推力轴承磨损破裂	更换推力轴承
	滑动轴承磨损，转子与机壳摩擦	更换滑动轴承，检修
	联轴器的键松动	紧固螺栓或更换键
排气温度过高	冷凝器冷却水量不足	增加冷却水量
	冷却水温过高	开启冷却塔
	制冷剂充灌量过多	适量放出制冷剂
	膨胀阀开启过小	适当调节膨胀阀开启度
	系统中存有空气（压力表指针明显跳动）	排放空气
	冷凝器内传热管上有水垢	清除水垢
	冷凝器内传热管上有油膜	回收冷冻机油
	机内喷油量不足	调整喷油量
	蒸发器配用过小	更换蒸发器
	热负荷过大	减少热负荷
	油温过高	增加油冷却器冷却水量
	吸气过热度过大	适当开大供液阀，增加供液量
压缩机本体温度过高	吸气温度过高	适当调大节流阀
	部件磨损造成摩擦部位发热	停车检查
	压力比过大	降低排气压力
	油冷却器能力不足	增加油冷却水量，降低油温
	喷油量不足	增加喷油量
	由于杂质等原因造成压缩机烧伤	停车检查
蒸发温度过低	制冷剂不足	添加制冷剂到规定量
	节流阀开启过小	适当调节
	节流阀出现脏堵或冰堵	清洗，修理
	干燥过滤器堵塞	清洗，更换
	电磁阀未全打开或失灵	开启或更换电磁阀
	蒸发器结霜太厚	关小膨胀阀
油压过低	油压调节阀开启过大	适当调节开启度
	油量不足（未达到规定油位）	添加冷冻机油到规定值
	油路管道或油过滤器堵塞	清洗
	油泵故障	检查、修理
	油泵转子磨损	检修、更换油泵转子
	油压表损坏，指示错误	检修、更换油压表

（续）

故障现象	故障分析	处理方法
油压过高	油压调节阀开启度太小	适当增大开启度
	油压表损坏，指示错误	检修、更换油压表
	油泵排出管堵塞	检修
油温过高	油冷却器效果下降	清除油冷却器传热面上的污垢，降低冷却水温或增大水量
冷凝压力过高	冷凝器冷却水量不足	加大冷却水量
	冷凝器传热面结垢	清洗
	系统中空气含量过多	排放空气
	冷却水温过高	开启冷却塔
润滑油消耗量过大	加油过多	放油到规定量
	奔油	查明原因，进行处理
	油分离器效果不佳	检修
油位上升	制冷剂溶于油内	关小节流阀，提高油温
吸气压力过高	节流阀开启过大或感温包未扎紧	关小节流阀，正确捆扎感温包
	制冷剂充灌过多	放出多余制冷剂
	系统中有空气	排放空气
制冷量不足	吸气过滤器堵塞	清洗
	压缩机磨损后间隙过大	检修更换
	冷却水量不足或水温过高	调整水量，开启冷却塔
	蒸发器配用过小	减小热负荷或更换蒸发器
	蒸发器结霜太厚	定期融霜
	膨胀阀开得过大或过小	按工况要求调整阀门开启度
	干燥过滤器堵塞	清洗
	节流阀脏堵或冰堵	清洗
	系统内有较多空气	排放空气
	制冷剂充灌量不足	添加至规定值
	蒸发器内有大量润滑油	回收冷冻机油
	电磁阀损坏	修复或更换
	膨胀阀感温包内充灌剂泄漏	修复或更换
	冷凝器或贮液器的出液阀未开启或开启度过小	开启出液阀或调整开启度大小
	制冷剂泄漏过多	查出漏处，检修后添加制冷剂
	能量调节指示不正确	检修
	喷油量不足	检修油路、油泵，提高油量

（续）

故障现象	故障分析	处理方法
压缩机结霜严重或机体温度过低	热力膨胀阀开启过大	适当关小阀门
	系统制冷剂充灌量过多	排出多余的制冷剂
	热负荷过小	增加热负荷或减小冷量
	热力膨胀阀感温包未扎紧或捆扎位置不正确	按要求重新捆扎
	供油温度过低	减小油冷却器冷却水量
压缩机能量调节机构不动作	四通阀不通	检修或更换
	油管路或接头处堵塞	检修、清洗
	油活塞间隙大	检修或更换
	滑阀或油活塞卡住	拆卸检修
	指示器故障	检修
	油压过低	调节油压调节阀
压缩机轴封漏油（允许值为 6 滴/min）	轴封磨损过量	更换轴封
	动环、静环平面度过大或擦伤	研磨，更换
	密封阀、O 形环过松、过紧或变形	更换
	弹簧座、推环销钉装配不当	重新装配
	轴封弹簧弹力不足	更换弹簧
	轴封压盖处纸垫破损	更换纸垫
	压缩机与电动机不同轴度过大引起较大振动	重新校正同轴度
压缩机运行中油压表指针振动	油量不足	补充油
	精过滤器堵塞	清洗
	油泵故障	检修或更换
	油温过低	提高油温
	油泵吸入气体	查明原因进行处理
	油压调节阀动作不良	调整或拆修
停机时压缩机反转不停（反转几转属正常）	吸气止回阀故障（如止回阀卡住，弹簧弹性不足或止回阀损坏）	检修或更换
蒸发器压力或压缩机吸气压力不等	吸气过滤器堵塞	清洗过滤器
	压力表故障	检修、更换
	压力传感元件故障	更换
	阀的操作错误	检查吸入系统
	管道堵塞	检查、清理
机组奔油	在正常情况下发生奔油主要是由操作不当引起的	注意操作
	油温过低	提高油温
	供液量过大	关小节流阀
	增载过快	分几次增载
	加油过多	放油到适量
	热负荷减小	增大热负荷或减小冷量

（续）

故障现象	故障分析	处理方法
润滑油进入蒸发器和冷凝器	吸气带液	关小冷凝器出液阀
	油温低于20℃	将油温升至30℃以上
	停机时，吸气止回阀卡住	检修吸气止回阀
制冷剂大量泄漏	蒸发器传热管冻裂	更换冻裂的传热管
	传热管与管板胀管处未胀紧	将蒸发器、冷凝器端盖拆下检查胀管处，有泄漏重新胀紧
	机体的铸件由于型砂质量较差或铸造工艺不合理而形成砂眼和裂纹	修补
	密封件磨损或破裂，如吸、排气阀阀杆和阀体O形环老化、磨损导致泄漏	更换密封件
石墨环炸裂	由于冷却水系统中混入空气或循环不畅，冷凝器内制冷剂冷凝困难，压缩机排气压力上升，轴端动、静环密封油膜被冲破，出现半干摩擦或干摩擦，在摩擦热力作用下石墨环产生炸裂	停机更换，排除冷却水系统中的空气，降低排气压力
	压缩机起动时增载过快，高压突然增大使石墨环炸裂	更换，压缩机起动时应缓慢增载
	轴封的弹簧及压盖安装不当，使石墨环受力不均造成破裂	停机更换，注意更换时使其受力均匀
	轴封润滑油的压力和粘度影响密封动压液膜的形成而造成石墨环炸裂	停机更换，注意油压，粘度过低时应更换符合质量标准的润滑油

【习题】

1. 螺杆式制冷压缩机泄漏故障的主要原因有哪些？
2. 螺杆式制冷压缩机石墨环炸裂故障的主要原因有哪些？
3. 螺杆式制冷压缩机运行时本体温度过高的主要原因有哪些？如何排除？
4. 螺杆式制冷压缩机运行时本体温度过低或结霜的主要原因有哪些？如何排除？
5. 螺杆式制冷压缩机运行时能量调节机构不动作的主要原因有哪些？如何排除？
6. 螺杆式制冷压缩机运行时机组出现奔油故障的原因是什么？如何处理？
7. 螺杆式制冷压缩机运行时润滑油大量进入蒸发器和冷凝器应如何处理？
8. 螺杆式制冷压缩机运行时油压表指针振动的原因是什么？如何处理？

课题九　离心式制冷压缩机的常见故障与排除

【知识目标】

学习离心式制冷压缩机常见故障的分析方法。

【能力目标】

掌握离心式制冷压缩机常见故障的排除方法。

【必备知识】

离心式制冷压缩机在运行过程中的常见故障很多，其常见故障分析与排除方法具体见表3-18。

表3-18　离心式制冷压缩机常见故障的排除方法

项目	现象	原因	排除方法
压缩机不起动	准备工作已经完成	电动机的电源事故	检查电源，使之供电
		导叶不能全关	将导叶自动—手动切换开关切换到自动位置
		控制线路熔断线	检查熔断器，加以更换
		过载继电器动作	按下继电器的复位按钮，或检查继电器的设定电流。检查导叶控制装置的限流继电器。限流继电器用以调节导叶，使主电动机不致过载，因此其设定值低于过载电器
	油泵起动不了	防止频繁起动的定时器动作	等过了所定的时间后再起动
		开关不能合闸	按下过载继电器的复位按钮
			检查熔断器是否断线
	油压上不去	油柜内油位太低	补到规定油位
		油泵倒转	重新接线（三相时更改任意两相的接线次序）
		过滤器堵塞	清洗过滤器或更换
		油起泡沫	冷媒水温度降低而只给蒸发器供水时，机器内部压力下降，油柜内的油起泡沫，要在消泡后起动
			将油加热器恒温控制器的设定温度升高，分离掉油中的制冷剂
冷凝压力异常升高	冷却水出口温度和冷凝温度的差增大	空气漏入机内	开动抽气装置，将气排掉
			检查自动抽气装置阀的切换是否可靠，检查差压开关动作是否正确
		冷凝器管子结垢	对管子内部进行除垢
		冷却水中混有空气	改进泵吸入口的填料函等
	冷却水出口温度和冷凝温度的差增大，且冷却水出、入口温度差和阻力损失都减小	水室内的垫片外移或隔板破损	克服冷却水短路而不流入管内的现象
	冷却水入口温度或出口温度高	冷却塔不好	检查风机是否旋转
			检查补给水是否足够
			检查淋水喷嘴是否堵塞，以及喷嘴的旋转情况
		冷却水量不足	检查泵的排量是否正常
			检查冷却水管路的阀是否全开
			检查冷却水系统过滤器是否堵塞
冷凝压力降低	压力表的指示值低于冷却水温度的相应值	压力表接管内有制冷剂凝结	不能有管子过长和中途冷却的现象，修正接管的弯管半径，防止凝结
	制冷剂冷却电动机的绕组温度上升	冷却水温降低	减小冷却水量，将冷却水出口温度升到规定值以上
		水量过大	减小到恰当的水量

（续）

项目	现象	原因	排除方法
载冷剂不能冷却到规定温度	蒸发压力升高，电动机功率有多余	温度调节器的设定值太高	修正调节器的设定值
		测温电阻管结露	干燥后将电阻线密封
		导叶开不了	检查导叶自动—手动切换开关是否位于自动位置
		导叶不能自动	将切换开关置于手动位置，使导叶开关能与负荷平衡，此时检查温度调节器的故障
		导叶不能手动操纵	可考虑为手动操纵器、导叶电动机或导叶驱动机构有故障，予以改善
		控制导叶开度的温度计信号变而电流值不变	导叶的内部驱动机构破损，予以修理
载冷剂冷却效果差	蒸发压力升高，电动机满功率运行	制冷负荷过大	增加运转台数，减少每一台承担的负荷
			空调区外部大气漏入量过大，应加以调节
	冷凝压力降低	参照"冷凝压力降低"项	
	蒸发压力降低	参照"蒸发压力降低"项	
	压缩机排气温度降低	制冷剂充注量过多，压缩机中吸入制冷剂	将制冷剂抽出一部分，使机组中的制冷剂存有量达到额定要求
蒸发压力降低	制冷剂温度与载冷剂出口温度的差增大，压缩机排气温度上升	制冷剂注入量不足（液位下降）	注入制冷剂
		制冷剂损失（液位下降）	停下制冷机，检查制冷剂液位，排除制冷剂损失的原因（气密性不好或抽气装置不好），添加制冷剂
		制冷剂污染	制冷剂再生
		制冷剂浮球阀动作不对	修理浮球阀
		漏水（液位上升）	修理漏水部位，待机器内充分干燥后再运转
		蒸发器内漏水，浮球阀冻结（液位下降）	修理漏水部位，待机器内充分干燥后再运转
		水室内的垫片外移或隔板损坏（压力损失低）	改进冷媒水在水室内的短路
		冷媒水泵吸入口有空气混入	改进泵吸入口的填料函
			将吸入管插到水面下
	压缩机排气温度并没有上升多少，载冷剂出口温度与制冷剂温度差增加	管子污染或一部分堵塞	清理管子，除去障碍物
	载冷剂出口温度降低	温度调节器的设定值低	重新调整设定值
		导叶开得过大	适当关小导叶开关
		制冷负荷太小	适当提高冷却水温度
		自动启停恒温控制器，工作参数不正常	检查调整恒温器的设定值
轴承和润滑系统不好	油压降低	油过滤器堵塞	清洗过滤器或加以更换
		油压调节阀不好	将阀磨合或更换
		油起泡沫	减少油冷却器的冷媒水或制冷剂量，使油温上升，将油中的制冷剂蒸发掉
	油压表激烈摆动	油压表接管中混入制冷剂气体或空气	松开油压表的外套螺母，放出接管中的空气或气体

（续）

项目	现象	原因	排除方法
轴承和润滑系统不好	油压表激烈摆动	油压调节阀不好	更换调节阀
		油位降低，油泵汽蚀	补油
		油起泡沫	减少油冷却器的冷媒水或制冷剂量，使油温上升，将油中的制冷剂蒸发掉
	油温过低	油冷却器过冷	调节到适当温度并保持
		油加热器恒温控制器设定温度不对	再检查设定温度
		油加热器断线	更换油加热器
	油温过高	油加热器恒温控制器设定温度不对	调整设定温度
		油冷却器冷却介质供给量不当	调节冷却水或制冷剂，增加冷却器的能力，在采用制冷剂冷却方式时调整阀的节流量，充分蒸发，加以冷却
		油冷却器污染	清洗或更换
		运转中油加热器工作不好	检查电气线路，排除原因
	轴承温度高	连接不好	调整连接情况
		轴瓦不好	更换轴瓦，或重新浇注白合金
		油污染或混入水	更换油或修理漏水部位
		油冷却器脏	清洗或更换
		油冷却器冷却介质供给量不当	加大油冷却器冷却水量
		压缩机排气温度过高	适当降低其冷凝压力
		冷凝压力异常升高	加大冷却水流量或降低冷却水温度
过负荷和制冷量不足	过负荷	连接不好	调整连接情况
		载冷剂入口温度高	消除制冷负荷过大的原因
		吸入制冷剂液	抽出制冷剂液，降低液位
		水漏入压缩机内	修理漏水部位，使压缩机内干燥
		限流继电器设定不好	调节限流继电器，不要造成过负荷
		仪表不好	更换仪表
	制冷量不足	冷凝压力上升	加大冷却水流量或降低冷却水温度
		蒸发压力降低	适当调整节流阀，提高蒸发压力
		降低转速或倒转	调成正转
		叶轮磨损或被腐蚀	更换叶轮
		迷宫密封磨损	更换迷宫密封
		仪表不好	更换仪表
振动与噪声	转子振动	叶轮因磨损、腐蚀而不平衡	调整转子的平衡
		连接不好	调整连接情况
		轴瓦间隙大	更换轴瓦或浇注白合金
		转子与迷宫密封接触	调整配合状态

（续）

项目	现象	原因	排除方法
振动与噪声	转子振动	压缩机吸入大量制冷剂液	抽出制冷剂液，降低液位
		轴弯曲	校直
		防振装置不好	更换防振装置
		基础下沉	调整连接情况
		制冷剂接管连接不好，造成轴中心线歪斜	调整制冷剂接管
	噪声	喘振	适当降低冷凝温度，提高蒸发温度
		油起泡沫	参照"轴承和润滑系统不好"项
		齿轮增速装置不好	调整齿轮或更换
		连接不好	调整连接情况
		载冷剂、冷却水接管传声	接管中间加装挠性接头
			接管重量不要加到制冷机上，或者接管的悬架上装弹簧
		电动机的"拍"声	调整定子与转子间的间隙
		电刷的轧轧声	检查或更换电刷
抽气回收装置不好	压缩机油减少	活塞的刮油环不好	更换刮油环
		油分离器不好	检查浮球阀的工作情况和加热器是否断线
	压缩机油位上升	制冷剂混入油中	排出阀不好（制冷剂从排出侧逆流）
			调整吸入压力调节阀，使之与室温相适应
			停下抽气压缩机时，关闭吸入和排出管路的阀
	压缩作用不完全	阀不好	清理压缩机阀座或更换阀
		空气排出阀不好	调整设定值或更换
		传动带打滑	张紧传动带
		液态压缩	调整吸入压力调节阀，使之与室温配合
	制冷剂损失大	抽气柜浮球阀不好	拆开清洗浮球阀，磨合阀座，检查浮球开度
		空气放出阀设定不对	根据室温和冷却水温正确设定放出压力
		副冷凝器冷却不好	检查冷却水量，清除冷却面的污垢
		截止阀工作不好	检查制冷剂回流阀是否开启，自动运转方式时检查阀是否在自动位置
		抽气压缩机金属密封不好	修配密封片，或予以更换
		过量空气漏入制冷机	检查漏气部位，加以修补
腐蚀	机器内腐蚀	气密不好，湿气渗入	修补漏气部位
		漏水，漏载冷剂	修理漏水部位，使机内干燥
		压缩机排气温度在100℃以上	为了避免制冷剂分解，在压缩机中间级喷射制冷剂液，降低排气温度
	油柜系统腐蚀	油加热器露出水面	经常保持油柜中的正常油位
	管内或管板腐蚀	水质不好	进行水处理，改善水质，载冷剂中加缓蚀剂，装过滤器，控制pH值等

【习 题】

1. 离心式制冷压缩机通电后不能起动的主要原因是什么？如何处理？
2. 离心式制冷压缩机运行时转动不平稳的主要原因是什么？如何处理？
3. 离心式制冷压缩机运行时电动机负荷过大的主要原因是什么？如何处理？
4. 离心式制冷压缩机运行时为什么会出现冷凝压力过高？如何处理？
5. 离心式制冷压缩机运行时为什么会出现蒸发压力过低？如何处理？
6. 离心式制冷压缩机运行时为什么会出现蒸发压力过高？如何处理？
7. 离心式制冷压缩机运行时为什么会出现润滑油压力过低？如何处理？
8. 离心式制冷压缩机运行时为什么会出现油压表激烈摆动？如何处理？
9. 离心式制冷压缩机运行时为什么会出现转子剧烈振动？如何处理？
10. 离心式制冷压缩机运行时为什么会出现油位上升？如何处理？
11. 离心式制冷压缩机运行时为什么会出现制冷剂损失过大？如何处理？

课题十　溴化锂吸收式制冷机的常见故障与排除

【知识目标】

学习溴化锂吸收式制冷机常见故障的分析方法，掌握溴化锂吸收制冷机常见故障的排除方法。

【能力目标】

掌握溴化锂吸收式制冷机常见故障的排除方法。

【必备知识】

一、溴化锂吸收式制冷机常见故障的分析方法

溴化锂吸收式制冷机组常见的故障有溶液结晶、冷水及冷剂水结冰、冷剂水污染、机组性能低下及燃烧器故障等。

1. 结晶故障诊断分析

为了防止溴化锂吸收制冷机组在运行中产生结晶，通常在机组发生器浓溶液出口端设有自动熔晶装置。此外，为了避免机组停机后溶液结晶，还设有机组停机时的自动稀释装置。

然而，由于各种原因，如加热能源压力太高、冷却水温度过低、机组内存在不凝性气体等，机组还会发生结晶事故。在实际运行中，溶液结晶是溴化锂吸收式机组的常见故障之一。

（1）停机期间的结晶　停机期间，由于溶液在停机时稀释不足或环境温度过低等原因，使得溴化锂溶液发生结晶。一旦发生结晶，溶液泵就无法运行。可按下列步骤进行熔晶：

1）用蒸汽对溶液泵壳和进出口管加热，直到泵能运转。加热时要注意不让蒸汽和凝水进入电动机和控制设备。切勿对电动机直接加热。

　　2）屏蔽泵是否运行不能直接观察，如溶液泵出口处未装真空压力表，可在取样阀处装真空压力表。若真空压力表上指示为一个大气压（即表指示为0），表示泵内及出口结晶未消除；若表指示为高真空，则表明泵不运转，机内部分结晶，应继续用蒸汽加热，使晶体完全溶解；泵运行时，若真空压力表上指示的压力高于大气压，则表示结晶已溶解。有时溶液泵扬程不高，取样处压力总是低于大气压，这时应用取样器取样，或者观察吸收器喷淋以及发生器有无液位，也可听泵出口管内有无溶液流动声，以此来判断结晶是否已溶解。

　　（2）运行期间的结晶　机组运行期间，掌握结晶的征兆是十分重要的。如果结晶初期就采取相应的措施（如降低负荷等），一般情况下可避免结晶。

　　机组在运行期间，最容易结晶的部位是溶液热交换器的浓溶液侧及浓溶液出口处，因为这里是溶液的质量分数最高及浓溶液温度最低处。当温度低于该质量分数下的结晶温度时，结晶逐渐产生。在全负荷运行时，熔晶管不发烫，说明机组运行正常。一旦出现结晶，由于浓溶液出口被堵塞，发生器的液位越来越高，当液位高到熔晶管位置时，溶液就绕过低温热交换器，直接从熔晶管回到吸收器。因此，熔晶管发烫是溶液结晶的显著特征。此时，机组的低压发生器液位高，吸收器液位较低，机组性能下降。

　　当结晶比较轻微时，机组本身能自动熔晶。温度高的浓溶液及熔晶管直接进入吸收器，使稀溶液温度升高。当稀溶液流过热交换器时，壳体侧结晶的浓溶液可将结晶溶解，浓溶液又可经热交换器到吸收器喷淋，低压发生器液位下降，机组恢复正常运行，这种方法称为熔晶管熔晶。如果机组无法自动熔晶，可采用下面的方法熔晶：

　　1）机组继续运行。

　　① 关小热源阀门，减少供热量，使发生器溶液温度降低，溶液质量分数也降低。

　　② 关闭冷却塔风机（或减少冷却水流量），使稀溶液温度升高，一般控制在60℃左右，不要超过70℃。

　　③ 为使溶液质量分数降低，或不使吸收器液位过低，可将冷剂泵再生阀门慢慢打开，使部分冷剂水旁通到吸收器。

　　④ 机组继续运行，由于稀溶液温度提高，经过热交换器时加热壳体侧结晶的浓溶液，所以经过一段时间后，结晶一般可以消除。

　　2）机组继续运行并伴有加热。如果结晶较严重，上述方法一时难以解决，可借助于外界热源加热来消除结晶。

　　① 按照上面的方法，关小热源阀门，使稀溶液温度上升，对结晶的浓溶液加热。

　　② 同时用蒸汽或蒸汽凝水直接对热交换器全面加热。

　　3）采用溶液泵间歇起动和停止。

　　① 为了不使溶液过分浓缩，关小热源阀门，并关闭冷却水。

　　② 打开冷剂水旁通阀，把冷剂水旁通至吸收器。

　　③ 停止溶液泵的运行。

　　④ 待高温溶液通过稀溶液管路流下后，再起动溶液泵。当高温溶液被加热到一定温度后，又暂停溶液泵的运转。如此反复操作，使在热交换器内结晶的浓溶液，受发生器回来的高温溶液加热而溶解。不过，这种方法不适用于浓溶液不能从稀溶液管路流回到吸收器的机组。

　　4）间歇启、停并加热。把上述方法结合起来使用，可使熔晶速度加快，对结晶严重场合的熔晶，可采用此方法。具体操作如下：

① 用蒸汽软管对热交换器加热。

② 溶液泵内部结晶不能运行时，对泵壳、连接管道一起加热。

③ 采取上述措施后，如果泵仍然不能运行，可对溶液管道、热交换器和吸收器中引起结晶的部位进行加热。

④ 采用步骤3）溶液泵间歇起动、停止的运转方法。

⑤ 熔晶后机组开始工作，若抽气管路结晶，也应熔晶。若抽气装置不起作用，不凝性气体无法排除，尽管结晶已经消除，但是随着机组的运行，又会重新结晶。

⑥ 寻找结晶的原因，并采取相应的措施。

如果高温溶液热交换器结晶，高压发生器液位升高，因高压发生器没有熔晶管，同样，需要采用溶液泵间歇起动和停止的方法，利用温度较高的溶液回流来消除结晶。

熔晶后机组在全负荷运行，自动熔晶管也不发烫，则说明机组已恢复正常运转。

（3）机组起动时的结晶　在机组起动时，由于冷却水温度过低、机内有不凝性气体或热源阀门开得过大等原因，大都在热交换器浓溶液侧产生结晶，也有可能在发生器中产生结晶。熔晶方法如下：

1）如果是低温热交换器溶液结晶，其熔晶方法参见机组"运行期间的结晶"。

2）发生器结晶时，熔晶方法如下：

① 微微打开热源阀门，向机组微量供热，通过传热管加热结晶的溶液，使结晶熔解。

② 为加速熔晶，可用蒸汽全面加热发生器壳体。

③ 待结晶熔解后，起动溶液泵，使机组内溶液混合均匀后，即可正式起动机组。

3）如果低温溶液热交换器和发生器同时结晶，则按照上述方法，先处理发生器结晶，再处理溶液热交换器结晶。

2. 蒸发器中冷剂水结冰或冷水结冰

1）冷剂水结冰的原因如下：

① 冷水出口温度过低。

② 冷水量过小。

③ 安全保护装置发生故障。

2）冷剂水结冰解冻的处理方法。当蒸发器中冷剂水结冰时，可按下述方法解冻：

① 将冷却塔风机停下，使冷却水温度升高。

② 将冷却水泵出口阀门关小，使冷却水流量减小。

③ 按通常方法起动机组，一段时间后方可解冻。

如上述方法仍不能解冻，可采用下面方法：

① 将热源阀门关闭。

② 将溶液泵排出阀关闭。

③ 让冷水继续通过蒸发器，加热水盘中冻结的冷剂水，即可使蒸发器冷剂水解冻。

3）冷水结冰的原因。冷水结冰通常是由于冷水泵发生故障、突然停止运转或冷水管路系统某部分堵塞，使蒸发器传热管内冷水不能流动，呈静止状态或冷水流量过小而安全保护装置失灵所致。由于传热管内的水结冰，体积增大，将管胀破，此时管径要比原来的大，因此维修时很难从机内将胀破的传热管拔出。此外，在结冰裂管的过程中，虽然胀裂的管子容易发现，但损伤的管子则不易发现。经过一段时间后，受损的管子又要破裂，影响机组正常运行和使用。

所以，在更换因冷水结冰而损坏的蒸发器传热管时，至少要更换一流程内受损的所有传热管。

3. 冷剂水污染故障诊断分析

溴化锂吸收式机组的运行过程中，溴化锂溶液混入冷剂水中，这种现象称为冷剂水污染。冷剂水污染后，机组的性能下降，严重时，机组的性能大幅度下降，甚至无法运行。因此，从冷剂泵出口的取样阀取样，测量其相对密度。若相对密度大于1.04，冷剂水应进行再生处理。

（1）冷剂水污染的原因

冷剂水污染主要有下列原因：

1）溶液循环量过大，或发生器液位过高。

2）加热热源压力过高，发生器中溶液沸腾过于激烈，将溶液带入冷凝器起动初期，溶液质量分数较低，沸腾更剧烈。

3）冷却水温度过低。

4）冷水温度过高，溶液质量分数低，沸腾激烈。

5）溶液中有气泡，表明含有易挥发物质，溶液质量不好。

（2）冷剂水污染的排除方法

1）冷剂水迅速再生。

① 关闭冷剂泵出口阀门，打开冷剂水再生阀（旁通阀），将混有溴化锂溶液的冷剂水全部旁通到吸收器，然后送往发生器进行冷剂水再生。

② 当蒸发器液位很低时，关闭再生阀和冷剂泵（冷剂泵有液位自动控制，则不必手动关泵。

③ 待蒸发器液面达到规定值后，打开冷制泵出口阀门，起动冷剂泵，机组进入正常运行状态。

④ 重新测量冷剂水的密度，如达不到要求，可反复进行冷剂水的再生，直至合格。

⑤ 热源温度过高，冷却水温度过低，溶液循环量过大，进入发生器的溶液过稀等，都会影响冷剂水的再生效果。冷剂水再生时，要妥善处理。

2）冷剂水缓慢再生。

① 适当关小冷剂泵出口阀门（有时可不关小）。

② 慢慢打开冷剂水再生阀。再生阀开度不要太大（要求不要全开），将部分混有溴化锂溶液的冷剂水旁通到吸收器，然后经发生器进行冷剂水再生。

③ 隔一段时间后，测量冷剂水的密度，如达不到要求，则继续再生。

④ 每隔一段时间后，重新测量冷剂水的密度，如达不到要求，可反复进行冷剂水的再生，直至合格。

⑤ 关闭再生阀，打开冷剂水出口阀门，机组进入正常运行状态。

这种冷剂水再生方法使机组性能略有下降，但机组仍能维持使用。若冷剂水迅速全部旁通到吸收器，会使机组性能下降很大，运行出现剧烈变化，同时，这种方法在冷剂水再生期间，不会由于冷剂水再生而重新引起冷剂水的污染，但这种方法冷剂水再生时间较长。

3）冷剂水污染和辅助排除方法。如果通过冷剂水反复再生后，冷剂水的相对密度仍然达不到要求，可采用如下辅助排除方法：

① 由于溴化锂溶液质量分数过低，发生效果加剧，使溶液随冷剂蒸汽通过挡液装置进入冷凝器，应采取下列措施消除：关小热源阀门，降低加热热源压力或减小加热热源阀开度，降低发生器液位高度；关小冷却水进口阀，减小冷却水量，降低冷凝效果；减少溶液循环量，降低发生器液位高度。

② 在机组运行中，可从发生器视液镜中观察溴化锂溶液沸腾时有无气泡。结构紧凑、体积小的机组，若操作不当，则溶液中的溴化锂溶液更易随冷剂蒸汽进入冷凝器，造成冷剂水的污染。可通过减少溶液循环量，降低发生器液位的高度来消除。

但是发生器中溴化锂溶液气泡若呈蟹沫状，说明溴化锂溶液质量存在问题，含有过多易挥发物质，应对溴化锂溶液进行分析检验。若溶液确有问题，应换上质量符合要求的溶液。

4）查找冷剂水污染源的方法。如果采取上面措施之后，冷剂水中仍然有溴化锂溶液，冷剂水的污染仍无法消除，则可通过下面步骤，进一步检查机组哪一部位引起冷剂水污染。

① 通过高压发生器冷剂蒸汽凝水样阀取样，并测量其相对密度。若冷剂水的相对密度大于1.0，则说明高压发生器冷剂蒸汽凝水中混入了溴化锂溶液，或因为高压发生器液位过高，或因高压发生器挡液装置效果较差，应查明原因及时处理。若冷剂水的相对密度为1.0，则说明高压发生器蒸汽系统无污染。

② 通过冷凝器凝水出口管上取样阀取样，并测量其相对密度。若相对密度为1.0，说明冷凝器凝水无污染；若冷凝器凝水相对密度大于1，说明溴化锂溶液混入冷凝器，则可认为低压发生器蒸汽凝水系统污染，或因低压发生器液位过高，或因低压发生器挡液装置效果较差，应查明原因及时处理。

③ 若高压发生器冷剂蒸汽凝水和冷凝器冷剂凝水都没有混入溴化锂溶液，那么冷剂水的污染则是来自蒸发器和吸收器之间。

如高压发生器冷剂蒸汽凝水和冷凝器冷剂凝水，两者之中有一处产生污染，但不能说明蒸发器和吸收器之间无污染，只有先处理已查出的受污染的部位后再检查其他部位，一步步消除污染源，最后消除机组的污染。

④ 蒸发器吸收器间污染冷剂水的主要根源是：由吸收器喷淋造成污染，喷淋在吸收器传热管族上的溴化锂溶液，由于挡液装置效果差，溅入蒸发器；蒸发器液囊和吸收器壳体间有渗漏；吸收器溶液液位过高，溶液通过挡液板进入蒸发器；冷剂水旁通阀泄漏。

4. 机组抽气能力低下故障诊断分析

溴化锂吸收式机组不管是运行还是停机时间，保持机内真空度是十分重要的。要保持高真空，必须具有良好的抽气系统。若机组抽气性能下降，应及时找出原因，尽快排除故障，恢复抽气系统的抽气能力。

（1）真空泵故障　真空泵是抽气系统的心脏，影响真空泵抽气效果主要有下列几点：

1）真空泵油的选用。真空泵应选用真空泵专用油，不能使用其他的润滑油代替真空泵专用油。

2）真空泵油的乳化。在抽气过程中，冷剂水蒸汽会随不凝性气体一起被抽出，即使机组中装有冷剂分离器，也会有一定的冷剂水蒸汽随不凝性气体进入真空泵，冷剂蒸汽凝水使油乳化，油呈乳白色，粘度下降。

3）溴化锂溶液进入真空泵。机组抽气时，由于操作不当，机组内溴化锂溶液可能被抽至真空泵。这样不仅使抽气效率降低，而且溴化锂溶液有腐蚀性，会使泵体内腔腐蚀生锈。应及时放尽旧油，并将真空泵内部清洗干净，重新装入真空泵油。

4）油温太高。真空泵运行时间过长或冷却不够，致使油温升高，粘度下降，不仅影响抽气效果，还会使泵发生故障，通常油温应小于70℃。

5）真空泵零件的损坏。排气阀片变形、损坏或螺钉松脱，阀片弹簧失去弹性或折断，旋片偏心或定子内腔有严重痕迹等，都会导致抽气能力下降。

6）杂物进入真空泵。杂物的进入，不仅使零件损坏，也可能在缸体内壁刻痕，影响气密性，还可能使油孔堵塞，造成真空泵极限真空度下降。

7）真空泵气镇阀故障。装有气镇阀的机组，气镇阀故障对真空泵的抽气性能也有较大的影响。

（2）真空电磁阀故障　真空电磁阀内有线圈与弹簧，通过直流电后产生磁力。当起动真空泵时，线圈通电，真空电磁阀切断外界通路，打开抽气通路；当真空泵停止时，电磁阀断电，靠弹簧的作用，使通往机组的抽气管路关闭，而使真空泵吸气管路与大气相通，以防止真空泵油被压入机内。常见故障有：

1）二极管烧毁。打开真空电磁阀罩盖，更换二极管。

2）熔丝烧毁。更换熔丝。

3）滑杆或弹簧生锈。由于环境湿度大，或者抽气时，溴化锂水溶液或冷剂水进入真空电磁阀，使之生锈而卡住。应清除铁锈等杂物。

（3）真空隔膜阀故障　真空隔膜阀手柄打滑，或隔膜与阀杆脱落，虽作开关动作，但膜片未产生位移，使阀无法打开或关闭。另外，隔膜老化等都会影响抽气效果。应更换手柄或真空阀隔膜。

（4）抽气系统操作不当

1）由于操作失误，抽不出气体，甚至将溴化锂溶液抽出。应掌握抽气系统的正确操作方法，参照抽气系统的管理有关内容。

2）溶液泵出口无旁通溶液至抽气装置，检查旁通阀是否开启，或旁通管路是否因结晶堵塞，查找原因，并消除故障。

5. 突然停机故障诊断分析

为了保证溴化锂吸收式机组的安全，除自动控制系统外，机组还配有许多安全保护装置。机组在运行中，若运行参数超过规定值、安全装置动作或突然停电等，机组就会按设定程序停机或突然停机。

（1）机组报警停机　当机组安全保护装置动作时，机组报警并按设定的程序停机，这时应按下列步骤处理：

1）立即关闭热源手动截止阀，停止热能供应。

2）若机组正在抽气，应迅速关闭抽气阀门，以防外界空气漏入机组。

3）将溶液泵开关放到手动位置，报警开关放到报警位置。

4）检查停机报警原因，并及时进行处理。

5）按下机组复位开关，恢复机组正常运行。

（2）因停电造成停机　机组在运行中因停电而突然停机。此时机内溴化锂溶液质量分数较高，一般为 60%～65%，机组又不能稀释运行，随着停电时间的延长，机内的溴化锂溶液会发生结晶。

1）短时间停电（1h 以内）。如果停电时间较短，机组内溶液温度较高，一般来说，溶液结晶的可能性不大。按下列程序进行起动：

① 起动冷水泵和冷却水泵。因为停电时，大多数冷水泵和冷却水泵也停止，因此断水指示灯亮。

② 按下复位开关。

③ 将自动—手动开关置于自动位置，起动溶液泵及冷剂泵，进行稀释运转。需要注意蒸发器中冷剂水的液位，液面过低，冷剂泵会发生吸空现象，这时应停止冷剂泵运转。

④ 将自动—手动开关置于自动位置，按正常顺序进行机组的起动。

⑤ 检查冷剂水，其相对密度超过 1.04，应进行再生处理。

2）长时间停电（1h 以上）。由于机组内溶液质量分数较高，停电时间又长，溶液温度逐渐降低，容易发生结晶，应按下面步骤进行处理：

① 立即关闭热源截止阀，停止热能供应。

② 如果机组正在抽气，应立即关闭抽气主阀，以防空气漏入机组，停止真空泵运转。

③ 停止冷却水泵运转。

④ 熔晶开关放在开的位置（运行指示灯亮）。

⑤ 将溶液泵置于停止位置。

⑥ 若恢复供电，将热源调节阀门放在 30% 的位置，注意溶液温度不应超过 70℃。

⑦ 此时应将熔晶开关置于开的位置，即 30min 内进行熔晶操作。

⑧ 起动冷却水泵及溶液泵。

⑨ 在注意观察吸收器液面的同时，进行 30min 左右的试运转。

⑩ 如果在 30min 以内，吸收器液位过低，溶液泵发生气蚀现象，则不可继续运行，这就说明机组中溶液发生了结晶，应立即切断电源，使机组停止运转。

⑪ 通过上述步骤，确认机组溶液结晶，按熔晶及排除方法有关内容进行熔晶。

⑫ 机组熔晶结束后，可正常起动机组，并测量冷剂水相对密度是否在 1.04 范围内，使机组正常运行。

（3）发生地震、火灾等紧急情况时

1）切断电源。

2）迅速关闭热源手动截止阀。

3）机组正在抽空时，立即关闭抽气筒。

4）再次起动机组前，应检查机组是否结晶，是否安全。

6. 性能低下故障诊断分析

溴化锂吸收式机组的性能低下，大致有下列几方面原因：

（1）冷凝器性能降低　冷凝器性能降低主要表现为冷凝压力升高，其主要原因如下：

1）机组密封性不好，空气漏入机内；或因机组内部溴化锂溶液的腐蚀而产生氢气，两者均为不凝性气体。

2）真空泵抽气性能下降；抽气系统阀门不能开启或关闭；真空泵抽气方法不恰当；自

动抽气装置操作有误。

3）冷凝器传热管内表面结垢。

4）冷却水量减少。

5）冷却塔性能下降，冷却水温度升高。

6）冷却水泵吸水口位置不当，冷却水中含有气泡。

7）由于冷却水室隔板或垫片损坏，冷却水在水室内旁通，有效水量减少。

8）冷却水部分传热管口被杂物堵塞，有效传热管减少。

9）外界负荷过大。

（2）蒸发器性能降低　蒸发器性能降低主要表现为机组在制取同样温度冷水时，蒸发压力降低，即蒸发温度下降，主要由下列原因造成：

1）蒸发器内表面结垢。

2）冷剂水污染。

3）冷剂水充注量不足。

4）冷水水量减少。

5）冷水泵吸口位置不恰当，冷水中含有气泡。

6）冷水在水室中旁通，有效冷水量减少。

7）蒸发器部分传热管口被杂物堵塞，有效传热管减少。

8）外界负荷降低。

9）蒸发器喷嘴有堵塞，冷剂水喷淋不良。

10）冷剂泵旋转方向相反。

（3）发生器性能降低　机组发生器性能下降，主要有下列原因：

1）发生器传热管结垢，尤其是热水型及直燃型机组。

2）加热量减少。

3）热源温度降低或热源品位（压力）下降。

4）对蒸汽型机组，阻气排出阀出现故障。

5）对热水型及蒸汽型机组，水室内隔板或垫片损坏。

6）对直燃型机组，制冷-采暖切换阀密封不严。

7）对双效机组，高压发生器产生的水蒸气经低压发生器冷凝后，进入冷凝器，但节流装置不可靠。

8）发生器传热管损坏或胀管松动泄漏，发生器传热管内的热水或蒸汽泄漏入机组。若泄漏量过大，则机组蒸发器及吸收器液位上升，不仅制冷量大幅度下降，且腐蚀性增强。

9）溶液循环量不恰当，偏大或偏小，即发生器液位偏高或偏低。

（4）吸收器性能降低　吸收器性能降低主要原因如下：

1）吸收器传热管内表面结垢。

2）辛醇消耗。机组中辛醇量减少，机内若无辛醇，则机组制冷量下降。

3）冷剂水由冷剂再生阀（旁通阀）进入吸收器。

4）冷剂水通过蒸发器水盘泄漏或溢流进入吸收器。

5）冷剂水滴经挡液板进入吸收器。

6）吸收器传热管损坏或胀管松动，冷却水漏入机内，吸收器液位与冷剂水液位均升高，制冷量下降，腐蚀性增强。

7）吸收器喷嘴或淋激孔被堵塞，喷淋效果差。

8）吸收器喷淋量偏大或偏小。若喷淋量过大，喷淋的浓溶液（或中间溶液）喷至传热管外，直接进入吸收器；若喷淋量过小，喷淋效果不佳，吸收效果差。

9）溶液泵旋转方向相反。

7. 运转异常的安全装置动作的处理方法

机组因安全保护装置动作而停机报警，应先切断热源的供应，然后按消声按钮消声，查明故障原因并排除后，可重新起动机组。点火失败的信号，可由燃烧控制箱上的警告灯显示。查明故障原因并排除后，按燃烧控制箱上的复位按钮复位。

溴化锂吸收式机组安全保护装置动作后，应查明原因并予以排除。有的安全装置动作时，机组能自动处理，例如，冷剂水低位控制器动作时，暂停冷剂泵的运转，待冷剂水上升到一定高度时，冷剂泵又会自动起动。但有的安全装置动作时，需排除故障后，才能重新起动，如冷剂泵过载继电器动作，则机组按照停机程序自动停机，必须人工排除故障后才能重新开机。

安全装置一动作，蜂鸣器等要发生报警信号，通常都要紧急停机。同时，控制盘上的指示灯表明故障的原因，这时应立即关闭热源供应主截止阀，停止能量供应，然后再参照说明书上的处理方法，并依据运行日记，确认故障的具体原因，进行有针对性的处理。

8. 燃烧器故障诊断分析

直燃型溴化锂吸收式冷热水机组以燃油或燃气为能量，靠燃烧器燃烧来取得加热源。因此，直燃型溴化锂吸收式冷热水机组的故障多反映在燃烧器上。

直燃型溴化锂吸收式冷热水机组常见故障的处理：

1）手动燃烧供应阀门关闭，无燃烧供应，无法点火，燃烧器反馈保护装置动作，发出报警声。此时应打开燃料阀门，提供燃料供给，同时，按燃烧器复位消声、按钮，再按下起动按钮。

2）点火电极间隙距离太大。由于电极棒的磨损，使火花间距加大，应调节电极间距离到规定值。

3）点火电极和电路绝缘不良。由于点火电极受潮及电极和电路绝缘下降，应排除并接地，同时清洁电极或更换受损的电极和电线。一般来说，电极棒使用两年要更换。

4）燃烧器电动机不运转。一般由于下列原因引起：

① 没有供电，应供给电源。

② 熔丝损坏，应更换熔丝。

③ 燃烧器电动机故障。检查电动机接线是否正确，测量电动机绕线和壳体之间的电阻及绝缘性能，进行检修或更换电动机。

④ 控制器失灵或控制线路中断。更换控制器，检查控制线路，寻找断开点并接通。

⑤ 燃料供应中断。检查燃料系统，检查主燃料供应阀。打开燃料供应阀门，检查油泵是否运转。

5）燃料泵故障。

① 不输油。对于燃油燃烧器，燃料泵不供油主要有下述几种原因：泵本身有故障，如齿轮损坏，应检修或更换；吸入阀不密封而泄漏，应拆下清洁或更换；吸入管不密封而泄

漏，检查原因，如接头漏接，拧紧接头；过滤器受污染而堵塞或者泄漏，应清洁过滤器，必要时更换过滤器；燃料量少或压力控制阀有故障，应更换燃料泵。

②燃料泵机械噪声过大。泵内有空气造成噪声，应旋紧接头并将泵内空气排除；燃料泵油管内真空度太高，是由于过滤器污染堵塞或阀门未全打开，应清洗或更换过滤器，打开所有阀门，以防泵吸空。

6）燃料泵喷嘴故障。对燃烧器来说，喷嘴的好坏直接影响燃料的燃烧状况。其主要故障有：

①雾化不均匀。喷嘴受损或受污染堵塞，应拆下喷嘴，进行清洗或者更换；使用时间过长，喷嘴磨损，拆下更换喷嘴；过滤器堵塞，拆下清洗；旋流盘松动，拆下喷嘴，上紧旋流盘。

②无油喷出。喷嘴堵塞，无法使油喷出，应拆下喷嘴进行清洗。

③喷嘴泄漏。应关闭机构，更换喷嘴。

9. 故障诊断分析综述

对于故障的出现，既不能慌忙，又要认真对待。首先应该关闭能量供应主阀，然后，认真分析，找出故障原因并加以消除。

蒸汽型溴化锂吸收式机组主要故障及其排除方法已在上面作了较详细的叙述，概括起来有以下几个方面：

1）机组中即使存在少量不凝性气体，也可使机组性能大幅度下降，同时，加剧了溴化锂溶液对机组金属材料的腐蚀。因此，机组的真空度，特别是机组的气密性，是十分重要的，是引起溴化锂吸收式机组产生故障的主要根源，应特别注意。

2）在机组运行中或停机期间，溴化锂溶液的结晶故障也是经常遇到的。在机组运行中，能量供应不应过高、过快，冷却水温度不应过低。在停机中，溶液应稀释至在环境最低温度下不产生结晶的质量分数范围。

3）为了防止冷剂水及冷水的结冰而损坏机组，首先应检查低温保护（温度传感器）的好坏，更重要的是，应按实际温度来校准传感器的显示温度，两者尽量一致。此外，应检查和调节流量开关（靶式流量计），以防冷水泵断电或因故障停止送水，以免传热管因冷水结冰而损坏。

4）冷剂水的污染也是常见的经常要解决的问题。应经常观察冷剂水的颜色，定期测量冷剂水的相对密度。

5）在停机期间，当环境温度低于0℃时，应将机组各部件中所有存水放尽，以防结冰损坏机组。

二、溴化锂吸收式制冷机常见故障的排除方法

1）真空泵常见故障及排除方法见表3-19。

2）屏蔽泵常见故障及排除方法见表3-20。

3）溴化锂吸收式冷水机组常见故障及其排除方法见表3-21。

4）冷媒水断水的故障排除方法。

在溴化锂吸收式制冷机组的运行过程中，流经蒸发器的冷媒水若突然断水，就易造成蒸发器传热管冻裂事故。

表 3-19　真空泵常见故障及排除方法

故障内容	造成原因	解决方法
极限真空达不到要求	泵腔内配件间隙超差，轴封不严密，旋片弹簧折断，真空泵油缺少或乳化，密封件损坏等	检查后，进行检修或更换新品，放掉乳化油，加添新油至合理数量
运转时发出"啪啪"的响声	旋片弹簧失灵，旋片撞击缸腔壁，泵腔内进入溴化锂溶液	更换新弹簧，做彻底清洗，更换新油
油温超过 40℃	排气量大，冷却水量少或水温高，油量不足，旋片和缸壁接触面粗糙	减少排气量，增加冷却水量，添加或更换新油，进行检修，减小表面粗糙度值
振动双振幅超过 0.5mm	排气量过大，轴承游隙超差，油量过多	减少排气量，检查轴承质量，排放真空泵油

表 3-20　屏蔽泵常见故障及排除方法

故障	原因	处理方法
通电后，电泵不能起动，发出嗡嗡的声音	电源电压过低	必须调整电压，使其在 342~418V 范围
	三相电源有一相断电	检查线路是否良好，接头处是否接触良好
	电泵绕组烧坏	必须进行大修，调换线圈
运行中电泵迅速发热，转速下降	电压过低，电流增大，使线圈发热	调整电压
	两相运转	检查线路及接头是否良好
	过滤器阻塞	检查过滤器并清查过滤网
	定转子之间相擦	轴承磨损大，调换轴承
	电泵绕组短路	必须进行大修，调换线圈
电动机起动时熔丝烧坏或跳闸	电泵叶轮卡住	拆开检查，清除垃圾
	电动机线圈短路	调换线圈
	定子屏蔽套破裂，液体进入线圈，绝缘电阻下降，绕组对地击穿	进行大修，调换线圈及屏蔽套
泵不出液体或流量、扬程不够	泵内或吸入管内留有空气	开启旋塞，驱除空气
	吸上扬程过高或灌注头不够	减少吸入管阻力，增大进口压力
	管路漏气	检查并拧紧
	电泵或管路内有杂物堵塞	检查并清理
	电路断线，轴承扼住轴而不转	检查并清理
消耗功率过大	密封圈磨损过多	更换叶轮或密封环
	转动部分与固定部分发生碰擦	进行检查，排除碰擦
泵发生振动	泵内或吸入管内有空气	开启旋塞，驱除空气
	吸上扬程过高或灌注头不够	降低标高，减少吸入阻力
	轴承损坏	更换轴承
	转子部分不平衡引起振动	检查并消除故障
	泵内或管路内有杂物堵塞	检查并消除故障

表 3-21　溴化锂吸收式冷水机组常见故障及其排除方法

故障现象	原　因	排　除　方　法
起动运转时，发生器液面波动、偏低或偏高，吸收器液面随之而偏高或偏低（有时产生汽蚀）	溶液调节阀开度不当，使溶液循环量偏小或偏大	调整送往高、低压发生器的溶液循环量
	加热蒸汽压力不当，偏高或偏低	调整加热蒸汽的压力
	冷却水温低或高时，水量偏大或偏小	调整冷却水温或水量
	机器内有不凝性气体，真空度未达到要求	起动真空泵，排除不凝性气体，使之达到真空度要求
制冷量低于设计值	送往发生器的溶液循环量不当	调节送往发生器的溶液循环量，满足工况要求
	机器密封性不良，有空气漏入	运转真空泵并排除泄漏
	抽气不良	测定真空泵的抽气性能，并排除故障
	喷淋管喷嘴堵塞	冲洗喷淋管喷嘴
	传热管结垢	清洗传热管内的污垢与杂质
	冷剂水中溴化锂含量超过预定标准	测定冷剂水相对密度，超过 1.04 时进行再生
	蒸汽压力过低	调整蒸汽压力
	冷剂水和溶液充注量不足	添加适量的冷剂水和溶液
	溶液泵和冷剂泵有故障	测量泵的电流，注意运转声音，检查故障，并予以排除
	冷却水进口温度过高	检查冷却水系统，降低冷却水温
	冷却水量或冷媒水量过小	适当加大冷却水量或冷媒水量
	阻汽排水器故障	检修阻汽排水器
	结晶	排除结晶
	能量增强剂不足	添加能量增强剂
结晶	蒸汽压力高，浓溶液温度高	降低加热蒸汽压力
	溶液循环量不足，浓溶液浓度高	加大送往发生器的溶液循环量
	漏入空气，制冷量降低	运转真空泵，抽除不凝性气体，并消除泄漏
	冷却水温急剧下降	提高冷却水温度或减少冷却水量，并检查冷却塔及冷却水循环系统
	安全保护继电器有故障	检查溶液高温、冷剂水防冻结等安全保护继电器，并调整至给定值
	运转结束后，稀释不充分	延长稀释循环时间，检查并调整时间继电器或温度继电器的给定数值，在稀释运转的同时，通以冷却水
冷剂水中含有溴化锂溶液	送往发生器的溶液循环量过大，或发生器中液位过高	调节溶液循环量，降低发生器液位
	加热蒸汽压力过高	降低加热蒸汽压力
	冷却水温过低或水量调节阀有故障	提高冷却水温度并检修水量调节阀
	运转中由冷凝器抽气	停止从冷凝器中抽气

（续）

故障现象	原　因	排 除 方 法
浓溶液温度高	蒸汽压力过高	调整减压阀，压力维持在给定值
	机内漏入空气	运转真空泵并排除泄漏
	溶液循环量少	加大溶液循环量
冷剂水温度低	低负荷时，蒸汽阀开度值比规定的大	关小蒸汽阀并检查蒸汽阀开大的原因
	冷却水温过低或水量调节阀有故障	提高冷却水温度，并检修水量调节阀
	冷媒水量不足	检查冷媒水量与冷媒水循环系统
冷媒水出口温度越来越高	外界负荷大于制冷能力	适当降低外界负荷
	机组制冷能力降低	见制冷量低于设计值时的排除方法
	冷媒水量过大	适当降低冷媒水量
运转中突然停机	断电	检查电源，排除故障，继续供电
	溶液泵或冷剂泵出现故障	检查溶液泵或冷剂泵，检修或更换
	冷却水与冷媒水断水	检查冷却水与冷媒水系统，恢复供水
	防冻结的低温继电器动作	检查低温继电器刻度，调整至适当位置
真空泵抽气能力下降	真空泵有故障： （1）排气阀损坏 （2）旋片弹簧失去弹性或折断，旋片不能紧密接触定子内腔，旋转时有撞击声 （3）泵内脏及抽气系统内部严重污染	检查真空泵运转情况，拆开真空泵： （1）更换排气阀 （2）更换弹簧 （3）拆开清洗
	真空泵油中混入大量冷剂蒸汽，油呈乳白色，粘度下降，抽气效果降低： （1）抽气管位置布置不当 （2）冷剂分离器中喷嘴堵塞或冷却水中断	（1）更改抽气管位置，应在吸收器管族下方抽气 （2）清洗喷嘴，检查冷却水系统
	冷剂分离器中结晶	清除结晶
自动抽气装置运转不正常	溶液泵出口无溶液送至自动抽气装置	检查阀门是否处于正常状态
	抽气装置结晶	消除结晶
机组因安全装置而停机	电动机因过载而不转	使过载继电器复位，寻找过载的原因
	屏蔽泵因过载而损坏	寻找原因，若泵气蚀，则加入溶液或冷剂水；若泵内部结晶，则熔晶；若泵壳温度过高，则应采取冷却措施
	冷剂水低温继电器不动作	检查温度继电器动作的给定值，重新调整
	安全保护装置动作而停机	寻找原因，若继电器的给定值设置不当，则重新调整

　　造成冷媒水断水的原因有：动力电源突然中断；冷媒水泵出现故障；水池水位过低，使水泵吸空。

　　冷媒水断水故障的排除方法：关闭蒸发器泵和吸收器泵，打开冷剂水旁通阀门，稀释溶液以免结晶；打开冷媒水循环阀门，迅速将蒸发器中冷媒水排管中的积水排干净，以免冻裂管道；通知热力供应部门停止供汽，或在打开紧急排汽阀门的同时关闭加热蒸汽；

保持发生器泵和冷却水泵运行，若断水故障在短时间能够排除，就可继续开机进行正常制冷运行。

溴化锂吸收式制冷机组冷却水断水的原因与冷媒水断水的原因基本相同。若不及时处理，就易造成溶液结晶和屏蔽电动机温升过高而损坏。

冷却水断水的处理方法是：立即通知热力供应部门停止供应蒸汽，防止发生器中溶液浓度持续升高，形成结晶危险；关闭蒸发器泵出口阀，并打开冷剂水旁通阀稀释溶液；停止吸收器泵运行；当溶液温度下降到 60℃ 左右时，关闭发生器泵和冷媒水泵，停止机组运行，进行停机维修。

机组突然断电的处理方法是：溴化锂制冷机组在运行过程中，若突然断电，应迅速关闭加热蒸汽，使动力箱电源开关及所有溶液泵和水泵的电源按钮调整到关闭位置，并应同时关闭水泵出口阀门，使整个系统处于停机状态。待机组恢复正常供电后，按正常起动程序，重新起动机组。

屏蔽电动机烧毁的处理方法是：立即更换备用泵。其操作程序是：检查备用屏蔽泵的完好程度，测试水轮转动是否轻快；检查电动机的绝缘电阻是否在 2MΩ 以上，通电运转几秒钟后，看能否正常起动运转；然后切断机组的总电源；关闭屏蔽泵进、出口真空阀门，放净管内溶液，并拆除烧毁的屏蔽泵；将备用屏蔽泵安装就位后，进行局部正压检漏。其方法是通过屏蔽泵出口取样阀向屏蔽泵内充氮气，使其压力达到 0.2MPa（表压）；正压试漏完毕并确认无泄漏后，进行局部抽真空操作。其方法是用橡胶管连接屏蔽泵出口取样阀和抽气系统测试阀，起动真空泵运行 20～30min，确认泵体和管内无空气时，打开屏蔽泵进出口真空阀门；起动发生器泵和吸收器运转 10min 后，观察机组内的真空度，如果无大的变化，就可认为机组无泄漏部位，然后起动真空泵运行 1～2h，对机组进行抽真空处理。最后可按正常起动程序，重新起动机组运行。

机组运行中溶液结晶的处理方法是：溴化锂制冷机组在运行过程中，由于加热蒸汽压力过高，冷却水进口温度过低，溶液循环量过小或有不凝性气体存在等原因，都会引起溶液结晶，造成机组无法正常运行。机组中最容易结晶的部位是溶液热交换器的浓溶液出口处，因为此处的溶液浓度较高，当其温度降低时，就易出现结晶。出现结晶后，由于浓溶液出口被堵塞，使发生器中的液位逐渐升高，当液位超过 J 形管口时，溶液就绕过低温热交换器，经 J 形管直接进入吸收器。因此，用手感觉 J 形管觉得发烫是溶液产生结晶的主要特征之一。同时，由于此时低压发生器中液位升高，使机组制冷量下降，会使冷媒水出口温度上升。

机组出现轻度结晶时，可通过 J 形熔晶管自动消除。但若出现严重结晶情况，用 J 形熔晶管就无法消除，此时可采取下列方法予以排除：适当减少供汽量和冷却水供应量；控制稀溶液温度在 60℃ 左右；间断起动发生器泵，使低压发生器中温度较高的溶液，沿着稀溶液的管路经低温热交换器回流到吸收器。如此反复操作几次，可消除结晶。若是机组中的高温热交换器产生结晶，就会使高压发生器液位升高，排除方法也可采用间断起动发生器泵的方法来消除。若机组的结晶严重，上述方法不能奏效时，可用蒸汽凝结水或用蒸汽在浓溶液出口侧进行加热来排除。

另外，在日常运行中遇到下雨天气时，冷却塔出水温度会降低到 20℃ 左右，此时应停止风机运行，减少冷却水循环量，以防低于 26℃ 的冷却水进入机组而造成结晶。

【拓展知识】

三、溴化锂吸收式制冷机组附件的检修

1. 真空阀门的检修

（1）真空隔膜阀的检修　在溴化锂机组中，抽气口、溶液与冷剂取样及连接测试仪表等部位通常都采用真空隔膜阀。在真空隔膜阀中的主要部件是真空隔膜。真空隔膜一般采用丁腈橡胶、氯橡胶等制造，长期使用会产生老化或断裂等问题，因此，需要定期更换。通常每2~3年更换一次，用于抽气相同的真空隔膜一般1~2年更换一次。

更换真空隔膜的操作方法如下：

1）向机组中充入氮气，以防止空气进入机组。

2）视阀门位置，若需要时，可将溴化锂溶液排出机组。

3）拆下阀盖上的螺栓，拿掉阀盖。

4）取下旧隔膜，换上新隔膜。

5）装上阀盖，并拧紧螺栓。

6）将溴化锂溶液重新注入机组。

7）起动真空泵，将机组抽至高真空状态。

（2）高真空球阀的检修　高真空球阀的检修是指在溴化锂机组中用手柄通过轴杆将阀球旋转90°，接通或断开机组的液流或气流的阀门。

高真空球阀采用聚四氟乙烯贴球面，达到内部密封。密封球阀可以转动任何角度并锁定位置，从而达到调节的目的。阀门平时应保存在清洁干燥处，以防生锈。

安装高真空球阀时注意不要碰伤其密封面，零部件要清洁。阀门调节流量时要拧紧，轴端红线槽要和球通径方向一致。一般情况下2~3年更换一次。

（3）真空蝶阀的检修　真空蝶阀采用旋转手柄通过轴杆使阀板转动，改变管道内截面积，达到调节流量的目的。调节时可用手动或电动进行。安装真空蝶阀时，应使螺栓均匀地拧紧，保持密封面不漏，密封件一般情况下2~3年更换一次。

2. 屏蔽泵的检修

溴化锂吸收式制冷机组中使用的溶液泵或冷剂泵都是屏蔽泵。一般屏蔽泵在使用中易出现故障的部件是石墨轴承，其使用寿命一般为15000h。

由于屏蔽泵维修技术比较复杂，一般情况下都由厂家负责。若遇紧急情况，可采用下述步骤进行维护检修：

1）检查轴承的磨损是否在允许的范围内。

2）检查轴承套和推力板是否有损坏。

3）检查各部分的螺栓是否松动。

4）检查泵壳、叶轮等部件是否被腐蚀。

5）检查循环管路和过滤网是否有堵塞。

6）检查电动机的绝缘电阻值是否在允许范围内。

7）检查接线盒内的接线端子是否完好无损。

屏蔽泵的拆卸操作如下：

1）断开机组电源，重点要确认断开了屏蔽泵的电源，将开关锁紧。

2）用真空泵将机组内部抽成真空，并充入氮气，使机组内形成正压。

3）将机组内的溴化锂溶液和冷剂水注入到贮液器中，并将其抽至高真空状态。

4）打开屏蔽泵的接线盒，拆下导线时要做好标记，避免恢复接线时出错。

5）拆下电动机与屏蔽泵体连接处法兰上的螺钉，并依次在两个法兰上做好记号，移动电动机前，应用物体支撑好电动机。

6）若有循环冷却水管与泵体相连，应拆下循环冷却水管。

7）用卸盖螺栓将电动机从泵体中拉出来，检查泵壳内部、叶轮和诱导轮。

8）拆卸叶轮和诱导轮的方法：松开叶轮和诱导轮之间的锁紧垫片，给诱导轮轻微的逆时针方向的冲击力，拧下诱导轮，然后再拆卸叶轮。在拆卸过程中不要撬动叶轮，以免造成轴变形弯曲。

9）从电动机上拆下前后轴承座，将转子从电动机后部抽出，操作时要特别小心，不要擦伤屏蔽套。

在泵体解体后，应用清水冲洗各部件，彻底清除泵体内残留溶液，以防止泵体内部腐蚀生锈。

屏蔽泵拆卸后的检查步骤如下：

1）检查电动机内的循环通路和循环管道，并用清水予以清洗。

2）检查转子和定子腔有无伤痕、摩擦痕迹或小孔，若严重时，需要更换电动机。

3）检查电动机端盖上的径向轴承孔和摩擦环室，若内表面粗糙或磨损到直径大于规定值时，应予以更换。

4）检查径向推力轴承，若表面非常粗糙或伤痕较深，或磨损厚度小于规定值，则需要更换轴承。

5）检查叶轮的摩擦面。若发现其非常粗糙或磨损到其外径小于规定数值，则应更换叶轮。

6）检查摩擦环。若摩擦环表面非常粗糙或伤痕较深，或摩擦环内径小于规定值，则需要更换摩擦环。

7）检查转动轴上的径向轴套表面情况，若非常粗糙或磨损严重，则需要更换轴套。

8）检查电动机绝缘电阻值，要求其绝缘电阻值大于10MΩ。

屏蔽泵拆卸后的组装过程，按拆卸时的反顺序进行即可，但要注意：

1）清洁所有部分，如放垫片的表面、O形环的槽，更换新的垫片和O形环槽。

2）按照拆卸时做的记号进行组装，切不可出现混乱，以免造成装配不良。

3）更换轴承时要先将垫片放入轴承外圈的横向槽内，再将轴承推入轴承座中，把固定螺栓拧到可使轴承左右有轻微移动的程度为好。

4）更换轴套和推力板时，要将推力板光滑面的方向朝着石墨轴承。

5）在安装前后轴承时，要将定位销放入固定法兰的孔内，并把O型密封圈放好。

6）安装辅助叶轮时，要注意叶片是向后安装的，在锁紧落幕前，插入内舌垫片，用锁紧螺母紧固，并使垫片折边。

7）叶轮安装前应先将过滤网装好，叶轮与诱导轮之间放入内舌垫片，叶轮与诱导轮紧固后，将内舌垫片折边，以防诱导轮松动。

8）诱导轮安装结束后，在装入泵壳前用手转动叶轮，检查转动是否灵活，若不灵活，应重新进行装配。

【习题】

1. 溴化锂吸收制冷机组运行时为什么会出现"结晶"故障？应如何处理？
2. 溴化锂吸收制冷机组停机期间出现"结晶"故障应如何处理？
3. 为什么溴化锂吸收制冷机组蒸发器中会出现冷剂水结冰或冷水结冰？应如何处理？
4. 溴化锂吸收制冷机组运行时出现冷剂水污染是怎么回事？如何处理？
5. 溴化锂吸收制冷机组抽气时溴化锂溶液进入真空泵有何危害？如何处理？
6. 溴化锂吸收制冷机组运行时发生地震、火灾等紧急情况时应如何处置？
7. 直燃型溴化锂吸收制冷机组点火器一般会出现什么故障？应如何处置？
8. 直燃型溴化锂吸收制冷机组燃烧器一般会出现什么故障？应如何处置？
9. 溴化锂吸收制冷机组运行时出现冷媒水断水故障时应如何处置？
10. 溴化锂吸收制冷机组运行时出现突然断电故障时应如何处置？
11. 溴化锂吸收制冷机组运行时出现屏蔽电动机烧毁时应如何处置？
12. 溴化锂吸收制冷机组运行时出现冷媒水出口温度越来越高时应如何处置？

附录 湿空气的焓-湿图

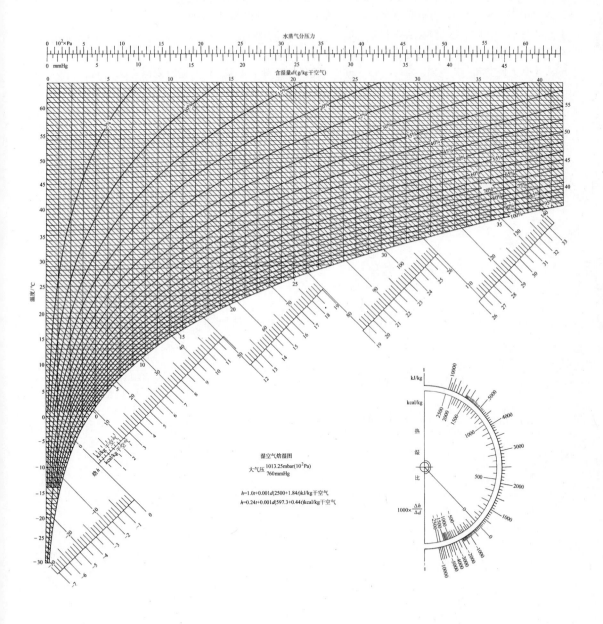

湿空气焓湿图

大气压 1013.25mbar(10^2Pa)
760mmHg

$h=1.0t+0.001d(2500+1.84t)$kJ/kg干空气
$h=0.24t+0.001d(597.3+0.44t)$kcal/kg干空气

参 考 文 献

［1］ 张国东. 中央空调系统运行维护与检修［M］. 北京：化学工业出版社，2010.

［2］ 李援瑛. 中央空调运行与管理读本［M］. 北京：机械工业出版社，2007.

［3］ 李援瑛. 中央空调操作与维护［M］. 北京：机械工业出版社，2008.

［4］ 周嵘. 中央空调施工与运行管理［M］. 北京：化学工业出版社，2007.

［5］ 中华人民共和国建设部. GB 50243—2002 通风与空调工程施工质量验收规范［S］. 北京：中国计划出版社，2010.

［6］ 中国机械工业企业联合会. GB 50274—2010 制冷设备、空气分离设备安装工程施工及验收规范［S］. 北京：中国计划出版社，2010.